灌溉引起的地质环境变化与黄土地质灾害

——以甘肃黑方台灌区为例

张茂省 朱立峰 胡 炜 等 著

科 学 出 版 社

北 京

内 容 简 介

本书以甘肃省永靖县黑方台地区为研究对象，采用遥感技术、野外调查、钻探、地球物理勘探、原位试验、岩土测试、大型离心物理模拟、动态监测、数值模拟等手段，在查明黄土滑坡发育分布规律、变形活动特征及其孕灾地质环境背景的基础上，以黄土滑坡的主要诱发因素—水为主线，论述了降水、灌溉水、地下水的"三水"转化关系，反演和预测了灌溉条件下地下水动力场演化过程与发展趋势，分析了灌溉入渗条件下水岩作用引起的黄土工程性质变化，揭示了灌溉诱发型黄土滑坡形成机理与运动过程，以完整冻融期的野外监测深化了冻结滞水效应及其促滑机理，针对性地提出了基于地下水位控制的滑坡风险减缓措施建议。

本书可供从事灾害地质、工程地质、水文地质、环境地质、防灾减灾与防护工程等领域的科研人员、工程技术人员和大中专院校师生阅读与参考。

图书在版编目（CIP）数据

灌溉引起的地质环境变化与黄土地质灾害：以甘肃黑方台灌区为例/张茂省等著.—北京：科学出版社，2017.6
　ISBN 978-7-03-050728-0

　Ⅰ.①灌⋯　Ⅱ.①张⋯　Ⅲ.①灌溉–影响–地质环境–研究–甘肃②灌溉–影响–黄土–地质灾害–研究–甘肃　Ⅳ.①S274②X141③P694

中国版本图书馆 CIP 数据核字（2016）第 279396 号

责任编辑：张井飞／责任校对：张小霞
责任印制：肖　兴／封面设计：耕者设计工作室

科 学 出 版 社 出版
北京东黄城根北街 16 号
邮政编码：100717
http://www.sciencep.com

中国科学院印刷厂 印刷
科学出版社发行　各地新华书店经销

*

2017 年 6 月第　一　版　开本：787×1092　1/16
2017 年 6 月第一次印刷　印张：17 3/4
字数：420 000

定价：198.00 元
（如有印装质量问题，我社负责调换）

前　　言

人类活动，尤其是工业革命后的人类的活动，已经成为一种最活跃的地质营力，深刻地改变着我们赖以生存的地球。不合理的人类工程活动不仅改变了地质环境，还引起环境地质问题，甚至导致地质灾害。灌溉是具有千年历史，以弥补降水量不足及时空不均，保障农业高产稳产的一种人类活动。大量长期的引水灌溉活动会引起地质环境发生什么变化，引起哪些环境地质问题，甚至地质灾害，我们该如何灌溉才能防控灌溉引发的环境问题与灾害风险？

甘肃省永靖县盐锅峡镇黑方台曾是一个无人居住的旱台，20世纪60年代初修建黄河三峡（刘家峡、盐锅峡、八盘峡）水库时，将库区移民安置于此。为解决库区移民生活和灌溉用水，1968年建成了扬黄灌溉工程。长期大量引水灌溉活动，改变了这一地区原生地质环境条件和地下水动力系统，引起黄土湿陷，导致台面塌陷和裂缝，并在塬边引发了大量的滑坡灾害。

在中国地质调查局"灌溉渗透诱发型黄土崩滑灾害机理研究"（1212011014024）、"甘肃黑方台地区黄土滑坡调查"（12120114025701）项目，以及"十三五"国家科技支撑课题"重大工程扰动区特大滑坡灾害防治技术研究与示范"（2012BAK10B02）等项目的资助下，对黑方台地区引水灌溉引起的地质环境化与黄土滑坡灾害问题等进行了系统研究。本书就是这三个项目的研究成果。着重论述了黑方台灌区降水、灌溉水、地下水的"三水"转化关系，反演和预测了灌溉条件下地下水动力场演化过程与发展趋势，通过实验测试资料对比分析，论述了灌溉入渗条件下水岩作用引起的黄土工程性质变化，揭示了灌溉诱发型黄土滑坡形成机理与运动过程，通过完整冻融期的野外监测，深化了冻结滞水效应及其促滑机理，提出了基于地下水位控制的滑坡风险减缓措施建议，以期为灌区地质灾害综合治理提供科学依据和技术支撑，也为黄土地质灾害科学认知与防灾减灾提供借鉴。

地质调查是不断探索和不断深化的过程，由于作者水平有限，针对灌溉及冻融诱发滑坡机理及疏排地下水措施等研究内容可能不尽完善，同时，书中难免出现其他疏漏之处，恳请读者批评指正。

作者
2016 年 11 月于西安

目　　录

第1章 绪 论

1.1 研 究 现 状

1.1.1 研究背景

黄土高原位于中国第二级地形阶梯，是中华民族的发祥地之一，孕育了悠久的中华文化和华夏农耕文明。同时，黄土高原也是世界上水土流失最严重的地区，强烈的水土流失塑造出千沟万壑、沟壑纵横、极为破碎的地貌景观，黄土台塬以其相对开阔平坦的地形成为黄土高原较为理想的农耕用地，是黄土高原的粮食主产区，如"天下黄土第一塬"甘肃董志塬塬面南北长110km，南北最宽处达50km，塬面面积为910km^2，素有"陇东粮仓"之称。

受青藏高原隆升和东亚季风影响，地处中国西北内陆的黄土高原地区为干旱半干旱气候，整体降水稀少，蒸发强烈，且降水集中程度高，与农业用水需求时空匹配程度差，即使靠近大河干流，黄土台塬也因"水低地高"而多为旱作农业，靠天吃饭，农业单产低且不稳定，历史上不乏逢连旱之年常因颗粒无收而饿殍遍野背井离乡之记载，如陇中地区虽有黄河上游干支流的丰富地表径流资源之地利，但因难以提灌利用，自古以来就有"陇中苦甲天下"之说。

自先周后稷曾孙公刘在芮鞫（今甘肃庆阳、泾川一带）始创引水灌溉（《史记·周本纪》）屹始，黄土高原农业引水灌溉已历经长达4000余年的悠久历史，修建了众多著名引水灌溉工程，如秦朝赢政元年（公元前246年）修建的郑国渠，汉武帝元朔至元狩年间（公元前128年至公元前116年）修建的龙首渠。新中国成立以来，除了兴修大中型蓄水和自流引水灌溉工程之外，针对黄土台塬区新建了较多的提水电灌工程，如1974年建成的甘肃景泰川电力提灌工程设计提水流量28m^3/s，最大提水高度为602m，设计灌溉面积为80×10^{4}亩[①]，是目前黄土高原地区最大的电力提灌工程。

引水灌溉在大幅提高农业单产的同时，因长期沿袭粗放的大水漫灌方式，改变了受水区水均衡条件，致灌区地下水位上升，在地下水位浅埋区，引起明水、土壤盐渍化及黄土湿陷现象，在黄土台塬周边斜坡地带引起滑坡频发等。在黄土高原地区，灌溉渗透诱发的

---

① 1亩≈666.67m^2。

黄土滑坡灾害普遍分布，主要分布于陕、甘、宁、青、豫、晋六省（区），尤以泾、渭、湟水河干支流沿岸最为突出，且多呈带状群发，甚至形成连绵数十公里长的滑坡群（带）。因大水漫灌诱发滑坡灾害典型者，如陕西泾阳南塬、甘肃永靖黑方台，因城市周边山体绿化喷灌诱发滑坡灾害典型者，如西宁一颗印滑坡、兰州文庙滑坡，因灌渠渗透诱发滑坡灾害典型者，如陕西华县高楼滑坡。其中，大水漫灌诱发滑坡灾害因其群发性和频发性之特点，所形成的滑坡灾害最为严重，已成为黄土高原乃至全国地质灾害最为频繁的地段之一，在一定程度上制约了新型城镇化建设和区域社会经济发展，以甘肃黑方台地区最为典型。

2011 年中央一号文件强调，"水利是现代农业建设不可或缺的首要条件，是经济社会发展不可替代的基础支撑，是生态环境改善不可分割的保障系统……着力加快农田水利建设，推动水利实现跨越式发展"。在中国干旱缺水的西北内陆，尤其是黄土高原地区，农田水利建设事业蓬勃发展的同时，如何避免及降低灌溉引发的地质灾害已成为兴利除弊和生态文明建设中必须解决好的关键问题。

1.1.2　国内外研究现状

从黄土的水岩作用机制、灌溉入渗机理、灌溉诱发型黄土滑坡机理、冻结滞水促滑效应和灌溉诱发型黄土滑坡防治技术 5 个方面回顾国内外研究的现状及面临的问题。

1. 黄土的水岩作用机制

国内外对黄土水敏性的研究集中在微结构、水岩物理化学作用和宏观力学特性三方面。

微观结构研究方面，Sajgalik 等（1990，1994）采用扫描电镜研究了斯洛伐克黄土结构特征，从微观角度对黄土崩解机理进行了解释。Derbyshire 等（1994）研究了上更新统黄土不同含水率下的强度参数，并指出孔径、颗粒形态等微结构特征是黄土水敏性发挥效应的内在原因。高国瑞（1980）、王永炎和腾志宏（1982）、雷祥义（1987）、胡瑞林等（1999）系统研究了中国黄土的微结构特征，确定了黄土微结构模型，并用来解释黄土湿陷性。

在黄土水敏性相关的水岩物理化学作用研究方面，公认黄土遇水后产生物理化学反应，造成化学组分与土体结构发生改变，从而导致抗剪强度弱化。Zhang 等（2013）利用不同 $NaCl$ 浓度的脱气蒸馏水制作饱和黄土样品开展不排水直剪试验，试验结束后重塑样品，用纯净蒸馏水洗盐后再次进行不排水直剪，从而模拟灌溉水入渗和排泄两个相反过程中，黄土积盐和淋滤洗盐作用对黄土不排水剪切强度的影响机制，结果表明，积盐时，随着盐分浓度的持续增加，饱和黄土不排水剪切峰值和稳态强度呈现先增加后减小的规律，而在洗盐后，饱和黄土强度逐步恢复至原值，证明盐分对黄土强度的影响是个可逆的过程。

在黄土水敏性相关的宏观力学特性研究方面，Feda（1988）、Frankowski（1994）、Rogers 等（1994）研究了黄土湿陷性的前提、标准、归一化特性；Lutenegger 和 Hallberg（1988）、Milovic（1988）、Dijkstra 等（1994）研究了不同层位黄土的强度和稳定性随着含水率的变化规律。谢定义（2001）将黄土水敏性的宏观力学特性概括为黄土强度和黄土湿陷性两部分，且呈现出了由浸水湿陷量到湿陷敏感性，由狭义的浸水饱和湿陷到广义的浸水增湿湿陷，由单调的增湿变形到增湿脱湿、间歇性湿陷变形，由增（脱）湿路径到增（脱）湿路径与加（卸）荷路径的耦合，以及由宏观特性分析到宏观与微观相结合的发展趋势。

2. 灌溉入渗机理

灌溉诱发黄土滑坡的根源在于引水灌溉改变了原生水文地质条件，从而使地质环境条件向利于滑坡孕灾的方向转变。因此，灌溉入渗机制研究是灌溉诱发型黄土滑坡机理研究的基础。

李云峰（1991）、李喜荣（1991）、薛根良（1995）、李佩成等（1999）、赵景波等（2001）对黄土塬区三水转化规律及不同层位黄土水文地质参数和含水层特征的研究较为丰富。但黄土是具大孔结构的特殊类土，存在大量垂直节理裂隙、动植物孔洞以及在此基础上扩展而来的落水洞，加之地表植被覆盖情况变化，地表水入渗边界条件变化大，导致黄土入渗表现为活塞流和多种形式优势流组合成的混合流模式（徐学选和陈天林，2010）。优势流研究最早可追溯至19世纪80年代，但直到20世纪80年代之前，优势流问题都未引起科学界足够的重视。Beven和German（1982）发表了关于土壤优势流的论著，系统介绍了优势流研究历史，采用试验验证和理论分析研究了优势通道对地表水入渗和扩散的影响，是优势流研究的里程碑，成为土壤水文学历史上引用率最高的文献之一。此后，针对优势流入渗模式、优势流影响因素、优势通道空间展布、优势流水分运移规律等方面问题，开展了从理论模型分析到数值分析，从原位监测到室内物理模拟等多种技术手段的研究工作。在优势流理论模型研究方面，可归纳为四类模型来描述，其中，最主流的是二域模型及相关改进模型（秦耀东等，2000）。二域模型将土体分为基质域和优先域，采用 Darcy 定律–Richards 方程描述基质域，而对于优先域则有不同的刻画方法，包括运动波理论、黏性流假设条件下的边界层流动理论、滤波理论等。但现有四大类模型均难以准确获取模型参数，且对于优势通道的随机分布性难以刻画，导致模型计算与实际入渗情况出入较大。

优势流对于灌溉水或降水入渗补给地下水进而促发滑坡具有重要控制作用。许领等（2008，2009a，2009b，2010）以陕西泾阳南塬灌溉型滑坡为例，分析了灌溉引起的裂缝形态、发育规律、演化模式，认为灌溉引起的裂缝、落水洞等优势通道增加了灌溉诱发滑坡的概率，对于黄土滑坡的演化和群体性分布具有重要的意义。Xu（2011）通过黑方台地区的原位灌溉试验研究了灌溉水快速入渗对滑坡的影响，认为灌溉水通过裂缝等优势通道快速入渗对区域地下水流场影响较小，由其所产生的超孔隙水压力导致土体局部液化使斜坡产生局部破坏，塬面入渗引起区域地下水位上升才是引起高速远程滑动的主因。

3. 灌溉诱发型黄土滑坡机理

灌溉诱发型黄土滑坡机理研究体现在渗流引起斜坡岩土体力学的响应及对斜坡下滑力增加或抗滑力减小方面。

Terzaghi K 早在 1950 年就将降水诱发滑坡机制概化为"降水期间或降水之后斜坡体内孔隙水压力升高使得潜在滑动面上的有效应力及抗剪强度降低，从而诱发滑坡"，认为孔压变化规律是研究降水诱发型滑坡机理的关键。Hutchinson（1988）、Sassa（1984）等提出了结构破坏—孔压上升—液化的水致土质滑坡发生机理。Sassa（1985）进一步指出，当饱和度超过85%时足以产生超孔隙水压，从而导致滑坡发生。

黄土组成是以粉粒为主，具有架空结构，水的参与使黄土成为一种极易产生液化的土，众多学者根据灌溉诱发黄土滑坡时普遍出现的流滑现象提出液化形成机制。王兰民和刘红玫（2000）对饱和黄土液化机理与特性开展了研究，建立了饱和黄土孔隙水压力和应变的增长模型。周永习等（2010）对黄土滑坡流滑机理进行了试验研究，认为大多数情况下饱和黄土表现为稳态特性，只有疏松的黄土表现出准稳态特性。王家鼎（1992，1999）在黑方台黄土滑坡泥流调查基础上，提出了"饱和黄土蠕（滑）动液化"的概念，以及饱和黄土的蠕动液化机理。金艳丽和戴福初（2007）、武彩霞等（2011）基于斜坡土体的原位应力状态及应力路径，对原状黄土开展了等压/偏压固结不排水剪（ICU/ACU）和常剪应力排水剪（CQD）试验，从饱和黄土的应力路径角度探讨了灌溉水诱发黄土滑坡形成的"静态液化"机理。

近年来，从非饱和土力学角度研究水致黄土滑坡力学机制逐步成为热点。虽然早在1931年Richards就将Darcy定律推广应用到非饱和渗流中，建立了非饱和渗流水分运动控制方程——Richard方程。但在20世纪50年代以前，人们并没有认识到基质吸力变化对斜坡稳定性的影响，非饱和土力学只属于土壤学的研究领域。20世纪50年代，美国公路实验所最早注意到处于非饱和状态的土中的基质吸力对公路及机场设计的重要意义（Croney，1952）；1961年制造出第一台用于非饱和土三轴试验的仪器（Bishop and Donald，1961）；随后，Bishop（1959）、Satija（1978）、Ho和Fredlund（1982）等进行了大量的有关非饱和土的力学试验；Fredlund和Morgenstern（1978）等得出适用于非饱和土体的双变量引申Mohr-Coulomb抗剪强度公式，进而提出了考虑基质吸力的边坡稳定性分析方法——普遍平衡极限法（1981）；Lam和Fredlund（1987）研究了降雨入渗对边坡稳定性的影响，综合考虑了土体入渗能力、土的初始饱和度、降雨强度与降雨持续时间、暴雨前降雨量及坡面的防渗情况等因素，建立了饱和–非饱和渗流控制方程，在此基础上对边坡稳定性参数进行研究；李兆平和张弥（2001）以体积含水率作为因变量，建立了求解降雨入渗过程中土体瞬态含水率的数值方法，并实测了土体的水分特征曲线，结合非饱和土强度理论，建立了非饱和土边坡稳定性分析的方法；詹良通等（2003）采用人工降雨模拟试验，发现降雨使浅层土体中的孔隙水压力和含水量大幅度增大，坡体水平应力和竖向应力的比值接近极限值，从而使得土体沿裂隙面局部破坏引起渐进式滑坡；Jonathan等（2009）根据在美国西雅图puget sound滑坡上进行了吸力和含水量监测，并基于吸应力理论进行了滑坡的准确预测。

4. 冻结滞水促滑效应

Yanagisawa和Yao（1985）研究了冻结条件下饱和土的水分运移、热参数变异、冻结前锋运移速率，采用有限差分法求解了冻结条件下的饱和土热传导方程，将之与室内试验对比，两者的温度场、含水量分布、冻结深度非常吻合。Czurda和Hohmann（1997）为了确定冻结区的危险滑动面和抗剪强度，开展了5种黏性土在不同冻结条件下的直剪试验，表明冻土的抗剪强度随着时间和温度变化，其主要受孔隙冰黏聚力的影响，而摩擦角基本是常数。Kudryavtsev（2004）和 Alekseev 等（2007）分别通过原位、室内试验和有限元分析研究了冻融导致的挡土墙后部土体的土压力场和变形场。

冻融作用对滑坡的促发机制方面，叶米里扬诺娃（1986）指出了冻融泥流现象；Harris 等（2000）利用离心模型模拟了冰土层融化过程中斜坡的运动机制，揭示了冰冻-融化过程中斜坡土体位移变化规律与融化层的深度、斜坡坡度、融化时间和冻融循环次数有关，解释了冻融期浅层滑坡机理。

针对中国北方地区冻结滞水效应诱发黄土滑坡高发的因素，吴玮江（1996，1997）在分析西北季节性冻土地区滑坡发生时间规律和斜坡变形动态规律的基础上，提出季节性冻融作用产生的冻结滞水效应使斜坡区地下水富集、土体软化范围扩大以及静、动水压力增大，是冻融期滑坡多发的重要外动力因素。王念秦（2008）以甘肃省黄土滑坡为研究对象，进一步探讨了季节冻土区冻融期滑坡的基本特征和形成机理，认为冻融期黄土滑坡主要集中在冻融期末期，且具有规模大、滑速快、滑距远、危害严重等特点。王念秦和罗东海（2010）针对黄土斜坡灾害及冻融作用特点，利用表层冻结温度场数值模拟、冻结前后地下水聚集模型分析及实例验证分析等手段，揭示了边坡表层土体冻结过程、坡体内地下水集聚过程，探讨黄土斜坡表层冻结效应及其稳定响应，认为表层冻结作用由表及里进行，大约在冻结 3 个月后达到当地最大冻深，并以简化的地下水聚集模型推导得到坡体内地下水浸润线方程，确定冻结滞水作用使黄土斜坡稳定性降低 25%。

5. 灌溉诱发型黄土滑坡防治技术

长期农业漫灌导致地下水位上升是灌溉诱发型黄土滑坡灾变的主要诱因已成公认，众多学者针对该类滑坡的防治措施进行了研究。雷祥义（1995）认为泾阳南塬滑坡防治的关键是控制地下水位，应通过渠道防渗、改善灌溉模式、井渠结合并加大地下水抽排量以控制地下水位升势来进行治理。王家鼎（2001）通过对黑方台滑坡群形成与运动机理的系统研究，提出了一套针对该滑坡的防治措施，包括改革灌溉方式，集水井、渗水竖井、平孔等方式疏排地下水，辅以削方及草袋挡土墙等简易工程措施等。吴玮江等（1999）对干旱地区农业灌溉引起的地质灾害提出了加强规划和科学研究、改变灌溉方式、灌排结合及强化管理等防治对策。陈瑾和韩庆宪（1999）通过探讨灌区黄土沉陷与水土流失的机理，提出了从治水入手，采用节水灌溉技术，配合工程措施及植物措施治理，达到合理利用水资源、根治水土流失、防治地质灾害的目的。李海军等（2003）通过对黑方台焦家崖头应急削坡治理工程认识到削坡治理只能保证滑坡的暂时稳定，是治标不治本的措施，节水灌溉、改变滑坡区水文地质结构才是治理该类滑坡的根本。王念秦（2004）针对灌溉型滑坡提出综合防治措施，包括重视村镇建设区划、耕作区划、水利设施区划、地质灾害区划等综合规划，地表和地下相结合的综合排水措施，刷方减载、护坡挡墙等简易工程措施。王志荣等（2004）认为过量灌溉引发的滑坡灾害应以预防为主，治理为辅，改变灌溉方式，采取包括工程治理措施、排水措施、生物措施在内的综合治理措施。孔令辉（2008）将黑方台滑坡群的治理措施概括为节水灌溉措施、台缘排水措施、削方减载措施、边坡支挡措施、生物植被措施等。综上，灌溉诱发型黄土滑坡防控技术应突出灌溉活动打破了地下水系统的天然水均衡场，长期的正均衡导致地下水位抬升，引发斜坡地带应力场的改变，进而引发滑坡。灌溉活动引发黄土滑坡灾害防治的关键是有效控制地下水位，但以往研究多是泛泛而谈一些控水策略，缺乏监测和试验资料，无力指导治理设计和施工。

综上所述，前人做了大量的地质调查与科学研究工作，在本项目实施时，黑方台地区主要存在 5 个关键问题：一是水文地质条件不清楚。大水漫灌的灌溉方式引起塬区地下水位抬升是导致黑方台灌区滑坡发育的基本原因。但是区内的水文地质条件尚不十分清楚，主要表现为无地下水位数据，更谈不上地下水流场，没有渗透系数、灌溉和降水入渗系数等水文地质参数，也不了解各层地下水之间的水力联系，对地下水形成机理与地下水位控制缺乏研究。二是对灌溉引起的滑坡启动机理的研究不够深入。灌溉入渗条件下的岩土参数如何变化、地下水位变化与斜坡变形及其稳定性之间的关系、保障滑坡稳定的地下水安全水位等问题缺乏深入的研究。三是冻结对滑坡启动作用的研究尚停留在定性分析阶段。黑方台灌区具有冬春交替季节滑坡多发的特点，存在冻结滞水促滑效应，但是，冻结引起的地下水位壅高幅度和范围有多大目前尚无实测资料，也未做深入的研究。四是滑坡灾害综合整治或风险控制缺乏科学依据。对于黑方台灌区各区段特定的地质结构条件，其斜坡的稳定性主要取决于地下水位，地下水位若能得到有效的控制，那么滑坡灾害风险也就得到了基本控制。但是目前在地下水位防控方面的研究还远远不足，例如地下水位控制在什么范围内才能有效防止滑坡发生？采取什么措施才能够将地下水位控制在合理的范围之内？还需要那些工程措施和搬迁避让措施辅助，这也表明当前滑坡灾害综合整治或风险控制缺乏可靠的科学依据。五是灌溉引起的黄土湿陷问题有待深入研究，需要进一步回答以下几个问题，黑方台地区灌溉引起的黄土湿陷量有多大，以及在空间是如何分布的；灌溉引起黄土湿陷的构成及其机理；基于地下水位变化的黄土湿陷量预测与湿陷灾害风险控制技术。

1.2　研　究　思　路

1.2.1　总体思路

依托国土资源地质矿产调查专项"灌溉渗透诱发型黄土崩滑灾害机理研究"（项目编码1212011014024）和国家科技支撑计划专题"甘肃黑方台地区滑坡群防治技术与示范研究"（专题编号2012BAK10B02-5），以甘肃省永靖县黑方台地区为研究对象，运用水文地质学、工程地质学理论为指导，采用遥感技术、水工环地质综合调查与动态监测、水文地质钻探与试验、地球物理勘探、现代测试技术、大型离心模拟、现代信息技术、数值模拟等手段，从野外调查与监测、室内模拟、机理研究、防治技术4个层次，以黄土滑坡的主要诱发因素——水为主线，揭示降水、灌溉水、地下水的"三水"转化关系，查明灌溉诱发型黄土滑坡形成的坡体地质结构和灾害发育特征、变形特征、成灾模式，研究灌溉诱发型黄土滑坡形成机理及运动特征，建立基于地下安全水位的滑坡风险管理模型，研发面向斜坡稳定的地下水位控制关键技术和适宜的工程防治措施，为灌溉诱发型黄土滑坡防治提供理论依据和技术支撑。

1.2.2　技术路线

黑方台地区灌溉引起的地质环境变化与黄土地质灾害研究的技术路线主要围绕 5 个方面开展（图 1.1）。①地下水形成机理与地下水位控制研究：通过野外调查（大比例尺剖面测制）、大孔径水文地质钻孔和抽水试验、室内外实验、动态监测等手段，查明

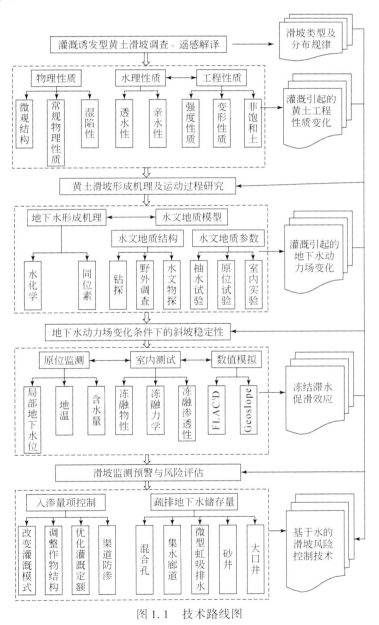

图 1.1　技术路线图

黑方台灌区水文地质结构，获取含水层水文地质参数以及灌溉与降水入渗系数，建立黑方台灌区地下水三维数值模拟模型和地下水管理模型。②滑坡启动机理研究：通过原位大剪试验及室内试验，获取天然状态和地下水作用下的岩土的物理、力学及水理性质参数；调查有滑坡分布发育特征、破坏模式、运动学过程和致灾范围，调查现有的所有滑坡隐患点（斜坡）的变形特征及分布，选择典型斜坡段进行变形监测；分析地下水位变化与滑坡变形破坏之间的关系，开展地下水位与滑坡稳定性研究，探索滑坡启动机理，确定基于滑坡稳定的地下水安全水位。③冻结引起的地下水位壅高幅度和范围研究：收集当地气象站历史观测资料，分析气温、地温和冻结深度特征；开展原位气温、地温、冻结深度以及局部地下水位动态观测；运用历史观测数据和原位测试数据，分析确定由于冻结而引起的地下水位壅高的幅度和影响的范围。④滑坡灾害风险控制研究：在前述的研究基础上，建立地下水位与滑坡稳定系数耦合预警模型，通过基于滑坡稳定的地下水安全水位，建立基于地下水位的滑坡风险控制管理模型；同时，根据滑移距离圈定搬迁避让区范围，提出适宜的地下水位控制措施和工程防护措施，实现滑坡风险控制的目标。⑤灌溉引起的黄土湿陷研究：通过不同时期的地形图对比、水池变水塔的位移观测，计算分析黑方台地区灌溉引起的黄土湿陷量大小，以及在空间上是如何分布的；从非饱和黄土增湿过程中的湿陷和饱和湿陷探讨灌溉引起黄土湿陷的构成及其机理；建立地下水模拟模型和管理模型，从而实现基于地下水位变化的黄土湿陷量预测与湿陷灾害风险控制。

1.3　研究内容

1.3.1　灌溉引起的地下水系统演化研究

（1）地下水形成机理与地下水位控制研究内容主要包括水文地质结构研究、地下水流场研究、水文地质参数研究等。

（2）灌溉和降水入渗系数研究内容主要包括灌溉水入渗模拟试验、土水势和含水率观测、地下水位动态监测等。

（3）地下水管理模型研究内容主要包括地下水三维数值模拟模型研究、地下水管理模型研究等。

（4）黑方台灌区地下水流系统演化历史与发展趋势预测等。

1.3.2　灌溉引起的黄土工程性质变化研究

（1）灌区黄土工程性质研究内容主要包括黄土物理性质、水理性质、力学性质及微结构室内测试。

（2）临近的非灌区黄土工程性质研究内容主要包括黄土物理性质、水理性质、力学性质及微结构室内测试。

（3）灌区与临近的非灌区黄土物理性质、水理性质、力学性质及微结构对比研究。

1.3.3 灌溉引起的非饱和黄土湿陷研究

（1）基于不同时期 DEM 的黄土湿陷量及其空间分布估算。

（2）基于《湿陷性黄土地区建筑规范》的黄土湿陷量估算。

（3）灌溉引起的饱和与非饱和黄土湿陷机理研究。

（4）基于地下水位的黄土湿陷趋势预测与湿陷灾害防控。

1.3.4 灌区冻结滞水效应及其促滑机理

（1）气象站资料收集与冻融资料分析主要包括收集当地气象站历史观测资料，分析气温、地温和冻结深度特征，统计该区冻结深度特征值及其与气温之间的相关关系。

（2）原位气温、地温、冻结深度以及局部地下水位观测主要包括在滑坡前缘选择地下水溢出带，开展原位气温、地温、冻结深度以及局部地下水位动态观测，获取在一个完整冻结期内的冻结深度、气温、地温的变化数据。

（3）冻结引起的地下水位壅高幅度和范围研究主要包括运用历史观测数据和原位测试数据，分析确定由于冻结而引起的地下水位壅高的幅度和影响的范围及其随气温的变化规律。

1.3.5 灌溉引起的滑坡灾害与风险控制问题

1. 滑坡启动机理研究

1）地下水位变化与滑坡变形破坏之间的关系研究

通过地下水形成机理与地下水位控制研究，建立了地下水三维数值模拟模型，可以恢复滑坡前的地下水渗流场；通过斜坡变形破坏特征研究，恢复滑动前的三维地形和应力场，动态模拟由于地下水水位变化引起的滑坡变形破坏过程，从而研究地下水位与滑坡变形破坏的关系。

2）地下水位与滑坡稳定性分析

采用 FLAK^{3D}、GEOSLOP 等软件，根据本次实测剖面和试验获得的岩土参数，分段计算斜坡稳定性系数随地下水位变化的序列，分析滑坡在启动时的渗流场和应力场特点，总结滑坡启动的判别条件。

3）基于滑坡稳定的安全水位研究

地下水位壅高是黑方台灌区滑坡形成最主要的诱发因素，通过地下水位变化与滑坡变形破坏之间的关系研究、地下水位与滑坡稳定性分析，可以确定一个或一组能够保障黑方台周边斜坡稳定的地下水最高水位。换句话说，只要保持该区地下水面低于某一个面，其周边的斜坡将是稳定的，即基于滑坡稳定的地下水安全水位研究。从而定量地总结出黑方台灌区黄土滑坡的启动机理。

2. 滑坡风险控制管理模型研究

1）地下水位与滑坡稳定系数耦合预警模型研究

对于黑方台灌区各区段特定的地质结构条件，其斜坡的稳定性主要取决于地下水位，不同的地下水位将对应不同的稳定系数。在前述的研究基础上，可以建立黑方台灌区不同区段地下水位与滑坡稳定系数耦合预警模型。

2）基于地下水位的滑坡风险控制管理模型研究

黑方台灌区地下水位若能得到有效的控制，那么滑坡灾害风险也就得到了基本控制。通过面向斜坡稳定的地下水安全水位的研究结果，将斜坡稳定系数目标函数转换为地下水位目标函数，约束条件仍然为灌溉量控制、疏排水量控制等，从而建立基于地下水位的滑坡风险控制管理模型。

3. 滑坡风险控制措施研究和优选

黑方台灌区黄土滑坡灾害应坚持以防为主，预防、治理、避让相结合的原则。应以地下水位控制为防，以部分村民搬迁为避，以局部采取简单工程措施为治。

1）地下水位控制措施

（1）摒弃大水漫灌的粗放式灌溉方式，全面衬砌渠道，减少灌溉水渗入量；

（2）挖掘大口径集水井，抽吸地下水，降低地下水位；

（3）施工渗水竖井，穿透隔水层，使黄土中地下水能通过竖井渗入下部砂砾石层，降低黄土中地下水水位；

（4）水平孔排水。在滑坡体前缘施工平孔，并采取防冻措施，疏通地下水排泄通道，从而降低地下水位；

（5）裂缝回填。及时回填、夯实台面上和斜坡体上出现的裂缝、落水洞等，防止灌溉水和雨水沿裂缝快速鱼贯而入。

2）搬迁避让措施

通过对已有滑坡滑移距离和致灾范围的调查，以及形成机理和运动特征的分析，结合现有斜坡的变形特征，分段确定斜坡破坏失稳后的滑移距离和可能的致灾范围，圈定搬迁避让区范围，采取搬迁避让措施。

3）工程措施

采用施工简单、速度快、造价低、易见效的方式，在局部地段实施工程措施，如局部支挡、削坡、护坡等。

1.4 主 要 成 果

引入国际先进地质灾害风险评价技术方法与理念，开展了大比例尺滑坡风险填图，结合钻探、物探、大型离心模拟、原位试验、室内测试、动态监测等手段，在查明黄土崩滑灾害分布特征、发育规律及其孕灾地质环境条件的基础上，以水为主线，着重开展了灌溉入渗机理、黄土工程性质灌溉效应、灌溉诱发型黄土滑坡机理、冻融诱发型黄土滑坡机理研究，提出了基于地下水位控制的滑坡风险减缓措施建议，取得的主要成果如下。

（1）揭示了引水灌区灌溉入渗机理和地下水动力场演化过程，预测了不同灌溉模式下地下水流系统发展趋势。

克服饱和黄土缩径难题成功实施水文地质钻探，查明水文地质条件，揭示不同含水系统水力特征，建立了涵盖区域–滑坡区的地下水动态监测网。通过抽水试验、灌溉入渗模拟、渗透实验、颗分–渗透模型系统获取了水文地质参数，尤其是对传统"Darcy 实验"方法及装置改进后，原创性地将实验从室内移植到原位，获取了包气带浅表层黄土的垂向渗透系数。这些参数，尤其是与崩滑灾害形成攸关的黄土含水层水文地质参数的获取，为基于地下水位控制的滑坡风险减缓提供了水文地质科学依据。通过入渗通道调查、水文物探、水化学和同位素等方法，揭示了灌溉水入渗以裂隙、落水洞等优势通道点源快速入渗为主，台源区面源活塞流脉冲式入渗为辅。在此基础上，反演了灌溉条件下地下水动力场演化过程，1990 年以前地下水位上升速率为 0.57m/a，1990～2012 年，平均上升速率为 0.25m/a，预测了不同灌溉条件下地下水流系统发展趋势，若继续维持现有灌溉量，2020 年前地下水位升幅为 0.3～0.4m/a。

（2）多手段多视角揭示黄土工程性质的灌溉效应。

从宏观到微观，从原位试验到室内测试，从瞬时强度到时效变形，从经典土力学到非饱和土力学的多手段多视角揭示了黄土工程性质的灌溉效应。原创性开展了原位饱和直剪试验，成功获取了饱和黄土的原位抗剪强度指标。结合室内非饱和土增湿与流变试验，表明黏聚力随着含水量的增加呈对数降低，内摩擦角以线性递减，饱和黄土较之天然原状黄土，黏聚力锐降达 60%，内摩擦角降低 3.45%。灌溉入渗水岩作用产生灌溉效应致黄土原生结构及构造改变，力学强度显著弱化是滑坡频发的主控因素。

（3）首次通过野外监测证实并分析了冻结滞水效应及促滑机制。

首次以完整冻融循环期内的野外原位分层地温及孔隙水压力、地下水动态组成的冻结滞水效应剖面监测，证实了冻结滞水现象的真实存在，确定季节性冻结引起的地下水位壅高幅度为 40～110cm，影响范围达坡体内部 30m。结合冻前–冻结–解冻后的黄土力学性质测试，剪出口附近饱和状态黄土冻结后的强度较冻前激增约 80 倍，经历 15 次冻融循环解冻后，强度较冻结期损失达 99%，表明冻结造成土体强度增高，冻融循环引起冻胀与融陷造成岩土损伤致强度锐降，冻结相当于在滑坡前缘剪出口形成天然"抗滑挡墙"，而冻融期反复冻结融化循环造成"挡墙"溃屈，剪出口部位强度短期内的突然丧失是冻融季节滑坡高发的根本所在。

（4）结合大型离心模拟，分析了灌溉诱发型黄土滑坡形成机理。

在总结滑坡灾害类型、分布规律和发育特征的基础上，结合大型离心物理模拟，灌溉诱发型黄土滑坡灾害形成机理主要是灌溉入渗造成地下水位上升，非饱和带土体含水量增高，从而在斜坡体增重的同时，土体强度降低，从而在自重作用下产生蠕滑，加之滑坡前缘高渗透水力坡降，以及灌溉水以优势通道跑漏时潜蚀掏蚀加速滑坡体变形的进一步发展，从而在滑体软弱带全面贯通后产生滑动破坏，滑体冲击下早期残存饱水滑床产生剧烈液化，进而产生"西瓜皮"效应发生高速远程滑动，表现为累进性原位溯源后退式扩展。

（5）基于不同时期 DEM 数据确定滑坡变形强度，探索地质灾害风险定量评估技术方法。

在三维激光扫描监测的基础上，结合不同时段的 DEM 数据，在 ArcGIS 平台下建立基于 DEM 的滑坡变形分析模型，计算不同时期的变形量与变形速率，归一化后评价滑坡变形强度及危险性，最后结合承灾体易损性调查进行滑坡风险评价，风险很高 7 处，风险高 11 处，风险中等 4 处，风险低 10 处。该方法是对滑坡风险定量评估技术方法的完善和有效补充。

（6）提出基于地下水位控制的黑方台灌区风险减缓措施。

针对黑方台地区滑坡灾害孕灾条件及诱发因素，因地制宜，提出滑坡灾害诱发因素风险阻断的基于地下水位控制为主的地质灾害风险减缓措施。结合地下水动力场与斜坡稳定性耦合分析，提出地下水位由升趋降的灌溉量控制阈值为 $350×10^4 m^3/a$，实现斜坡基本稳定的地下水位控制目标为 1678.2m。但根据区内农业水热条件及种植结构，$350×10^4 m^3/a$ 的灌溉量控制阈值不能满足农业用水需求，故应推行节水灌溉，调整农业种植结构。因地下水位之下的饱和黄土渗透性差，依靠地层自身渗透能力很难快速将地下水排泄出斜坡体外，可实施混合孔、砂井、集水廊道、斜坡微型虹吸排水等疏排水工程将黄土含水系统地下水快速降至 1678.2m 之下，综合疏排水效果动态监测和经济技术可行性，建议混合井距 ≤40m 为宜。

本专著是在国土资源地质矿产调查评价专项"灌溉渗透诱发型黄土崩滑灾害机理研究"和国家科技支撑专题"甘肃黑方台地区滑坡群防治技术与示范研究"成果的基础上形成的，主要完成人有张茂省、朱立峰、胡炜，参加工作的人员有孙萍萍、程秀娟、毕俊擘、薛强、裴赢、贾俊、董英、于国强、孙巧银、马建全、史斯文、宋登艳等。本书共分 8 章，约 14.3 万字。各章节主要执笔人如下：第 1 章由张茂省、朱立峰执笔，第 2 章由朱立峰、胡炜执笔，第 3 章由孙萍萍、董英执笔，第 4 章由胡炜、朱立峰、孙萍萍执笔，第 5 章由孙萍萍、张茂省执笔，第 6 章由程秀娟、马建全、史斯文执笔，第 7 章由朱立峰、胡炜、毕俊擘、薛强、于国强执笔，第 8 章由朱立峰、胡炜、孙萍萍执笔。全书由张茂省定稿，插图由孙巧银完成。

另外，本书得到了"西部复杂山体地质灾害成灾模式研究"计划项目负责人殷跃平研究员、吴树仁研究员的指点，西北大学谷天峰博士、长安大学李同录教授的帮助，并得到甘肃省地质环境监测院、甘肃省有色地质工程勘察设计研究院等单位和黎志恒、赵成、余志山、魏余广、李生永等的大力支持与协助，在此一并致谢！

限于作者知识面和学术水平所限，加之时间仓促，书中难免有不足之处，恳请读者批评指正。

第2章 黑方台引水灌区概况

2.1 自然地理概况

2.1.1 气象

黑方台位于中国西北内陆,地处东部季风湿润区、西北内陆干旱区和青藏高原高寒区三大自然区域交汇地带,受西风环流、东南季风、西南季风和青藏高原季风影响,属中温带半干旱气候,大陆性季风气候显著,总的气候特征是:四季分明,季节变化显著,春季干旱多风,夏无酷暑,秋季凉爽,降温快,冬季严寒干燥。区内气候干燥,日照充足,昼夜温差大。

区内降水总体稀少,蒸发强烈。据1970~2010年共40年的降水资料分析,区内降水年际之间呈脉冲式波动,多年平均降水量为281.2mm,最大降水量为431.8mm,最小降水量为178.8mm,多年平均蒸发量为1532.6mm(图2.1和图2.2),干旱指数达5.5。有限的降水在年内分配极不均匀,集中程度高,70%~80%的降水集中于6~9月,且多以暴雨形式降落。由此可见,降水对区内地下水的补给非常有限。

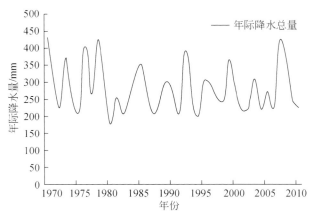

图2.1 黑方台1970~2010年降水量历时曲线图

区内全年日照时数2517.6h,无霜期181d。多年平均气温9.4℃,极端最高气温40.7℃,极端最低气温为−20.1℃,年温差最大达60℃。该区冬季平均气温为−3.4℃,严寒期长达179d左右,常形成季节性冻土,一般每年11月中下旬开始冻结,来年2月下旬

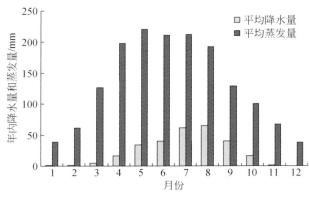

图 2.2　黑方台地区年内气象要素图

至 3 月上旬开始解冻,最大冻结深度约 1.02m。季节性冻融作用不仅对岩土工程性质影响较大,且因冻结滞水效应的存在进而影响斜坡稳定性,成为诱发滑坡的重要因素。

2.1.2　水文

研究区南邻黄河,东侧有黄河一级支流湟水河流过,台面与黄河及湟水河水面相对高差为 100 ~ 133m。除黄河、湟水河外,还有磨石沟、虎狼沟等沟谷沿黄土台塬切出,沟谷深切,谷坡陡峻,水土流失较为严重。

1. 黄河

黄河紧邻研究区南侧,兰州以上黄河干流段长约 2119km,占黄河总长度的 38.9%。据兰州水文站多年资料统计,黄河多年平均流量为 1064.41m³/s,最大流量为 1320m³/s(1955 年),最小流量为 681m³/s(1969 年);历史最大流量为 8600m³/s,最小流量为60.2m³/s。近年来,由于黄河上游大中型水库的调蓄作用,黄河流量日趋稳定。黄河多年平均输沙量为 0.8312×10⁸t。通过黄河兰州站近 80 年来径流的变化曲线(图 2.3)可知,黄河径流大致存在 2 ~ 4 年的丰枯交替的周期变化,20 世纪 90 年代以前,径流呈微弱增加趋势,90 年代以后则有明显减小趋势,但仍未达到历史最低点 1928 年的水平,大约 3 年的周期变化是黄河径流的主周期变化。

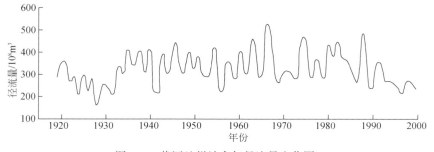

图 2.3　黄河兰州站多年径流量变化图

20 世纪 50 年代末至 70 年代中期，为开发黄河上游干流丰富的水利水电资源，先后在甘肃省永靖县黄河区段建成刘家峡、盐锅峡和八盘峡水库三大水电站，统称为"黄河三峡"。三大水电站的修建除了具有发电效益外，还发挥了防洪、灌溉、防凌、航运、养殖、旅游等综合效益。为配合黄河三峡水电站建设，库区 218km^2 淹没区范围内的 65994 名居民就近异地搬迁。广大移民舍小家顾大家，离开世代居住的家园，放弃黄河谷地条件优越的水乡家园，迁移至包括黑方台在内的干旱贫瘠的黄土台塬安置区。

研究区所在黄河区段为八盘峡水电站库区。八盘峡水电站于 1975 年建成，是一座低水头河床式径流水电站，控制流域面积为 20.47×10^{4}km^2，多年平均流量为 1000m^3/s，设计洪水流量为 8020m^3/s。该电站是以发电为主兼有灌溉等综合效益的水电站，共装机 5 台，单机容量为 3.6 万 kW，总装机容量为 18 万 kW，设计年发电量 11 亿 kW·h，2001 年 6 号机组扩机后，现装机总容量已达 22 万 kW。拦河主坝为混凝土重力坝，坝高 41m，坝顶长 396m，总库容为 0.49 亿 m^3，为日调节水库，正常蓄水位为 1578m，最高蓄水位为 1578.5m，调节库容 0.09 亿 m^3，主要泄洪方式为坝顶溢流。库区与黑方台之间为黄河二级阶地，在焦家、黄茨、盐集一带阶地相对较为平坦开阔，宽度一般为 100～300m，这些区段的滑坡不会威胁库区安全。但焦家崖头一带缺失黄河二级阶地，该段台塬斜坡与库岸直接相连，库区内平均水深约 15m，最深处约 25m，平均流速为 2m/s，高位滑坡多次飞行滑入库区，曾激起十余米高的涌浪，并摧毁对岸农田、鱼塘。

2. 湟水河

湟水河发源于青海省海晏县科都滩，于研究区东侧汇入黄河八盘峡库区。湟水河流域面积为 3.4×10^{4}km^2，多年平均流量为 146.63m^3/s，多年平均径流量为 46.22×10^{8}m^3。径流的年内分配不均，据民和水文站 1971～1980 年统计，7～10 月的径流量占全年的 61.3%，其中，9 月最大，5 月最小，前者是后者的 5 倍。多年平均输砂量为 0.1827×10^{8}t，多年平均含沙量为 14kg/m^3，其中 7 月最大，为 43.5kg/m^3，1 月最小，仅有 0.66kg/m^3。

2.2 地质环境条件

2.2.1 地势地貌

1. 地势

研究区为黄河Ⅳ级基座阶地构成的黄土台塬，其四周被沟谷所切割，台塬北部与山地相连，南缘与黄河Ⅱ级阶地衔接，其间缺失Ⅲ级阶地（图 2.4）。区内地势总体由西北向东南倾斜，最高点位于方台西北与山地相接处，海拔 1759.5m，最低点为湟水河入黄河处，海拔 1560.4m，相对高差达 199.1m（图 2.5）。

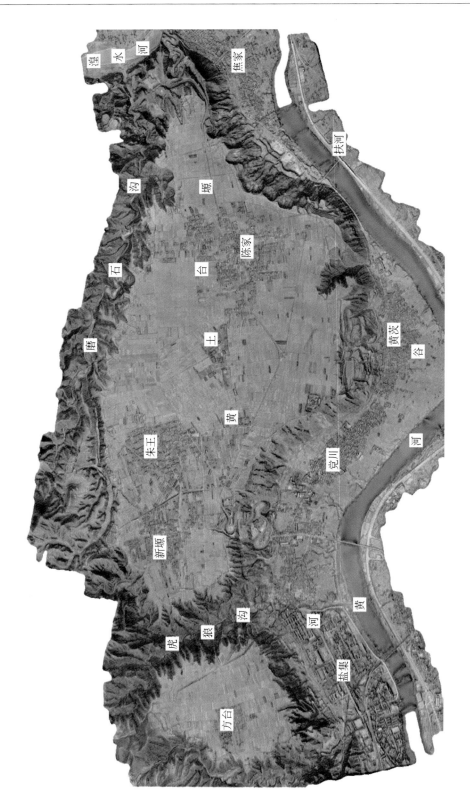

图2.4 黑方台地区三维地貌示意图(图片来源：许强)

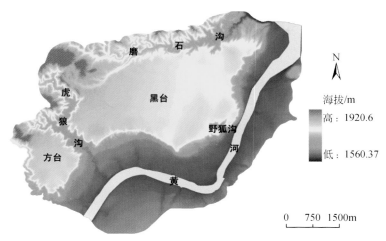

图 2.5　黑方台地区高程因子图

2. 地貌

区内地貌较为简单，包括黄土台塬和河谷地貌两种类型。

1）黄土台塬

黄土台塬是区内最主要的地貌单元，总面积约 15km²。其在黄土堆积之前为黄河Ⅳ级基座阶地，在白垩系河口群组成的基座之上堆积了阶地堆积物，上更新世早期开始堆积黄土，随后经历流水侵蚀切割，形成虎狼沟、磨石沟、野狐沟等沟谷，其中，磨石沟将台塬与北部山地分隔开，虎狼沟将台塬分割成黑台和方台两部分。

a. 台面

研究区被虎狼沟侵蚀切割为黑台和方台两部分。黑台为研究区的主体，面积约 12km²，大致呈东西向条状展布，东西两端较窄，最窄处宽仅 0.55km，中间最宽处约 3km。黑台台面自西向东缓倾，坡度一般为 3°~10°（图 2.6），台面虽整体较为开阔平坦，但在朱王村以西呈现西、北两面高，东、南两边低的特点，地形高差为 10~19m，而朱王村以东则地形起伏很小，地形高差一般<2m。方台南北长约 1.7km，东西宽约 1.3km，面积约 3km²，台面总体地形起伏较黑台明显，呈北高南低，西北最高处与南缘最低处的相对高差达 56m，但其四周台缘相对较高，而台面中间略低，台塬中间平均下沉了 2~3m。

此外，因分布于塬边的早期未衬砌的灌渠渗漏跑水，靠近沟缘线地带存在大量潜蚀漏斗、落水洞和陷穴等，以陈家村南尤为多见，可见洞径一般为 1m，大者可达 3~5m，可见深度为 5~8m，落水洞四周可见大量湿陷裂缝，缝宽一般为 5~10cm，大者可达 30cm。

b. 台缘斜坡

台塬周边斜坡是滑坡灾害的易发地段，以南缘滑坡尤为集中。南缘斜坡坡向大致分为四段：湟水河到扶河桥头之间斜坡走向为 NE26°；扶河桥头至黄茨斜坡走向为 NE44°；黄茨到虎狼沟口斜坡走向为 EW98°；方台南缘斜坡走向为 NE30°。现将台缘四周斜坡地段分为焦家、焦家崖头、野狐沟口—虎狼沟口、方台南缘以及磨石沟共五段，分别提取 DEM 坡度因子，统计各坡度分级对应的投影面积和所占比例（图 2.7 和表 2.1）。

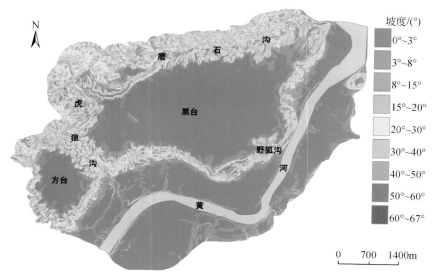

图 2.6　黑方台坡度因子图

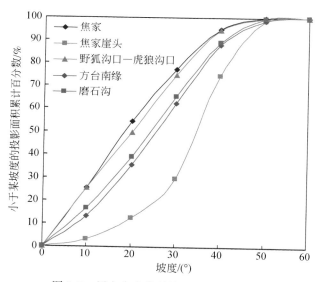

图 2.7　黑方台台缘斜坡坡度分布曲线图

表 2.1　黑方台台缘周边斜坡分段坡度统计表

斜坡区段	焦家		焦家崖头		野狐沟口—虎狼沟口		方台南缘		磨石沟	
坡度/（°）	面积/km²	百分比/%	面积/km²	百分比/%	面积/km²	百分比/%	面积/km²	百分比/%	面积/km²	百分比/%
0~10	0.28	25.56	0.01	3.26	0.44	25.37	0.07	13.04	0.18	16.33
10~20	0.32	28.71	0.02	8.97	0.42	23.96	0.12	22.43	0.25	22.52

续表

斜坡区段	焦家		焦家崖头		野狐沟口—虎狼沟口		方台南缘		磨石沟	
坡度/（°）	面积/km²	百分比/%	面积/km²	百分比/%	面积/km²	百分比/%	面积/km²	百分比/%	面积/km²	百分比/%
20～30	0.26	23.06	0.03	17.41	0.44	25.45	0.14	26.69	0.29	26.36
30～40	0.19	17.36	0.08	45.04	0.35	19.77	0.14	25.98	0.26	23.66
40～50	0.06	5.26	0.04	24.02	0.09	5.12	0.06	10.51	0.12	10.81
50～60	0.00	0.04	0.00	1.30	0.01	0.34	0.01	1.35	0.00	0.32
>60°										

　　台塬周边不同斜坡段的坡度差异较大，平均坡度由大至小分别为焦家崖头、方台南缘、磨石沟、野狐沟口—虎狼沟口、焦家。焦家一带滑坡呈群带状密布，除滑坡后壁相对较陡外，滑后斜坡地形一般趋于平缓，<30°的斜坡段所占比例达 77.34%；野狐沟口—虎狼沟口的滑坡也是连续分布的，<30°的斜坡段所占比例达 74.78%；焦家崖头一带坡度总体较陡，30°～50°坡段占比高达 69.06%；方台南缘和磨石沟南侧斜坡坡度居于前者之间，坡度以 20°～40°为主。

2）河谷地貌

　　河谷地貌包括河谷阶地和河床两部分，以河谷阶地为主。

　　河谷阶地：黄土台塬与黄河八盘峡水电站库区之间缺失Ⅲ级阶地，加之黄河和湟水河Ⅰ级阶地被八盘峡水电站库区所淹没，故地表仅可见Ⅱ级阶地，黄河Ⅱ级阶地除焦家崖头一带缺失外，在焦家村、黄茨村、盐锅峡镇等地保存相对较为完整，阶地与库区衔接处呈现高为 10～20m 的陡崖。Ⅱ级阶地阶面一般高出库水面 5～10m，较为平坦开阔，向河流方向微倾，宽度一般为 100～300m。Ⅱ级阶地为基座阶地，基座为白垩系河口群砂泥岩，其上堆积物具明显的二元结构，底部卵砾石层厚约 5m，粉砂层厚约 10m，上部堆积厚为 5～20m 的上更新统黄土。因台缘周边滑塌多发，该Ⅱ级阶地后部常为滑坡堆积物。阶面上人类居住较为集中，且兰盐公路紧贴Ⅱ级阶地中后部展线。

　　河床：八盘峡库区黄河水面宽度为 150～250m，最宽达 360m，平均水深约 15m，最大水深为 25m，平均流速为 2m/s，高位滑坡滑体飞行进入库区常激起涌浪。

2.2.2　地层岩性

　　研究区主要发育中-新生代地层，包括白垩系和第四系（图 2.8），区内地层序列及岩性组合特征如图 2.9～图 2.11 及照片 2.1 所示，现由新到老叙述如下。

1. 第四系

1）全新统（Q_h）

　　全新统滑坡堆积物（Q^{del}）：由滑动后的黄土、卵砾石及砂泥岩组成，土体杂乱破碎，结构松散，堆积于台缘斜坡中下部或黄（湟水）河二级阶地后部，厚度几米至几十米不等。

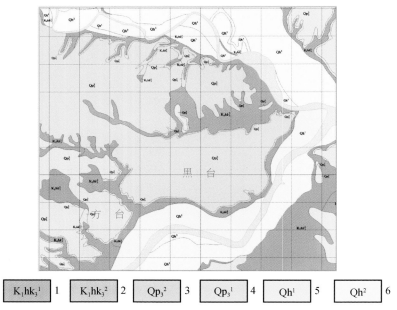

| K₁hk₃¹ | 1 | K₁hk₃² | 2 | Qp₃² | 3 | Qp₃¹ | 4 | Qh¹ | 5 | Qh² | 6 |

图 2.8　黑方台地区地质略图

1. 白垩系河口群三组下段；2. 白垩系河口群三组上段；3. 上更新统冲积层；
4. 上更新统风积层；5. 全新统上部冲积层；6. 全新统下部冲积层

地层单位				厚度/m	柱状剖面	地层岩性描述
界	系	统	代号			
新生界	第四系	全新统	Q^del	2~30	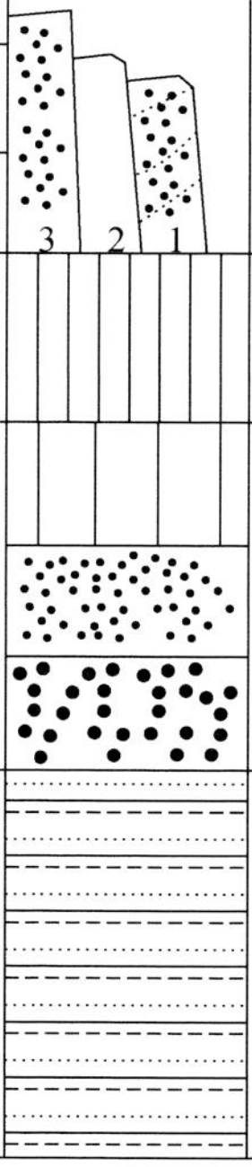	1. 滑动后的黄土、卵砾石及砂泥岩组成，土体杂乱破碎；
			Qh²			2. 不可见；
			Qh¹	6.5~10		3. 下部为青灰色疏松砾石，上部为土黄色砂土，夹有较多的条带状疏松砂层
		上更新统	Qp₃²	21~50		黄土：灰黄色，以粉粒为主，均匀，疏松多孔，垂直节理发育，遇水软化
			Qp₃¹	1.3~28		上部为具有水平层理的浅棕红色薄层粉质黏土、土黄色薄层砂土，呈互层状产出；中部常见青灰色、浅黄色透镜状、条带状疏松砂层；下部为砂砾石层，其中青灰色砾石占总体积的70%，为圆~次圆状，分选好，略具定向排，疏松砂占30%
中生界	白垩系	下统	河口群 K₁hk	70		以棕红色、紫红色厚层-块状粉砂质泥岩占多数，夹紫灰、紫红色薄层至巨厚层的中细粒砂岩和少量棕红色薄层泥质粉砂岩，偶夹绿灰色薄层粉砂岩。岩层稳定，砂岩的矿物成熟度较高，并见有粒序层理、斜层理、交错层理、龟裂、虫迹和植物化石碎片，常见0.51cm厚的裂隙和夹层石膏

图 2.9　黑方台地区综合地层柱状图

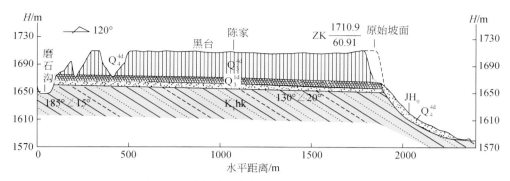

图 2.10　黑台陈家东南北纵向地层剖面示意图

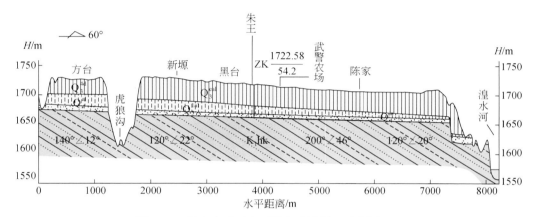

图 2.11　黑方台地区东西横向地层剖面示意图

照片 2.1　黑方台地区地层照片，摄于野狐沟口

全新统上部冲积物（Qh^2）：为黄河和湟水河Ⅰ级阶地堆积物，八盘峡水电站建成后被淹没而不可见，仅在上铨站北黄河边和湟水河边断续分布。岩性：下部为青灰色卵砾石层，厚度>2m；上部为浅灰黄色黄土状土，间夹透镜状或条带状砂层，具轻微湿陷性，厚1.5~2m。

全新统下部冲积物（Qh^1）：为黄河和湟水河Ⅱ级阶地堆积物，区内较为发育，分布于黄河和湟水河谷两侧。岩性：下部为青灰色卵砾石，其特征与Ⅳ级阶地砾石层基本相同，厚度约 5m；上部为土黄色黏质粉土，靠其下部夹有较多的条带状疏松砂层，厚度大于 1.5m。

2）上更新统（Qp_3）

风积黄土（Qp_3^2）：是区内分布最广的第四系，广布于台塬上部，披盖于黄河Ⅳ级阶地冲积层之上，呈灰黄色，以粉粒为主，成分均匀，疏松多孔，具大孔结构，垂直节理发育，遇水易崩解，具较强–强烈湿陷性。厚度为 21～50m，总体上东厚西薄（图 2.12）。

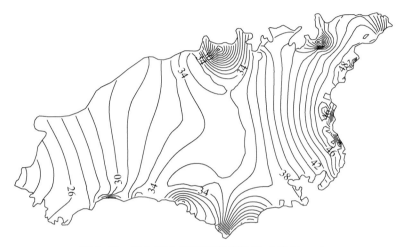

图 2.12　黑台黄土层厚度等值线图（单位：m）

上更新统冲积物（Qp_3^1）：为黄河Ⅳ级阶地冲积物。岩性：上部为具有水平层理的浅棕红色薄层粉质黏土、土黄色薄层砂土，它们呈互层状产出，厚度为 0.5～8m，西厚东薄（图 2.13），与下部砂卵砾石层界线明显，两者接触处常见青灰色、浅黄色透镜状、条带状疏松砂层（照片 2.2），该层相对隔水，为区域性隔水层。下部为青灰色砂卵砾石层，其顶部常有厚 1.0～1.3m 的中细砂层，局部夹有青灰色透镜状疏松砂层，砾石含量约占 70% 左右，其成分复杂，主要以石英岩、花岗岩、变质岩为主，呈圆–次圆状，分选好，砾径一般为 3～10cm，略具定向排列，长轴指示流水方向，与现代河流流向基本一致，砂卵砾石较为密实，几无胶结，仅在武警农场—朱王村一带钻孔揭露的卵石层为泥质胶结，该层总体西厚东薄，中间厚，四周薄，厚度介于 1～8m，塬边露头可见厚度多为 2～5m（图 2.14）。

2. 白垩系

下白垩统河口群（K_1hk）：主要为河口群三组地层，岩性以棕红色、紫红色中厚层–厚层粉砂质泥岩为主，夹紫灰、紫红色薄层至巨厚层的中细粒砂岩和少量棕红色薄层泥质粉砂岩，偶夹绿灰色薄层粉砂岩。岩性较为稳定，砂岩的矿物成熟度较高，并见有粒序层理、斜层理、交错层理、龟裂、虫迹和植物化石碎片，常见 0.5～1cm 厚的石膏夹层。岩层表面风化强烈，产状变化较大，黑方台台缘一带多倾向南东。台缘斜坡地带该层可见出

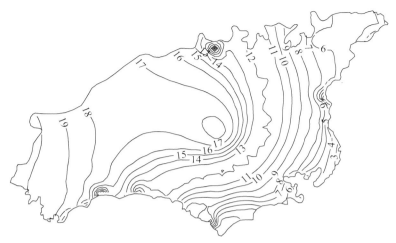

图 2.13　黑台粉质黏土层厚度等值线图（单位：m）

照片 2.2　粉质黏土与砂卵砾石层接触面，摄于黑台东缘

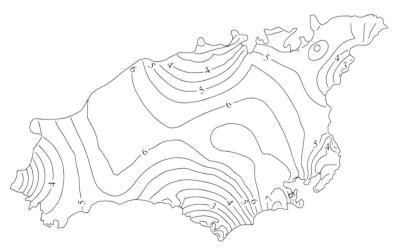

图 2.14　黑台砂卵砾石层厚度等值线图（单位：m）

露厚度 70m 左右，为黄河Ⅳ级阶地的基座。

　　从黑台物探解译（图 2.15 和图 2.16）可知，黑台Ⅳ级基座阶地的基底总的起伏特征是西高东低，呈现整体向东北倾斜的特点，西部最高和东部最低点高程相差达 25m 左右。同时，黑台台面中部大致沿折达二级公路一带基岩顶面隆起，以南倾向东南，且倾斜度相对较大，以北则向东北缓倾。与基岩顶面隆起相对应的是构成了黄土含水系统的天然地下水分水岭，南侧因地形倾斜度相对较大而地下水径流交替较为快速，以北因地形起伏小而相对滞缓。

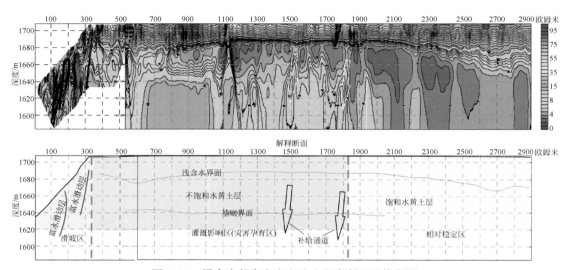

图 2.15　黑台中部高密度电法电阻率断面及推断图

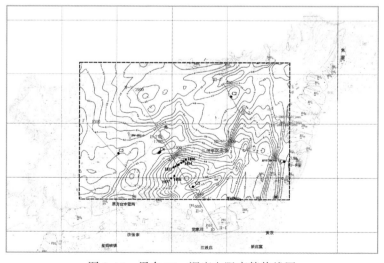

图 2.16　黑台 65m 深度电阻率等值线图

2.2.3　地质构造

1. 地质构造

研究区位于祁连造山带的中祁连和拉脊山—雾宿山褶皱带东段，属于中新生代河口—民和盆地的一部分，区内虽地质构造复杂，但无大的区域性断裂构造。在燕山期构造的基础上，晚新近纪末的喜马拉雅运动是本区地质历史中一次重要的事件，使中、新生代陆相河口—民和盆地消亡，以断块构造堆叠形式抬升、造山，形成隆起与凹陷（盆地）相间的构造格局，沿 NWW—NNW 方向展布。NWW 向有：皋兰隆起、兰州盆地、雾宿山—七道梁隆起、洮河凹陷；NNW 向有：白塔山（皋兰）—兴隆山、马啣山隆起、庄浪河—临洮凹陷、雾宿山—高岭隆起、盐锅峡凹陷。两组线状隆起叠加形成"穹窿状"构造，使隆起更高，基底地层大量出露，两盆地（凹陷）叠加使盆地（凹陷）加深或形成新盆地（图 2.17）。

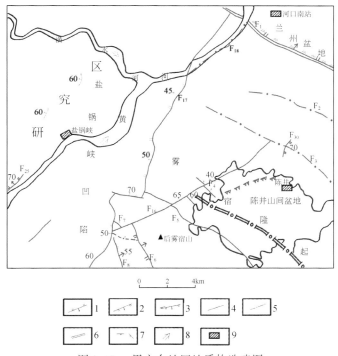

图 2.17　黑方台地区地质构造略图

1. 逆断层；2. 正断层；3. 平推断层；4. 性质不明断层；5. 隐伏断层；
6. 新断层/复活断层；7. 第四纪盆地边缘；8. 河流方向；9. 村镇

2. 新构造运动

区内新构造运动强烈，以差异性抬升为主，因黄河强烈的侵蚀切割，形成了多级阶地地貌,黄河北岸Ⅰ、Ⅱ、Ⅳ级阶地发育,Ⅲ级阶地缺失。同时,差异性隆升造成下伏白垩系地层强烈倾斜,局部褶皱构造发育,白垩系地层的产状变化较大是新构造变动剧烈程度的明显反映,受构造运动的影响,白垩系地层中节理比较发育,主要发育 NE65°∠72°和 NW335°∠65°两组。据研究,晚更新世以来本区地壳的抬升速度为 37cm/ ka。

3. 地震

据国家地震局兰州地震研究所和甘肃省计划委员会 1993 年编制的《甘肃省地震区划研究》,本区位于青藏北部地震区(I1)南北地震带(Ⅱ3)中的兰州—通渭地震亚带,该亚带属于青藏高原地震区划区域的北部的南北地震带,其北界为景泰地震亚带,南界在临夏、临洮、秦安一线以北,东西两端分别伸入陕西和青海境内。该地震亚带有历史记载以来,在东西段和南部分别发生过中、强破坏性地震。地应力测量和光弹实验表明,兰州西固—河口一段为高应力集中区。区内岩土体在烈度较高的地震力作用下,山体斜坡易产生崩塌和滑坡。

据《建筑抗震设计规范》(GB 50011—2010),该区抗震设防烈度为 7 度,设计地震分组为第三组,设计基本地震加速度值为 0.15g。

2.2.4　岩土体类型与特征

以岩土颗粒间有无牢固联结为依据,将区内岩土体划分为岩体和土体两大类。岩体按照建造类型、结构类型、岩石强度分,属中厚层–薄层半坚硬至软弱砂岩夹泥岩岩组。土体主要按工程地质性质分为黄土、一般黏性土和砂砾类土三种类型。具体划分见表 2.2。

表 2.2　岩土体分类表

依据 类型	建造 类型	结构 类型	强度	地层	分布	主要工程 地质特征
岩体　中厚层–薄层互层半坚硬至软弱碎屑岩组	碎屑沉积	中厚层–薄层互层	半坚硬–软弱	K_1hk	全区可见,构成阶地基座	泥钙质胶结,抗风化能力差,易产生滑坡
土体　黄土	风积	松散	松软	Qp_3^2	广泛分布于黄土台塬区	干燥时壁立性好,垂直裂隙发育,具强湿陷性,易崩解、潜蚀
一般黏性土	冲洪积	松散	松软	Qh^1、Qh^2、Qp_3^1	黄河、湟水河两岸阶地	二级以上阶地隐伏于黄土之下,相对隔水,为区域隔水层;二级及以下阶地覆于表部,具中等–轻微湿陷性
砂砾类土	冲洪积	松散	高	Qh^1、Qh^2、Qp_3^1	黄河、湟水河两岸阶地	卵砾石为主,粒径一般为 5～10cm,泥质含量<20%,密实,工程性质较好

1. 岩体

中厚层–薄层互层较坚硬至软弱碎屑岩组：下白垩统河口群（K_1hk）地层全区可见，构成河谷基底和黑方台所在黄河Ⅳ级阶地的基座。该岩组总体抗水性能差、抗风化能力弱，加之节理裂隙发育，边坡地带完整性较差，导致岩体强度低、工程性质差，在重力和地下水作用下极易产生滑坡。

2. 土体

1）黄土

上更新统黄土披覆于黑方台台塬上部，层位连续稳定，东部较厚，西部较薄。上部非饱和区质地疏松，具大孔结构，垂直节理发育，天然状态含水量通常小于 10%（表 2.3），稍湿，天然孔隙比均值为 0.65～1.07，土体稍密–中密，液性指数 I_L 多在 –0.83～0.15，呈硬塑–坚硬状态，压缩系数 a_{1-2} 介于 0.18～0.62，具中–高压缩性，湿陷系数为 0.04～0.13，自重湿陷系数为 0.05～0.11，具中等–强烈自重湿陷性。矿物成分以碎屑矿物中的石英、长石和可溶性碳酸盐为主，还有少量云母类矿物和易溶盐等。粒度成分以粉粒为主，占 70.14%～87.55%。地下水位之下土体含水量高达 31%，很湿，处于饱和状态，结构较上部黄土致密，基本无大孔结构，天然孔隙比为 0.63～0.75，土体中密–密实，液性指数 I_L 多为 0.75～1.07，呈软塑–流塑状态，灵敏度高，压缩系数 a_{1-2} 介于 0.5～1.04，具高压缩性。天然状态下黄土抗剪强度较高，但浸水后强度锐降，据黄土增湿强度试验，黏聚力随含水量增加呈对数降低，内摩擦角以线性递减。另据原位直剪试验，饱和黄土较天然状态黏聚力锐降达 60.72%，内摩擦角降低 3.45%。因水稳性差，易崩解，受水侵蚀易产生机械潜蚀和化学溶蚀，形成陷穴、落水洞，为灌溉水和降水的快速入渗提供了优势通道，从而在塬边诱发大量滑坡灾害。

表 2.3　黑方台黄土物理力学性质指标统计表

统计指标	含水量 ω	湿密度 ρ	天然孔隙比 e	孔隙率 n	饱和度 S_r	液限 W_L	塑限 W_P	塑性指数 I_P	液性指数 I_L	湿陷系数 δ	自重湿陷系数 δ_z	压缩系数 a_{1-2}	压缩模量 Es_{1-2}	压缩指数 Cc_{1-2}	天然黄土 CU 试验			
															总应力		有效应力	
	/%	g/cm³	/%	/%	/%	/%	/%	/%	/%	×10⁻²	×10⁻²	MPa⁻¹	MPa		c/kPa	ϕ/(°)	c/kPa	ϕ/(°)
观测数	91.00	91.00	91.00	91.00	91.00	91.00	91.00	91.00	91.00	91.00	91.00	79.00	79.00	79.00	18.00	18.00	18.00	18.00
平均	9.11	1.54	0.92	0.48	28.17	25.05	16.69	8.36	0.92	5.46	4.64	0.21	13.89	0.07	14.92	17.00	12.74	14.36
最小值	3.08	1.36	0.63	0.39	8.56	22.90	11.17	5.80	0.75	0.31	0.26	0.04	1.96	0.01	11.19	13.43	9.80	9.99
最大值	17.05	1.78	1.14	0.53	61.04	28.21	19.94	13.58	1.07	13.10	10.50	1.04	48.78	0.34	19.69	20.67	16.89	17.51
标准差	4.19	0.13	0.11	0.03	15.47	0.92	1.41	1.45	0.06	2.63	2.53	0.17	9.02	0.06	2.38	2.30	2.26	2.07
方差	17.54	0.02	0.01	0.00	239.43	0.85	1.98	2.10	0.00	6.89	6.42	0.03	81.30	0.00	5.65	5.27	5.13	4.27
变异系数	0.46	0.08	0.12	0.07	0.55	0.04	0.08	0.17	0.07	0.48	0.55	0.79	0.65	0.79	0.16	0.14	0.18	0.14

2）一般黏性土

分布于黄河、湟水河Ⅱ级阶地及黄土台塬基座之上，以全新统及上更新统冲洪积物为主，台塬基座之上为粉质黏土，土体中密-密实，相对隔水，沿其顶面常有黄土潜水呈线状渗出，致其上黄土底部饱和呈软塑-流塑状态，具中-高压缩性，沿该层顶面常产生滑坡灾害，为区域性黄土滑坡控滑结构面。Ⅱ级阶地表面所覆岩性以黄土状土为主，稍湿，土质疏松，稍密，具高压缩性，以及中等-轻微湿陷性。

3）砂砾类土

分布于黄河、湟水河两岸Ⅱ级阶地及黄土台塬基座之上，为全新统及上更新统冲洪积物，岩性为砂砾卵石，粒径一般为5~10cm，泥质含量一般<20%。砂砾类土松散无联接，土体密实，具较高的承载力和较低的压缩性，渗透性强，工程性质较好，也是良好的天然建材。

2.2.5　水文地质

按照含水介质和水力特征自上至下依次为：黄土孔洞孔隙潜水含水系统，砂砾石孔隙层间水含水系统和基岩裂隙潜水含水系统（图2.18），黄土和砂砾石两个含水系统之间所间夹的粉质黏土层隔水性能良好，两者之间水力联系微弱。

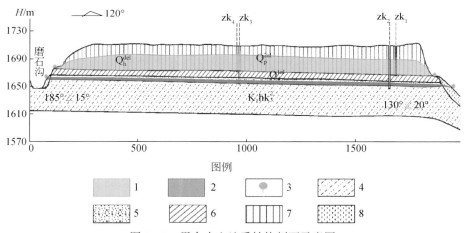

图2.18　黑台水文地质结构剖面示意图

1. 黄土层含水系统；2. 砂砾石层含水系统；3. 泉水；4. 白垩系河口群三组上段；
5. 上更新统冲积砂砾石层；6. 上更新统冲积粉质黏土层；7. 上更新统风积黄土；8. 全新统滑坡堆积物

1. 黄土孔洞孔隙潜水含水系统

黄土含水系统区内广布，赋存于黄土下部孔隙孔洞之中。黄土厚为50~60m，东厚西薄，该含水层厚度自台面中心向周缘渐薄，台面中心一带厚达20~25m，地下水位埋深为21~24m，愈近台塬边则愈深。因具大孔结构及垂直节理发育的固有特性，加之潜蚀落水洞发育，使得其垂向渗透系数远大于水平渗透系数。地下水整体较为匮乏，据陈家东钻孔抽水试验，最大降深 12.31m 时单井涌水量仅 2.9m³/d。该层水文地质条件将在第 3 章予以详叙。

2. 砂砾石孔隙层间无压含水系统

砂卵砾石层间水伏于黄土层之下，白垩系河口群基岩之上的黄河 Ⅳ 级阶地冲洪积物中。据露头调查和钻孔揭露，砂砾石层厚为 4 ~ 6m，粒径一般 2 ~ 10mm，最大达 20cm，呈密实状态。该含水层厚 3 ~ 5m，埋深约 51m，地下水位距上部的粉质黏土层底部尚有 1 ~ 4m 的距离，属层间无压水。据抽水试验，最大降深 1.54m 时单井涌水量为 49.9m³/d。该层地下水总体自西向东径流，自朱王村以东呈扇形向东、南、北 3 个方向流动，最终在塬边卵石层与基岩接触面处以泉的形式排泄，据泉水测流，单泉流量多<12m³/d，泉水总排泄量约 17.07×10⁴ m³/d。地下水水质较差，为 Cl-Na 型，矿化度高达 48.4g/L。

3. 基岩裂隙潜水含水系统

基岩裂隙水赋存于下白垩统河口群上部风化带内，属潜水。据钻孔揭露，基岩风化带厚度一般不超过 3m。该层地下水主要接受卵砾石无压水沿基岩风化裂隙及原生节理或滑坡滑移带下渗补给，无统一的区域地下水位，仅在局部泥岩相对较厚地段以泉的形式渗出，排泄量约 34.31×10⁴m³/a。地下水水化学类型为 Cl-Na 型，矿化度高达 50g/L。

2.3　农业发展与灌溉历史

黑方台台面之上现居住有新塬、陈家、朱王和方台 4 个自然村，共 848 户 4028 人，但其 20 世纪 60 年代之前为无人居住且四周被沟谷切割的"孤岛状"旱台，自 1963 年开始接收安置刘家峡、八盘峡、盐锅峡库区移民，台面被大量开垦为农田。为解决迁安移民生产生活用水，自 1966 年 7 月至 1969 年 6 月期间先后建成 3 处扬黄提灌工程，采用 4 级提灌，总扬程 197m，设计提水量为 1.5m³/s，实际提水量为 1.97m³/s，设计灌溉面积为 1.0574×10⁴亩，有效灌溉面积为 1.36×10⁴亩。灌区一般每年提灌 5 次，3 ~ 5 月为春灌，11 ~ 12 月为冬灌，期间还有 3 次苗灌。20 世纪 80 年代年均提水量为 722×10⁴m³，90 年代年均提水量为 576×10⁴m³，80 年代平均每亩地年灌溉定额为 598m³，90 年代为 425m³。

近年来，黑方台已成为兰州地区重要的蔬菜水果种植基地，对早期的小麦、玉米传统主粮作物结构进行了调整，除保留最低限度的必要的口粮作物外，大幅增加了经济作物种植面积，如需水量更大的草莓、蔬菜、果树等，农业灌溉量需求较以前相应有了很大提高，因此，升级了提灌设施，同时对老渠道进行了更新改造，渠系分布较最初有了较大的改变。据最新的调查结果，黑方台台塬上共有 11 条干渠长 11.5km（图 2.19），其中，衬砌 8.2km，48 条支渠及斗渠长 32.84km，其中，衬砌 11.50km。因种植结构的调整，台塬年均灌溉次数也提高到 7 次，除了春灌和冬灌外，期间还有 5 次苗灌，仅黑台的年均灌溉量就增至 $590.91 \times 10^4 m^3$（表 2.4），年内的每次灌溉量并非平均分配，视作物需水量和降水量而定。按最新的实际灌溉面积 1.057 万亩计算，平均每亩地年灌溉定额为 $559.04 m^3$。据《黄土高原地区农业气候资源图集》（中国科学院黄土高原综合考察队，1990），查得该区农田最大蒸散量为 880mm（含地面和叶面蒸发），扣减农田最大蒸散量后，维持区内作物结构正常生长需要补充的灌溉量为 657.6mm，折算成年灌溉量为 $498 \times 10^4 m^3$。换句话说，不含方台的提灌量，仅黑台灌溉量就超灌整个黑方台灌区需水量达 20%。

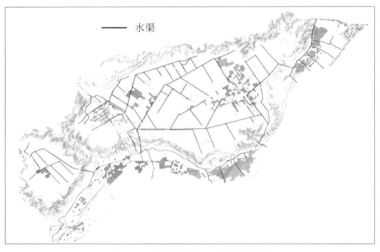

图 2.19　黑方台台面灌渠分布图

表 2.4　黑台近年引水灌溉量汇总表

年份	年灌溉量/$10^4 m^3$	多年平均值/$10^4 m^3$
2007	496.00	
2008	577.32	590.91
2009	681.66	
2010	608.55	

引水灌溉大幅提高了农业单产，改善了台塬区移民的生活条件，但因长期沿袭传统的大水漫灌方式（照片 2.3），灌溉入渗增大了地下水补给量，人为改变地下水均衡场，改变了天然状态下的水文地质条件，形成新的地下水补给、径流、排泄关系和地下水埋藏条件。灌溉之前的天然状态下，黄土孔隙潜水仅接受降水补给，而该区多年平均降水量稀少，蒸发强烈，地下水补给量仅 $38.72 \times 10^4 m^3/a$。引水灌溉改变了区内地下水均衡场，近年来年均引水灌溉量为 $590.91 \times 10^4 m^3/a$，地下水补给量为 $362.57 \times 10^4 m^3/a$，较灌溉前增加近 10 倍，长期正均衡造成黄土潜水自灌溉以来平均升幅达 0.27m/a。伴随地下水位上升的同时黄土饱和带厚度逐年增加，不仅导致台塬整体湿陷下沉 3 ~ 5m，而且因水敏性黄土含水量增加乃至饱和的过程中强度弱化，从而在台缘周边诱发了众多的滑坡灾害。

照片 2.3 黑台陈家村冬季大水漫灌

2.4 地质灾害概况

2.4.1 地质灾害灾情

黑方台特殊的地形地貌、坡体结构、岩土工程性质及水文地质条件，在引水灌溉和冻融等因素的综合作用下，台缘周边滑坡多发。据不完全统计，自 20 世纪 80 年代以来，黑方台累计发生滑坡 120 余次，平均每年 3～5 次，典型者见表 2.5。因成灾机理典型，形成时代新，发生频次高，被工程地质业界形象地称为"现代滑坡博物馆"。几乎每一次滑坡都会造成大量的灌渠、农田、农电、公路毁损，造成大面积停水、停电、交通受阻，甚至惨重的人员伤亡，截至目前已造成 39 人死亡，100 余人受伤，950 户群众、5 所学校和 13 家乡镇企业搬迁，近 3000 余亩耕地废弃，直接经济损失超过 2 亿元，间接损失更是无法估量。

表 2.5 黑方台地区 1980～2012 年主要滑坡事件统计表

编号	时间	地点	体积 $/10^4 m^3$	编号	时间	地点	体积 $/10^4 m^3$
1	1980.3.11	焦家上滩	16.00	10	1992.9.2	焦家上滩	10.00
2	1986.7.12	焦家上滩	17.00	11	1993.1.17	抚河桥西 50 米处	8.00
3	1988.3.21	焦家上滩	80.00	12	1993.5.22	焦家上庄	21.00
4	1989.10.2	焦家上滩	15.00	13	1994.8.28	党川与黄茨交界处	10.00
5	1990.9.27	焦家上滩	11.00	14	1994.11.22	焦家砖厂背面	5.00
6	1990.10.26	旧四中背面	0.40	15	1995.1.30	黄茨加强洼	250.00
7	1991.6.1	原黑方台水管所	200.00	16	1995.11.4	焦家五社对面塔山	5.00
8	1992.3.21	焦家上滩	24.00	17	1997.11.11	焦家上滩	8.00
9	1992.5.13	焦家上滩	13.00	18	1999.3.12	焦家上滩	100.00

续表

编号	时间	地点	体积/$10^4 m^3$	编号	时间	地点	体积/$10^4 m^3$
19	2000.7.8	旧水管所背面	260.00	35	2008.2.18	黄茨崖头	0.02
20	2002.1.13	抚河桥西100m	16.00	36	2008.3.15	黄茨崖头	0.02
21	2003.4.14	抚河桥西250m	3.00	37	2008.5.12	黑台党川段	0.40
22	2003.7.10	抚河桥西100m	18.00	38	2008.8.8	黑台焦家段	0.03
23	2005.4.22	党川钢厂背面	0.20	39	2008.9.26	焦家崖头	0.01
24	2005.10.1	焦家上滩	16.00	40	2009.1.18	黑方台边缘	0.02
25	2006.3.30	旧镇政府背后	400.00	41	2009.3.9	焦家崖头	0.48
26	2006.5.14	黄茨加强洼	400.00	42	2010.3.12	党川滑坡	0.01
27	2006.5.23	盐锅峡三普制管厂后	200.00	43	2010.3.30	方台台缘	0.10
28	2007.3.16	黑台边缘黄茨段	0.20	44	2010.4.28	下铨村水沿子沟	54.00
29	2007.4.6	黄茨段	86.00	45	2010.6.10	焦家崖头	0.60
30	2007.5.6	黑台边缘野狐沟	75.00	46	2011.4.27	焦家崖头	0.90
31	2007.6.16	黑台边缘焦家村	24.80	47	2011.11.22	焦家崖头	2.50
32	2007.8.4	黑台边缘盐集段	60.00	48	2012.2.7	焦家崖头	12.00
33	2007.10.14	扶河桥头	0.24	49	2012.5.6	焦家崖头	3.00
34	2007.12.8	野狐沟	3.00	50	2012.7.23	党川滑坡	3.30

资料来源：永靖县盐锅峡镇政府办公室。

近年来，黑方台滑坡次数逐年增加，由起初的每年1~2次发展到每年平均4~5次，滑坡规模也越来越大，由起初每次几百上千立方米，发展到现在的每次上万数十万立方米。危及台缘下盐集、党川、黄茨、焦家4个村26个组1585户7349人，以及盐锅峡水电厂、盐锅峡化工总厂两户大型省属国有骨干企业，还影响台缘下通过的G309国道、盐兰公路以及八盘峡库区安全运营，成为影响库区移民稳定的重要因素，阻碍了当地社会经济发展和新型城镇化建设。

2012年2月7日16时许，黑方台焦家崖头段再次发生滑坡，滑坡形成的气浪将两辆正在行驶的汽车推入黄河，造成1人死亡、3人失踪的惨剧，时任总理温家宝对此作出特别批示："要下定决心搬迁治理，确保群众生命安全"。

2.4.2 地质灾害类型

据调查，黑方台台缘周边现分布滑坡35处，这些滑坡新老叠置，彼此相连，集中呈带状群发，大致包括焦家滑坡群、黄茨滑坡群、水管所滑坡群和方台滑坡群4个滑坡群，黑方台地区滑坡分布见图2.20和表2.6。

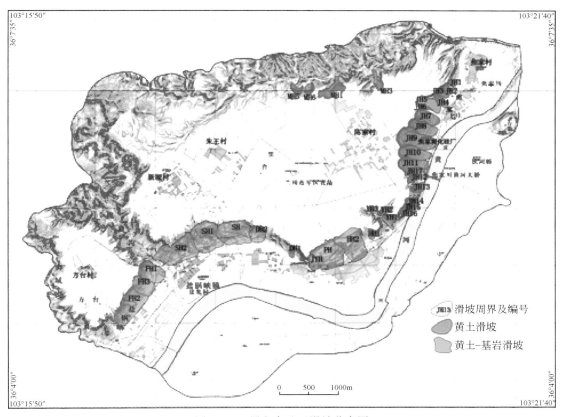

图 2.20　黑方台地区滑坡分布图

表 2.6　黑方台滑坡调查汇总表（一）

序号	点号	地理位置			长度/m	宽度/m	厚度/m	体积/10⁴m³	稳定状态	危险性
		名称	坐标							
			东经	北纬						
1	JH1	焦家一号滑坡	103°20′43.57″	36°06′58.62″	82	150	2～5	3.7	较稳定	中
2	JH2	焦家二号滑坡	103°20′36.2″	36°06′54.0″	130	83	2～5	3.8	不稳定	低
3	JH3	焦家三号滑坡	103°20′31.43″	36°06′1.25″	105	105	3～5	4.4	较稳定	低
4	JH4	焦家四号滑坡	103°20′28.82″	36°06′48.18″	190	49	3～10	6.5	不稳定	低
5	JH5	焦家五号滑坡	103°20′17.78″	36°06′43.90″	475	230	7～9	87.4	不稳定	中
6	JH6	焦家六号滑坡	103°20′19.92″	36°06′42.57″	98	80	3～5	3.1	不稳定	中
7	JH7	焦家七号滑坡	103°20′15.75″	36°06′37.83″	275	195	6～8	37.5	不稳定	高
8	JH8	焦家八号滑坡	103°20′11.79″	36°06′35.15″	300	142	2～3	10.7	不稳定	高
9	JH9	焦家九号滑坡	103°20′3.91″	36°06′36.92″	580	306	4～12	142	不稳定	高
10	JH10	焦家十号滑坡	103°20′4.29″	36°06′16.89″	450	160	2～6	28.8	较稳定	中
11	JH11	焦家十一号滑坡	103°20′3.50″	36°06′11.49″	423	180	4～5	34.3	较稳定	中

续表

序号	点号	地理位置			长度/m	宽度/m	厚度/m	体积/10⁴m³	稳定状态	危险性
		名称	坐标							
			东经	北纬						
12	JH12	焦家十二号滑坡	103°20′9.57″	36°06′0.76″	270	131	5~10	24.8	不稳定	高
13	JH13	焦家十三号滑坡	103°20′10.42″	36°05′55.39″	104	144	5~15	14.9	不稳定	高
14	JH14	焦家十四号滑坡	103°20′8.91″	36°05′50.83″	—	99			较稳定	高
15	JH15	焦家十五号滑坡	103°20′16.27″	36°05′47.22″	—	60			不稳定	高
16	JH16	焦家十六号滑坡	103°20′13.06″	36°06′44.96″		155		—	不稳定	高
17	JH17	焦家十七号滑坡	103°20′6.57″	36°06′5.45″	200	70	8~15	16.8	不稳定	高
18	YH01	野狐沟一号滑坡	103°20′07.76″	36°05′45.25″	116	88	20~30	26	较稳定	中
19	YH02	野狐沟二号滑坡	103°19′52.76″	36°05′46.54″	134	128	2~5	5.2	较稳定	低
20	YH03	野狐沟三号滑坡	103°19′44.55″	36°05′45.49″	88	30	10~15	3.4	较稳定	低
21	HH01	黄茨一号滑坡	103°19′44.41″	36°05′34.01″	162	52	15~20	15.2	稳定	低
22	HH02	黄茨二号滑坡	103°19′30.24″	36°05′32.79″	370	480	35~45	650	不稳定	中
23	PH01	苹牲滑坡	103°19′12.96″	36°05′26.06″	370	420	30~40	544	较稳定	低
24	JYH	加油站滑坡	103°19′13.18″	36°05′19.76″	270	78	25~35	570	较稳定	中
25	SH	水管所滑坡	103°18′09.60″	36°05′39.16″	330	490	30~40	566	较稳定	中
26	SH1	水管所一号滑坡	103°17′50.86″	36°05′38.15″	370	450	30~40	583	稳定	低
27	SH2	水管所二号滑坡	103°17′36.39″	36°05′29.91″	440	550	25~35	726	不稳定	中
28	DH1	党川一号滑坡	103°18′53.67″	36°05′25.06″	180	69	2~5	4.9	较稳定	低
29	DH2	党川二号滑坡	103°18′33.24″	36°05′35.91″	200	230	20~30	115	较稳定	中
30	MH1	磨石沟一号滑坡	103°19′20.10″	36°06′47.98″	450	100	6~11	80	不稳定	高
31	MH3	磨石沟三号滑坡	103°19′55.04″	36°06′52.91″	360	160	13~15	81	不稳定	高
32	MH5	磨石沟五号滑坡	103°18′55.90″	36°06′50.49″	110	193	4~5	10.6	较稳定	低
33	FH1	方台一号滑坡	103°17′9.31″	36°05′10.82″	380	315	20~30	299	较稳定	高
34	FH2	方台二号滑坡	103°16′57.77″	36°04′54.39″	340	480	30~35	538	不稳定	高
35	FH3	方台三号滑坡	103°18′55.90″	36°06′50.49″	260	230	8~10	53.8	较稳定	中

1. 按物质组成划分

根据滑坡的物质组成划分为黄土滑坡和黄土—基岩滑坡两种类型,大致以野狐沟为界,东为黄土滑坡,西以黄土—基岩滑坡为主。区内黄土滑坡共 24 处,约占滑坡综述的68.6%;黄土基岩滑坡共 11 处,约占滑坡总数的31.4%。

2. 按发生时间划分

黑方台滑坡为 20 世纪 60 年代后期移民搬迁至台塬后引水灌溉所致,因此,滑坡发生时间多为近 40 年内的新滑坡。在实地调查的 35 处滑坡中,未见存在古滑坡;老滑坡 3个,占滑坡总数的8.6%;新滑坡 32 个,仅占91.4%。

3. 按滑体厚度划分

按照滑体厚度可划分为浅层滑坡、中层滑坡和深层滑坡三类。据实地调查，共有浅层滑坡 18 处，占实地调查滑坡总数的 51.4%；中层滑坡 7 处，占 20%；深层滑坡 7 处，占 20%；未发现有超深层滑坡。另有 3 处滑坡体滑入八盘峡库区，无法获得其滑体厚度，占滑坡总数的 8.6%。

4. 按稳定程度划分

根据野外调查及访问，区内不稳定滑坡最多，计 17 处，占实地调查滑坡总数的 48.6%；较稳定滑坡 16 处，占 45.7%；稳定滑坡两处，占 5.7%。

5. 按滑体规模划分

按照滑体规模可划分为小型滑坡、中型滑坡和大型滑坡三类，无特大型滑坡。以中型滑坡最多，共计 15 处，占滑坡总数的 42.8%；小型滑坡 7 处，占 20%；大型滑坡 10 处，占 28.6%；另焦家崖头 3 处滑坡堆积体被清理，其规模未计入。

2.4.3　地质灾害时空分布

1. 地质灾害空间分布

区内地质灾害空间分布大致以野狐沟为界（图 2.20），以东均为黄土滑坡，以西多为黄土—基岩滑坡，两者之间体现出截然不同的发育特征。

1）黄土滑坡

区内共发育黄土滑坡 24 处，约占滑坡总数的 68.6%。集中分布在野狐沟以东的焦家村—焦家崖头一线，以及陈家村以北的磨石沟南缘。

野狐沟以东到湟水桥之间长约 3.8km 的台缘，坡体走向近南北向，共发育 17 处黄土滑坡，线密度为 4.47 处/km，滑坡左右相连，相互叠置，且均为高速远程滑坡，统称为"焦家滑坡群"，是区内灾情最为严重的地段。其中：

野狐沟泵站至扶河桥头之间的焦家崖头段长约 1km，坡体走向为 N30°E，是黑台台缘高差最大、坡度最为陡峻的地段。斜坡前缘地域空间狭窄，盐（锅峡）兰（州）公路紧临坡脚，路宽 7～10m，公路东侧即为黄河八盘峡库区，库区水面宽 200～230m。该段共发育滑坡 4 处，线密度为 4 处/km，滑坡类型均为高位高速黄土滑坡，滑坡滑动后不仅常堵埋坡脚的公路，而且滑体借助高速滑动时产生的气垫效应飞行进入八盘峡库区，激起巨大涌浪。

扶河桥头到湟水桥头之间长约 2.8km，斜坡之下至黄河八盘峡库区岸边为较为宽阔的Ⅱ级阶地，人口密集，分布有焦家村、G309 国道及数个乡镇企业。这一带是斜坡变形最为剧烈的地段，也是滑坡危害最大的地段。沿台缘发育 13 处黄土滑坡，线密度为 4.64 处/km。滑坡多为原位继承性溯源扩展式滑动，剪出口位置较高，加之早期滑坡堆积物常堵塞地下水排泄通道，地下水将早期滑坡堆积物浸润后转化为间歇性泥流顺坡向下流淌，致使坡体下部形成相对较缓平直斜坡，故新发生滑坡冲击前期饱水残余滑体产生液化而形成高速远程滑坡，每次滑动都造成较大危害。

磨石沟内沿黑台台缘发育有 3 处黄土滑坡，发育密度约 0.5 处/km。同时，因流水侵蚀影响，坡脚发育众多的小型滑塌体。（注：2012 年以来，磨石沟内黄土滑坡发生频次显著增高。）

2）黄土—基岩滑坡

黄土—基岩滑坡分布在野狐沟以西至虎狼沟沟口的黑台南缘，该段共发育黄土—基岩滑坡 11 处，占滑坡总数的 31.4%，发育密度为 2.33 处/km。其中，大型滑坡 5 处，约占滑坡总数的 14.3%，中型滑坡 5 处，约占滑坡总数的 14.3%，小型滑坡 1 处，约占滑坡总数的 2.8%。

从野狐沟至加油站之间长约 1km 的台缘边坡地带，依次分布有黄茨滑坡、苹牲老滑坡和加油站滑坡等 4 个大中型滑坡，通称"黄茨滑坡群"；加油站至虎狼沟沟口，滑坡主要集中在黑方台水管所附近长约 2km 的斜坡地带，分布有 3 处大型滑坡，通称"水管所滑坡群"。

2. 滑坡灾害时间分布特征

1）年际分布特征

从开始引水灌溉到有记录的频发性和群发性的滑坡发生间隔约 17 年（王志荣等，2004），过量灌溉诱发滑坡具有一定的滞后期，但一旦具备了滑坡发生的必要条件后，所诱发的滑坡便具有了群发性和频发性的特点。据统计，滑坡平均每年发生 3～5 次，所记载的滑坡数据中年均滑坡体积超过百万方。

由滑坡年际分布来看（图 2.21），随着灌溉时间的延长，滑坡无论从数量上还是规模上都呈现出加剧的趋势，其中，2006 年发生 3 次滑坡，而 2007 年滑坡数量高达 7 次。由区内多期 DEM 进行历史地貌重构对比分析可知，灌溉以来台源周边变形剧烈，滑坡初次形成后，后续滑坡多表现为原位继承性溯源扩展式滑动，1977～2010 年台源缘边平均后移距离达 113.07m，平均后移速率为 3.01m/a。特别是近年来，黄土滑坡活动性从焦家村段逐步向焦家崖头扩张，有着越演越烈的趋势。以焦家崖头 13 号滑坡为例，仅 2010～2012 年三年间累计发生三次规模不等的滑动（图 2.22）：2010 年 4 月下旬，滑坡规模为 $0.6 \times 10^4 \text{m}^3$，大部分滑体堆积在下部基岩段斜坡表面，幸未造成人员伤亡；2011 年 4 月 27 日，产生规模 $0.9 \times 10^4 \text{m}^3$ 的滑动，滑体掩埋并中断盐兰公路；2012 年 2 月 7 日再次发生滑动，规模约 $12 \times 10^4 \text{m}^3$，将正在行驶的 1 辆轿车和 1 辆面包车推入八盘峡库区，造成 1 人死亡、3 人失踪的惨剧。

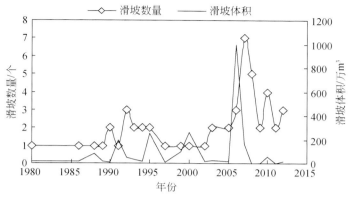

图 2.21　黑方台滑坡年际变人历时曲线图

图 2.22　2010～2012 年焦家崖头 13#滑坡变形演化过程

2）月际分布特征

区内相似的孕灾地质环境条件及诱发因素下，年内滑坡几乎各个月份均有发生，尤以 3 月发生频次最高，7 月次之（图 2.23）。这主要与两个因素有关：①季节性冻融作用所产生的冻结滞水促滑效应是区内 3 月滑坡频次最高的主要原因，第 7 章将予以详述，在此不再赘述；②降水量，研究区年内降水集中程度高，70%～80% 的降水集中在 6～9 月，故在该时段区内滑坡发生频次相对较高。

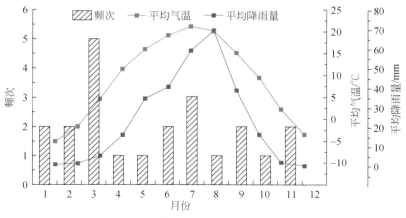

图 2.23　黑方台年内滑坡频次统计图

第3章　灌区地下水系统演化与发展趋势

引水灌溉改变了黑方台原生水文地质条件，长期的正均衡不仅使台缘周边泉水排泄总量激增，且地下水位连年上升，进而致台缘周边滑坡频繁发生。本章以与斜坡稳定性关系密切的黄土含水层为主要研究对象，揭示灌溉条件下水文地质条件变化、灌区地下水的形成、地下水动力场的演化。

3.1　水文地质条件

3.1.1　黄土含水系统补径排特征

研究区原为无人居住且四周被沟谷深切的"孤岛状"旱台，台面高出现代河床120～150m，诱发区内滑坡发育最为关键的黄土含水系统周界因沟谷深切而裸露高悬于台塬中上部，其底板不仅远高出区域侵蚀基准面，且高于磨石沟、虎狼沟等沟谷，因此，天然条件下得不到地表水及区外地下水的侧向径流补给，降水是唯一补给来源。然而由于区内气候干旱，降水稀少，蒸发强烈（表3.1），加之地下水埋藏较深，有限的降水多消耗于厚度较大的包气带中，仅有少量通过裂缝、落水洞等快速通道入渗补给地下水，地下水依地势就近向台缘周边以泉的形式排泄。故天然状态下，地下水资源匮乏，黄土含水系统无连续分布的区域统一潜水面，仅在台塬中部局部古地势低洼处形成局部含水层，台塬周边零星泉水出露，地下水年排泄总量仅 $3.2 \times 10^4 \mathrm{m}^3/\mathrm{a}$，台缘周边除零星老滑坡外，鲜有滑坡发生。

表 3.1　多年平均降水量及蒸发量统计表（单位：mm）

项目	1月	2月	3月	4月	5月	6月	7月	8月	9月	10月	11月	12月
降雨量	0.9	1.4	5.5	16.4	35	41.1	59.7	69.8	39.3	16.3	1.8	0.4
蒸发量	39.2	61.3	125.6	198.5	220	211.1	212.7	191.9	128.5	99.9	67.6	37.4

自1969年建成三处提水灌溉工程以来，平均年引灌水量为 $600 \times 10^4 \mathrm{m}^3$，远高于降水量，使地下水补给量增大近10倍，故灌溉入渗成为区内地下水的主要补给来源（表3.2）。引水灌溉改变了原生状态的地下水均衡场，形成了新的补给、径流、排泄条件。

表 3.2　2007 ~ 2010 年灌溉量情况（单位：$10^4 m^3$）

年份	4 月	6 月	7 月	8 月	10 月	12 月
2007	61.78	57.83	91.76	114.04	73.48	97.23
2008	60.64	92.06	89.47	119.90	49.36	96.71
2009	72.07	100.71	135.34	86.53	93.56	116.55
2010	61.55	102.17	115.33	120.70	94.84	113.95

长期沿袭传统的粗放大水漫灌方式，灌溉水以裂隙、落水洞等优势通道快速入渗为主，伴以塬面活塞流脉冲式下渗，很大程度上增加了地下水补给量，地下水位连年上升，使原本局部分布的潜水含水层具有区域统一的潜水面，受地形、隔水底板高程变化等的控制，地下水总体从 WN 向 ES 径流，就近向台塬四周沟缘方向沿粉质黏土层顶面以泉或线状渗出的形式排泄（表 2-5）。据泉水测流，黄土含水系统单泉流量多小于 $0.5 m^3/h$，泉水总排泄量由灌溉前的 $3.2×10^4 m^3/a$ 增加到目前的 $17.07×10^4 m^3/a$，为灌溉前的 5.3 倍，致使台缘周边滑坡频繁发生。同时，黄土含水系统沿粉质黏土层的孔隙或 "天窗" 继续下渗，越流补给砂砾石层间水含水系统。

黄土孔隙孔洞潜水化学类型为 Cl-N 型，Cl^- 含量为 24860mg/L，SO_4^{2-} 含量为 9020mg/L，Na^+ 含量为 15300mg/L，矿化度高达 52 g/L，总体而言水质差，不能满足人畜饮水和灌溉用水水质要求，故无人工开采，泉水为唯一的排泄方式。

3.1.2　黄土含水系统动态特征

由地下水动态曲线（图 3.1）可知，地下水呈缓慢上升的趋势，年内地下水位上升 0.45m，以 7 月下旬至 12 月上旬升幅较大，这主要与黑方台地区 5 ~ 7 月夏粮收割期间灌溉量减少，7 月下旬秋粮灌溉量增加有关，11 月初至 12 月上旬，地下水位呈现较大幅度的快速波动，主要系冬季冻结作用导致的地下水溢出带冻结后排泄受阻产生的冻结滞水效应影响。总体而言，黄土含水系统地下水位动态灌溉响应明显，随着农作物收割后灌溉量减少或冬灌期灌溉量增大而相应波动，灌溉量的大小影响着地下水位的波幅，且地下水位动态相对于灌溉量的波动具有一定的滞后效应，如 2010 年 6 ~ 8 月灌溉量持续增加，但 7 月中上旬地下水位却呈现下降趋势，迟至 7 月末 8 月初才出现地下水位的上升。

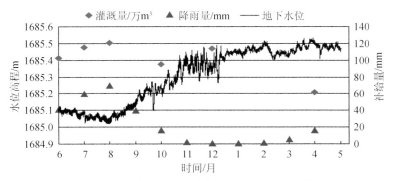

图 3.1　黄土含水系统地下水动态历时曲线图（2010 年 6 月 ~ 2011 年 5 月）

黄土含水系统地下水位随区内降水量的变化趋势并不明显，例如，2010 年 9 月至 2011 年 4 月期间，区内降雨量极少并持续呈现下降趋势，黄土层内的地下水位却持续呈现上升趋势。由此说明，灌溉是区内黄土含水系统的主要补给来源。

3.1.3 灌溉水入渗机理

1. 灌溉水的入渗途径

灌溉入渗是区内地下水的主要补给来源，包括塬面灌溉范围内降水及灌溉水面源活塞式脉冲补给，密布的渠系线状渗漏补给，黄土自身固有的大孔隙、垂直裂隙及潜蚀落水洞也为灌溉水入渗提供了快速通道，并成为灌溉入渗补给地下水的主要途径。

根据原位双环灌溉入渗试验，单次定水头灌溉入渗试验持续的时间分别为 18d、20d 和 5d 时，可观测到的灌溉入渗最大影响深度分别为 2.1m、2.05m 和 2.2m，在入渗时间差异长达 15d 情况下，可观测到的试验最大影响深度差异仅为 15cm，甚至入渗时间最短的一组试验的灌溉入渗影响深度反而最大，说明灌溉水通过活塞式入渗的方式补给地下水的量有限，而主要是通过孔隙、裂隙、落水洞等快速通道入渗补给地下水。灌溉水通过优势通道快速入渗后，因优势流强大的势能和动能使其具有强烈的楔裂作用，往往使原有孔隙、裂缝、落水洞进一步扩张，就近向斜坡方向径流并快速排泄，其对区域地下水动力场影响较小，但对滑坡区地下水动力场影响较大，表现为排泄通道贯通前滑坡区地下水动力场的快速上升及排泄通道贯通后地下水动力场的快速下降，快速通道一旦形成之后就成为继承性优势入渗通道，并因为强烈的机械潜蚀掏空使坡体上部滑塌，从而诱发斜坡失稳。

2. 灌溉入渗机理

为进一步证明快速通道的优势入渗机理，分别采集了降水、灌溉水、距地表 2m 和 4m 处包气带土壤水样、黄土含水系统及砂卵石含水系统的地下水样品，对样品中的 CFC 和氚含量进行了测试（表 3.3 和表 3.4）。通过对灌溉水及两个含水层中水样的 CFC 含量分析可知，灌溉水的表观年与黄土层水两者之间较为接近，而小于砂卵石层中水样的表观年。这是因为灌溉水的入渗是通过快速入渗通道迅速补给地下水，使得灌溉水与黄土含水层中水样的表观年差距不大，而黄土含水层与砂卵石含水层间存在一层隔水性能较好的粉质黏土层，黄土层水要经过较长的时间入渗才能补给卵石层水，导致砂卵石层水表观年较大。

表 3.3 水样 CFC 含量统计表

样品性质	灌溉水	黄土含水层	卵石含水层
表观年（年）	24	23	36.5

表 3.4　水样氚含量统计表

样品性质	降水	灌溉水	2m 毛细水	4m 毛细水	卵石含水层
氚含量（T.U）	62.6±3.1	35.1±2.7	34.4±2.7	30.8±2.3	13.5±2.2

由表 3.4 可知，灌溉水氚含量小于降水的氚含量，与距地表 2m 及 4m 包气带毛细水氚含量接近，大于卵石含水层氚含量，可证明灌溉水在包气带中停留时间较短，快速入渗至黄土含水层，而后经较长时间停留通过天窗穿过相对隔水的粉质黏土层越流补给卵石含水层。

同时，在灌区、非灌区分别开挖探井，以及曾经为灌区近年弃灌的陈家东水文地质钻孔中采集试样，对比研究灌溉前后土壤样品中易溶盐成分的变化（表 3.5 和图 3.2）。由图 3.2 可以看出，0～15m 深度范围内，灌区和弃灌区两者相对应深度处易溶盐含量及变化趋势接近，分析中按等同于灌区对待。测试结果表明，黄土中所含盐分主要为氯酸盐、碳酸盐和硫酸盐等易溶盐，以及石膏中溶盐和碳酸钙难溶盐等。灌区和非灌区全盐量分别为 2209.13mg/kg 和 5548.17mg/kg，其中，易溶盐分别占全盐量的 22% 和 39%。与非灌区相比，持续灌溉的淋融洗盐作用使灌区黄土中全盐量减少约 60%，易溶盐含量减少约 44%。

表 3.5　灌区、非灌区土样易溶盐成分统计表（单位：mg/kg）

离子名称		K^+	Na^+	Ca^{2+}	Mg^{2+}	Cl^-	SO_4^{2-}	HCO_3^-	CO_3^{2-}
最大值	灌区	25.75	77.30	777.79	122.00	45.16	2164.81	320.14	38.27
	非灌区	29.80	2411.31	501.80	144.55	3116.38	3242.21	272.41	19.13
最小值	灌区	6.97	36.87	62.73	15.22	11.29	63.21	155.66	0.00
	非灌区	17.10	95.90	326.17	53.25	10.97	1292.87	175.12	0.00
平均值	灌区	19.28	49.76	464.02	65.95	22.21	1342.26	239.27	6.38
	非灌区	25.24	1221.53	408.92	86.66	1122.08	2458.14	219.23	6.38
变异系数	灌区	0.26	0.23	0.47	0.53	0.51	0.51	0.18	2.10
	非灌区	0.16	0.67	0.11	0.33	1.07	0.22	0.12	1.41

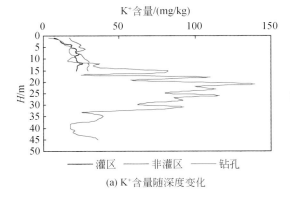

(a) K^+ 含量随深度变化

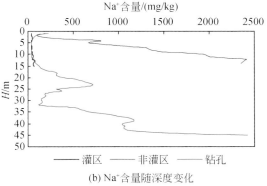

(b) Na^+ 含量随深度变化

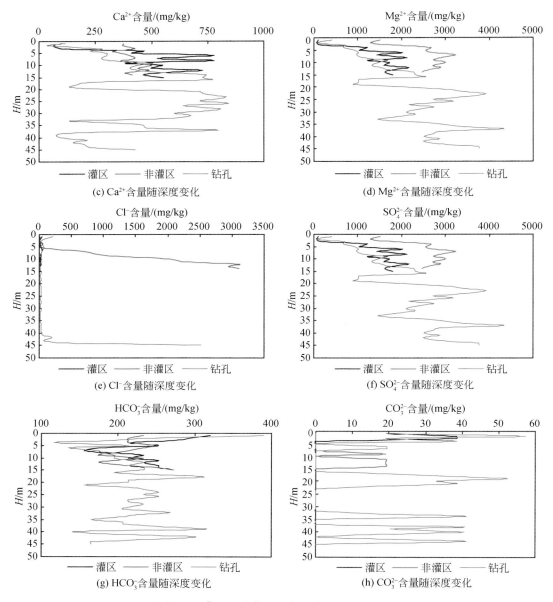

图 3.2　灌区、非灌区土壤易溶盐含量对比图

包气带土壤中 Ca^{2+}、Mg^{2+}、HCO_3^- 和 CO_3^{2-} 等离子含量受灌溉影响较小，灌溉前后其离子含量数值上几乎没有发生变化，这是因为由这几种离子组成的盐多为难溶盐，但各离子含量的空间分布有所改变。对于 Ca^{2+} 和 Mg^{2+}，分别在包气带 $0 \sim 4m$ 和 $0 \sim 6m$ 范围内受灌溉影响离子含量减少，向下离子含量逐渐增多（图 3.2（c）和（d））；对于 HCO_3^-，包气带上部 $0 \sim 4m$ 范围内灌区离子含量明显高于非灌区（图 3.2（g）），而对应位置处的 SO_4^{2-} 离子含量灌区明显低于非灌区。分析其原因，一是低矿化灌溉水长达 40 余年的持续灌溉淋滤洗盐影响所致，二是可能由于在灌区表层 $0 \sim 4m$ 处于还原环境，发生脱硫酸作用使得

SO_4^{2-} 还原为 H_2S，而 HCO_3^- 含量增加。$0 \sim 15m$ 处 CO_3^{2-} 平均值在灌区和非灌区相等，而其空间分布差异较大，CO_3^{2-} 在灌区主要集中分布在埋深 $2 \sim 3m$ 处，在 $3m$ 以下 CO_3^{2-} 含量几乎为零，在非灌区 CO_3^{2-} 集中分布在埋深 $9 \sim 14m$ 处，而 $0 \sim 9m$ 包气带中 CO_3^{2-} 的含量几乎为零（图 3.2（h））。离子 K^+、Na^+、Cl^- 和 SO_4^{2-} 在灌区与非灌区的含量差异较大，但整体上都是随埋深的增大而含量增加，其中 K^+ 和 SO_4^{2-} 含量随深度的变化趋势在灌区与非灌区极为接近（图 3.2（a）和（f）），Na^+ 和 Cl^- 在灌区和非灌区含量差异极大（图 3.2（b）和（e）），灌区仅分别为非灌区的 4% 和 2%，$0 \sim 6m$ 包气带范围内，Cl^- 的含量没有受到灌溉作用的影响。

将灌区、非灌区土样与灌溉水及各含水层中易溶盐含量进行对比（表 3.6），结果表明，与土样中易溶盐含量相比，灌溉水中易溶盐含量普遍较低（Cl^- 除外），其中，SO_4^{2-} 在水样中的含量仅为土样含量的 2% $\sim$ 3%，含水层中各成分含量远高于灌溉水中对应元素的含量，其中，Na^+ 在砂砾石含水层中的含量约为灌溉水中含量的近 500 倍。这是因为灌溉水在入渗过程中，溶解了包气带黄土层中大量的易溶盐成分，入渗补给地下水后在地下水中富集。由黑方台灌区历经 40 余年超灌后，土壤中易溶的氯化物与 Na^+ 仍含量较高，以及地下水化学类型以 Na-Cl 型为主，这也从另一方面证明了区内灌溉模式虽为大水漫灌，但灌溉入渗以快速通道的优势入渗为主，灌溉水面状入渗过程时对包气带介质中相对易溶的氯化物淋滤溶解不均匀，这也使得这些易溶矿物得以保存，而后随着长期持续灌溉后地下水位的升高，地下水位上升范围之内的包气带土壤中易溶盐得到充分溶解，故黄土及砂砾石含水系统地下水质仍处于盐化进程，佐证了区内灌溉入渗机理以优势通道快速入渗为主，活塞流面状入渗补给为辅。

表 3.6　灌区、非灌区土样与灌溉水及卵石层水样易溶盐对比表（单位：mg/kg）

项目	K^+	Na^+	Ca^{2+}	Mg^{2+}	Cl^-	SO_4^{2-}	HCO_3^-	CO_3^{2-}
灌溉水	1.67	28.40	49.20	18.80	35.10	39.10	198.0	0.00
卵石水	33.3	14185.0	823.0	2117.0	21218.0	8630.0	117.0	0.00
灌溉水/灌区	0.09	0.57	0.11	0.29	1.58	0.03	0.83	0.00
灌溉水/非灌区	0.07	0.02	0.12	0.22	0.03	0.02	0.90	0.00
卵石水/灌溉水	19.94	499.47	16.73	112.61	604.50	220.72	0.59	—

3. 灌溉水优势入渗模式

通过落水洞、裂缝等快速通道调查，结合通道形成的水动力条件及其对区域地下水动力场的影响，总结四种优势入渗模式（图 3.3）。

坡面串珠状落水洞快速入渗模式（图 3.3（a））：发育在坡面冲沟处，呈串珠状落水洞（照片 3.1），自下而上洞径逐渐增大，一般为 1m 左右，大者可达 $2 \sim 3m$，愈近下部多被充填，靠近上部则多为近期所成，可见深度为 $2 \sim 3m$，由降水超渗产流汇集冲蚀或台面灌溉跑水落水洞潜蚀而成，形成时水动力作用较强，故形成过程多长达数年或数十年，快速入渗后对区域地下水动力场无影响，但常引发斜坡失稳。

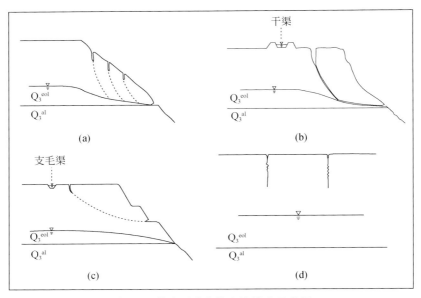

图 3.3　快速通道优势入渗模式示意图

（a）坡面串珠状落水洞优势入渗模式；（b）干渠大口径落水洞优势入渗模式；

（c）支毛渠孔洞快速入渗模式；（d）田间孔隙裂隙优势入渗模式

照片 3.1　福川台坡面串珠状落水洞快速入渗模式

　　干渠大口径落水洞快速入渗模式（图 3.3（b））：多发育于近沟缘线部位的台面干渠附近，多为单个独立落水洞（照片 3.2 和照片 3.3），洞径多大于 1m，大者可达 3～4m，可见深度一般为 4～5m，为干渠跑水冲蚀而成，形成时水动力作用强，多为一次跑水冲蚀而成，但在斜坡内部潜蚀掏蚀而成空洞，空洞在上覆岩土体重力作用下坍塌后在地表沿空洞延伸方向的正上方形成线状排列的串珠状落水洞，若干年后甚或塌陷形成深达 3～5m 的冲沟，冲沟两侧梯级拉张裂缝密布，常成为后期快速入渗时的继承性优势通道。该快速入渗模式常快速排泄，排泄口位于黄土底部与粉质黏土层顶面接触面，故对区域地下水动力场无影响，但对滑坡区地下水动力场影响大，因坡体内部潜蚀楔裂空洞坍塌不仅易引发斜坡失稳，同时，加快滑坡区原本径流不畅的地下水向空洞区径流排泄，引起孔隙水压力骤降，对滑坡促发作用强。

照片 3.2　陈家东灌渠旁落水洞快速入渗

照片 3.3　陈家大口径落水洞快速入渗

支毛渠孔洞快速入渗模式（图 3.3（c））：多发育于未衬砌支毛渠附近，渠系跑水时循着虫孔、裂隙、孔洞等快速入渗（照片 3.4），洞径多<30cm，水动力作用较强，快速入渗后沿着坡体中部薄弱处快速排出（照片 3.5），或继发性沿大口径落水洞潜蚀孔洞快速排出，对区域地下水动力场影响较小，对滑坡区地下水动力影响也较小。

照片 3.4　JH13 滑坡灌渠孔洞快速入渗

照片 3.5　JH13 滑坡孔洞入渗后快速排泄

田间孔隙裂隙快速入渗模式（图 3.3（d））：多发生于田间漫灌时，灌溉水沿着黄土裂缝或垂直裂隙快速入渗，入渗速率相对较为缓慢，排泄表现出滞后灌溉时间 1～2d，对区域地下水动力场影响较大，且多转化为地下水静储存量。

3.2　地下水流场现状

根据黑方台地区井孔较少的特点，在地下水动态监测、地下水位统测的基础上，进行了周边台缘泉水及浸润线出露的高程精细测量，结合地下水流数值模拟，得到了黄土含水系统渗流场现状分布（图3.4）。从图3.4中可以看出，黑方台地下水总体由西向东径流，受下伏隔水顶板起伏控制就近向南、北两侧台缘径流排泄。

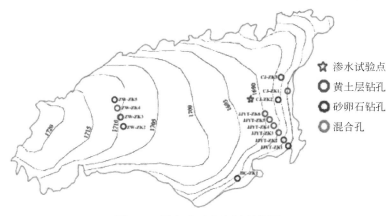

图 3.4　黑台地下水流场现状图

3.3　地下水流场演化历史

灌溉是区内地下水的主要补给来源，与斜坡稳定性关系最为密切的黄土含水系统灌溉响应显著，地下水动态随着灌溉引水量的变化而呈现周期性的波动。为分析地下水动力场的灌溉响应，采用 Visual Modflow 建立了黑台地下水流数值模型，反演了黄土含水系统灌溉前后地下水动力场的演化，预测了不同灌溉条件下地下水动力场的发展趋势，为研究灌溉对斜坡稳定性的影响提供基础数据。

3.3.1　地下水流数值模型建立

1. 水文地质概念模型

模型计算区以黑台台塬周缘为边界，其北侧为磨石沟，西侧为虎狼沟，南侧和东侧分别为黄河和湟水河，计算区总面积约 10.8km²。由于黑台呈四周被沟谷深切的孤岛状台地，因此，地下水得不到黄河及湟水河等地表水的补给，也不能得到区外地下水侧向径流补给。

依据地下水的赋存条件及水力特征，区内含水系统由上至下分别为黄土孔洞孔隙潜水、砂卵石孔隙层间水及基岩裂隙水。本次计算以与黄土斜坡稳定性关系最为密切的黄土孔洞孔隙潜水为研究对象。据此，计算模型垂向上（Z 方向）剖分为两层，其中，上层为黄土孔洞裂隙潜水含水层，下层为粉质黏土弱透水层。模型的地表高程数据采用 2010 年 4 月三维激光扫描形成的地形数据（比例尺为 1∶1000），结合钻孔数据、已有资料、调查得到的黄土层和粉质黏土层在黑台台塬的露头数据，确定黄土层和粉质黏土层地层高程，基于 GOCAD 构建计算区水文地质结构模型（图 3.5）。地下水流可概化为非均质各向异性三维非稳定流。

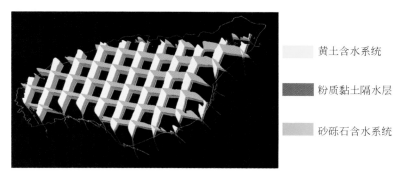

图 3.5　基于 GOCAD 的黑台水文地质结构概化图

黄土含水系统主要接受降水和灌溉水补给（图 3.6），在模型中采用 recharge 模块输入；降雨和灌溉水补给地下水后台塬周边以泉的形式排泄，在模型中采用 drain 模块；同时，黄土含水系统通过粉质黏土弱透水层以越流的形式向下部砂砾石含水系统排泄，模型中采用 drain 模块。

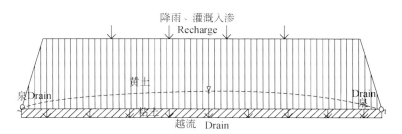

图 3.6　黑台水文地质概念模型示意图

2. 数学模型

根据上述分析和假设，黄土含水系统中地下水位满足如下方程：

$$
\begin{cases}
\begin{cases}
\dfrac{\partial}{\partial x}\left(K_x\dfrac{\partial h}{\partial x}\right)+\dfrac{\partial}{\partial y}\left(K_y\dfrac{\partial h}{\partial y}\right)+\dfrac{\partial}{\partial z}\left(K_z\dfrac{\partial h}{\partial z}\right)+w=\mu_s\dfrac{\partial h}{\partial t} & (x,\ y,\ z)\in\Omega\\
h=z
\end{cases}\\[4mm]
\dfrac{\partial}{\partial x}\left(K_x\dfrac{\partial H}{\partial x}\right)+\dfrac{\partial}{\partial y}\left(K_y\dfrac{\partial H}{\partial y}\right)+\dfrac{\partial}{\partial z}\left(K_z\dfrac{\partial H}{\partial z}\right)=S_s\dfrac{\partial H}{\partial t} & (x,\ y,\ z)\in\Omega\\[2mm]
H(x,\ y,\ z,\ 0)=H_0(x,\ y,\ z) & (x,\ y,\ z)\in\Omega
\end{cases}
\tag{3.1}
$$

式中，Ω 为渗流区域［L^2］；h 为潜水含水层水位高程［L］；w 为补给源［L^3T^{-1}］；

$H_0(x, y, z)$ 为含水层的初始水位分布 $[L]$；K_x、K_y、K_z 分别为 x、y、z 三个方向上的渗透系数 $[LT^{-1}]$；μ_s 为给水度 $[L^{-1}]$；S_s 为储水率 $[L^{-1}]$；t 为时间 $[T]$。

模型底部及侧向周边处水头处理为第三类边界：

$$q(x, y, z)\big|_{\Gamma_3} = k'\frac{h - h_0}{B'}, \quad h \geq h_0, \quad x, y, z \in \Gamma_3 \qquad (3.2)$$

式中，Γ_3 为粉质黏土层底部及黑台台塬周边处的第三类边界；$q(x, y, z)$ 为流量边界单宽流量 $[LT^{-1}]$；k' 为边界渗透系数 $[LT^{-1}]$；h_0 为边界控制水头 $[L]$；B' 为边界长度 $[L]$。

3. 边界条件

模型计算区以台塬周边为边界，北侧为磨石沟，西侧为虎狼沟，南侧和东侧分别为黄河和湟水河，底部相对隔水边界为黄土层下伏的粉质黏土层。由于黑台呈四周被沟谷深切的孤岛状台地，因此，既得不到周围黄河及湟水河等地表水的补给，也得不到区外地下水侧向径流补给，仅在顶部直接接收大气降水及灌溉水入渗补给。受地形、隔水底板高程变化等的控制，黄土层潜水总体从西北向东南径流，其中，一部分在台塬周边以泉的形式排泄，另一部分过粉质黏土弱透水层渗透至下部的砂卵石层中。因此，模型底部及侧向均为排泄边界，在 Visual Modflow 软件中采用排水沟模块（drain 模块）处理为第三类边界。对于底部边界，其满足黄土层中的地下水沿整个粉质黏土层底部向砂卵石层中排泄；对于侧向边界，当满足边界处地下水头值高于其所在位置处排水底板高程值时，地下水以泉的形式向外排泄，地下水头值低于侧向边界排水底板高程值时，则不发生水量交换。灌溉后多年平均补径排条件下的稳定流计算结果作为非稳定计算的初始地下水流场。

4. 计算参数取值

依据收集及本次施工的 14 眼水文地质钻孔抽（提）水试验、原位单双环渗水试验资料，计算得到黄土潜水含水层水文地质参数初值，其水平及垂向渗透系数分别为 2.32×10^{-2}m/d 和 0.12m/d，结合已有资料，取该层孔隙率为 0.45，给水度为 0.1；依据室内实验测试结果，得到粉质黏土层水文地质参数初值，水平及垂向渗透系数分别为 2.0×10^{-4}m/d 和 2.0×10^{-2}m/d，孔隙率为 0.35，给水度取经验值 0.04。综合区内的有效年降雨强度、灌溉量、泉水流量及地下水位的年变幅，计算得到区内降水入渗系数及灌溉入渗系数分别为 0.04 和 0.1。

5. 模型计算与验证

为在 Visual Modflow 中求解上述地下水非稳定渗流数学模型，对计算域进行剖分。在东西方向（虎狼沟至湟水河方向）剖分为 221 列，南北方向（磨石沟至黄河方向）剖分为 147 行，每个网格大小为 25m×25m（图 3.7）。模型共计 64974 个单元，其中，34648 个有效活动单元，边界以外的区域作为无效单元处理。设定模型顶部补给源仅为大气降水，采用多年平均降水值为 287.6mm/a，进行稳定流计算，得到灌溉前地下水动力场分布，作为后续三维非稳定流计算的初始条件。

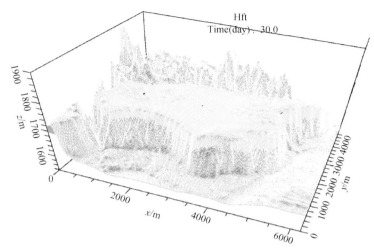

图 3.7　黑台地下水渗流模拟三维网络剖分图

模型的验证期选择在 2010～2011 年近一个水文年。由于年内的降雨和灌溉入渗补给并非平均分配，因此，根据验证期内各月份降雨量及灌溉量的不同，在时间上将验证期划分为 11 个应力期（表 3.7）。

表 3.7　各应力期内的降雨量及灌溉量表

月份	6	7	8	9	10	11	12	1	2	3	4
应力期	1	2	3	4	5	6	7	8	9	10	11
降水量/mm	41.1	59.7	69.8	39.3	16.3	1.8	0.0	0.0	0.0	8.2	16.4
灌溉强度/（m^3/m^2）	0.14	0.16	0.17	0.13	0.0	0.16	0.0	0.0	0.0	0.0	0.09

注：定义灌溉强度为月灌溉量与灌区面积的比值。

图 3.8 为典型剖面上数值模拟结果与观测水位的拟合图。可以看出，模型验证期内计算结果与观测水位拟合较好，说明模型所使用的水文地质参数（表 3.8）能够较好地反映研究区水文地质条件的实际情况，现有模型可用来对未来条件下的地下水流场进行模拟预测。

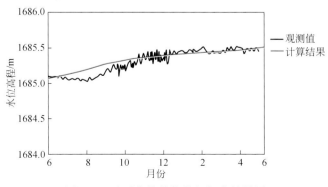

图 3.8　地下水位数值模拟拟合结果图

表 3.8　模型计算参数表

模型参数	$K_x/(m/d)$	$K_y/(m/d)$	$K_z/(m/d)$	u_s	n_e	n_t
黄土	0.02	0.02	0.2	0.1	0.2	0.45
粉质黏土	2.00E-04	2.00E-04	0.02	0.04	0.15	0.35

注：n_e 为有效孔隙度（无量纲），n_t 为孔隙度（无量纲）。

3.3.2　地下水动力场历史演化过程

在上述建立的地下水流数值模型的基础上，反演和预测了不同时期、不同灌溉量下地下水动力场历史演化过程（图 3.9）。

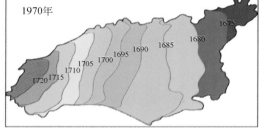

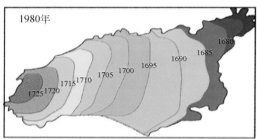

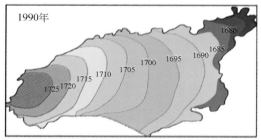

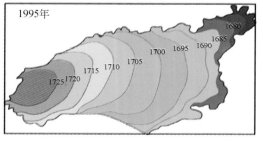

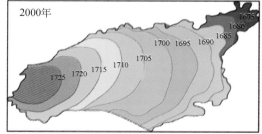

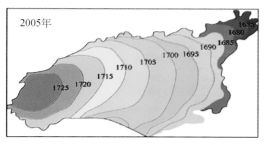 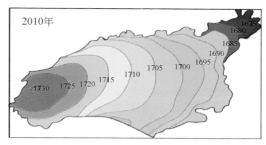

图 3.9　不同历史时期黑台地下水动力场演化过程

由于灌溉前大气降水是区内地下水的唯一补给来源，因此，通过设定模型顶部边界的补给源仅为大气降水，采用稳定流模型计算时，可以模拟台塬灌溉前只接受降水入渗补给的地下水动力场分布情况。降雨量采用多年平均值 287.6mm/a。由图 3.9 可以看出，灌溉前黄土层中潜水分布不连续，台塬西侧及四周几乎无地下水分布，仅在基底较低洼处分布厚度很薄的一层地下水。

区内 20 世纪 80 年代、90 年代及现今的灌溉量均值分别按 $722 \times 10^4 m^3/a$、$576 \times 10^4 m^3/a$ 和 $554 \times 10^4 m^3/a$ 计算，反演了灌溉以来不同时期地下水动力场的演化过程。从图 3.9 中可以看出，随着灌溉时间的增长，地下水位持续上升，等水位线向东侧移动，1980 年台塬底部均有了地下水分布，台塬四周开始出现泉。图 3.10 的水均衡结果显示：1968 年，上部黄土泉溢出量的 $230 m^3/d$，下部砂卵砾石及基岩泉流为 $185 m^3/d$，合计 $415 m^3/d$，按照 $2253.7 m^3/d$，接近 $1838.7 m^3/d$ 的水量转化为地下水储存量，造成水位上升；随着地下水位的上升，泉流量逐渐增大，1980 年、1990 年、2000 年、2010 年泉流量分别为 $1310.17 m^3/d$、$1723.84 m^3/d$、$1958.60 m^3/d$、$2090.27 m^3/d$，对应储存量增加量减小，1980 年、1990 年、2000 年、2010 年储存量增量分别为 $922.53 m^3/d$、$528.86 m^3/d$、$314.10 m^3/d$、$202.43 m^3/d$。

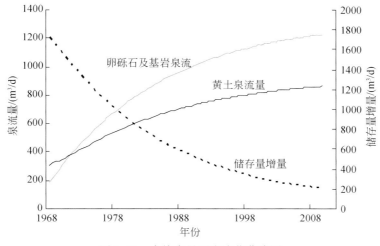

图 3.10　水均衡量历史演化曲线图

　　黑方台自 1968 年开始大面积灌溉，目前已有长达 45 年的灌溉史，推求灌溉至今地下水位平均每年上升 0.27m，但是台塬不同部位地下水位升幅是不尽一致的，为获取台塬不同位置处地下水位的变化情况，选取纵贯黑台东西的典型剖面东、中、西部 3 个不同部位的计算点，分析灌溉前及灌溉以来地下水位的演化情况（图 3.11），可看出：地下水位自灌溉以来持续上升，1968 年地下水位在东西两侧均低于含水层底板，仅在台塬中部局部断续分布，这也是灌溉前滑坡较少的主要原因；1980 年后地下水位在整个台塬几乎连续分布，地下水上升幅度随着灌溉时间逐渐减小，这与水位上升造成排泄量增大（均衡分析）是相互吻合的。

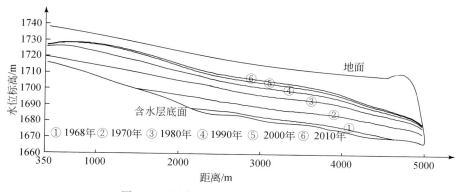

图 3.11　黑台东西向剖面地下水位演化图

　　图 3.12 为台塬中心部位计算点地下水位变化曲线，1990 年前，台面中心部位地下水位上升速度较快，速率约为 0.57m/a，地下水位 22 年累计上升约 15m；1990 年后，地下水上升速度逐渐变缓，速率约 0.25 m/a，至 2012 年水位累计上升约 20m。

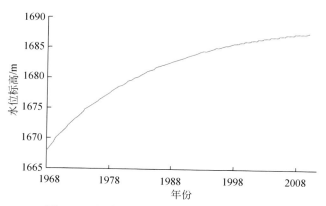

图 3.12　黑台台塬中心地下水位变化曲线图

　　由模拟计算结果可知，灌溉量是地下水位变化的主要控制因素，由此也说明灌区地下水主要来自于灌溉水。

3.4　地下水流场发展趋势

在继续维持现有灌溉模式和灌溉量的情况下，采用前节所建地下水流数值模型预测了至 2020 年的区域地下水动力场演化（图 3.13 和图 3.14），结果显示至 2020 年地下水动力场仍未达到稳定状态，水位仍将维持升势，但台塬不同位置处的地下水位上升速率略有不同（图 3.15），东部、中部和西部典型位置处的地下水位上升速率均值分别为 0.11m/a、0.09m/a 和 0.08m/a。其中，东部地下水位上升速度最快，分析其可能的原因为台塬东侧不仅接受上部大气降水和灌溉水的入渗补给，同时得到了台塬西侧地下水的侧向径流补给，中部地下水位的上升速度次之，西部地下水位上升速度最慢。

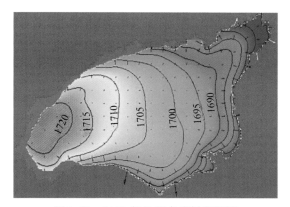

图 3.13　2017 年地下水流场预测图

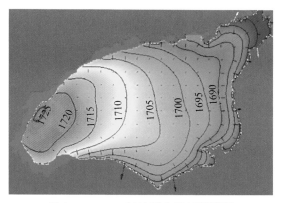

图 3.14　2020 年地下水流场预测图

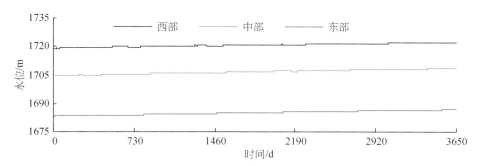

图 3.15　2010～2020 年台塬不同位置处地下水位变化趋势图

第4章　灌区黄土工程地质性质变化

黄土是以粉粒为主，具大孔结构、柱状垂直节理发育的特殊类土，特殊的结构特性决定了其干燥时强度大、壁立性好，但水敏性强，遇水湿陷易崩解，强度锐减。为全面了解灌溉水入渗对黑方台地区黄土工程性质的影响，开展了一系列的原位试验和室内测试。

（1）选择从未灌溉区段和常年灌溉地段开挖探井，采集岩土试样进行测试，对比分析黄土微结构、物理性质、变形性质、强度性质的变化，研究其灌溉效应。

（2）通过对原位直剪试验设备进行改装，在黑台塬面选择从未灌溉区段和灌溉区段分别进行天然与饱和状态下的原位直剪试验，研究黄土的原位强度及其灌溉效应。

（3）开展非饱和黄土力学性质测试，用多种试验装置获取黄土土水特征曲线，进行控制基质吸力的三轴剪切和蠕变试验，研究灌溉对非饱和强度和时效变形特性的影响。

（4）在原创性开展原位"Darcy实验"的基础上，结合抽水试验、室内渗透实验及颗粒分析经验公式等多种方法对黄土的渗透性进行了研究。

4.1　黄土物理性质变化

4.1.1　灌溉引起的黄土微结构变化

对分别采自灌区和未灌区探井内的原状黄土样进行扫描电镜拍照，定性分析微结构基本单元体的形状和大小、接触状态、连接形式，以及孔隙的形状和大小；采用图像降噪、分割等技术对扫描电镜照片进行处理，在此基础上选取放大倍数（400倍）、分辨率（3pixel/μm）和分析区域（2048×1866pixel^2）均完全一致的代表性SEM图片，基于IPP图像处理软件定量计算孔隙微结构参数，分析孔隙数量和孔隙度的分布情况。

未灌区和灌区放大400倍的SEM图和相应的黑白二值图（图4.1），其中，黑色为孔隙。总体来说，未灌区和灌区微结构呈现如下特征：从颗粒形态看，未灌区和灌区黄土颗粒均为粒状，且呈现单粒为主、集粒为辅的总体特征；从骨架颗粒的连接形式看，两者均以点接触为主，表明湿陷性很强，即使是灌溉后的土体仍有很大的剩余湿陷空间，这与湿陷系数测试结果是吻合的；从颗粒排列方式和孔隙看，两者均以粒间孔隙为主、架空孔隙为辅，但灌区黄土的孔隙数量明显减少。

采用IPP软件对孔隙特征进行定量分析。按照孔径大小将孔隙分为12个孔径级别，统计每个孔径级别的孔隙数量及其百分含量、孔隙面积、孔隙度（定义为黑白二值图中孔隙面

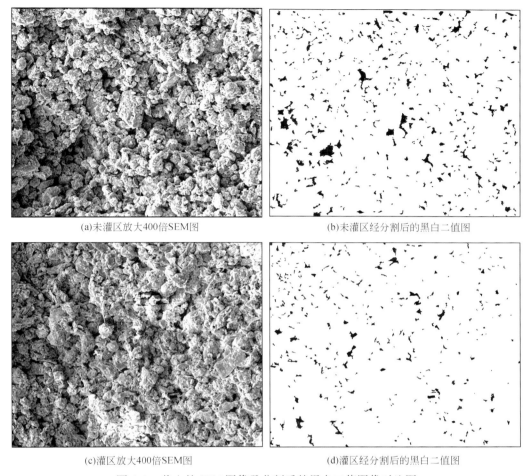

(a)未灌区放大400倍SEM图　　　　　　　　　　(b)未灌区经分割后的黑白二值图

(c)灌区放大400倍SEM图　　　　　　　　　　(d)灌区经分割后的黑白二值图

图4.1　黄土的 SEM 图像及分割后的黑白二值图像对比图

积与全图面积的比值），如表4.2 所示，据此绘制黄土孔隙特征曲线（图4.2 和图4.3）。

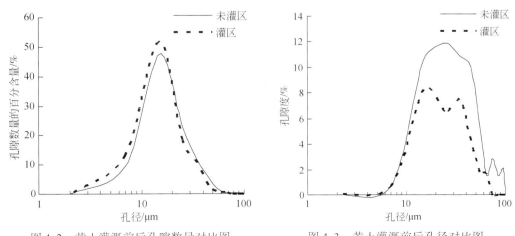

图4.2　黄土灌溉前后孔隙数量对比图　　　　图4.3　黄土灌溉前后孔径对比图

由表 4.1 中孔隙数量和孔隙度的合计值可知，与未灌区黄土相比，灌区黄土的孔隙数量和孔隙度总体趋势均大幅度减小，其中，黄土孔隙数量由 469 个减至 337 个，降幅约30%；孔隙度由 58% 降至 31%，降幅达 27%。

表 4.1　黄土各级孔径对应的孔隙特征统计表

孔径范围/μm	孔径中位数/μm	孔隙数量		孔隙数量的百分含量/%		大于孔径范围下限的孔隙数量百分含量/%		孔隙总面积/μm²		孔隙度/%		大于孔径范围下限的孔隙度/%	
		灌区	未灌区	灌区	未灌区	灌区	未灌区	灌区	未灌区	灌区	未灌区	灌区	未灌区
>100	100	0	0	0.00	0.00	0.00	0.00	0	0	0.00	0.00	0.00	0.00
90~100	95	0	1	0.00	0.21	0.00	0.21	0	8177	0.00	2.03	0.00	2.03
80~90	85	0	1	0.00	0.21	0.00	0.43	0	6010	0.00	1.49	0.00	3.53
70~80	75	0	2	0.00	0.43	0.00	0.85	0	11372	0.00	2.83	0.00	6.36
60~70	65	2	2	0.59	0.43	0.59	1.28	6878	6389	1.71	1.59	1.71	7.95
50~60	55	3	9	0.89	1.92	1.48	3.20	7435	22025	1.85	5.48	3.57	13.42
40~50	45	11	27	3.26	5.76	4.75	8.96	17427	40511	4.34	10.08	7.91	23.50
30~40	35	37	54	10.98	11.51	15.73	20.47	29893	43848	7.45	10.91	15.35	34.40
20~30	25	62	107	18.40	22.81	34.12	43.28	26416	47737	6.58	11.87	21.94	46.28
10~20	15	176	222	52.23	47.33	86.35	90.62	33166	42751	8.26	10.63	30.20	56.91
4~10	7	46	44	13.65	9.38	100.00	100.00	2961	2630	0.74	0.65	30.94	57.56
0~4	2	0	0	0.00	0.00	100.00	100.00	0	0	0.00	0.00	30.94	57.56
合计		337	469	100	100			124176	231450	31	58		

各孔径范围的孔隙数量对比研究表明，当孔径 $d>20\mu m$ 时，灌区黄土各孔径范围内的孔隙数量百分量普遍小于未灌区黄土，当 $4\mu m<d<20\mu m$ 时，灌区黄土孔隙数量百分量大于未灌区。这是因为灌溉导致黄土发生湿陷，大孔隙被颗粒填充，其百分量减少，一部分转化为小孔隙，使得小孔隙数量比例增大，另一部分转化为微孔隙，超出图像分辨率而无法识别。各孔径范围的孔隙度则表现出不同的规律：除了 $60\mu m<d<70\mu m$ 外，灌区黄土各孔径级别的孔隙度均小于未灌区黄土，这是因为孔隙度是由孔隙数量的绝对值控制的。

综上，灌溉对黄土结构的影响主要表现在孔隙特征上。灌溉造成黄土的原生结构产生破坏，孔隙总量减少，主要体现在架空孔隙锐减甚至消失；从孔隙度看，各孔径的孔隙度普遍减小。

4.1.2　灌溉引起的黄土物理性质变化

在灌区和未灌区分别开挖探井，每隔 1m 采集试样进行测试，结果表明，灌溉对黄土的比重、液（塑）限、颗粒组成等指标的影响非常微小，而天然含水量、天然密度、天然孔隙比和干密度则受灌溉的影响较大（表 4.2，图 4.4~图 4.7）。

表 4.2　黄土常规物理性质指标统计表

取样深度 /m	天然含水量/%		天然密度/（g/cm³）		天然孔隙比		干密度/（g/cm³）	
	灌区	未灌区	灌区	未灌区	灌区	未灌区	灌区	未灌区
1	13.7	4.4	1.67	1.43	0.785	1.000	1.47	1.37
2	14.3	5.5	1.67	1.42	0.845	0.860	1.46	1.35
3	14.6	6.1	1.68	1.49	0.905	0.650	1.46	1.40
4	15.3	6.6	1.71	1.42	0.835	1.070	1.48	1.33
5	15.2	6.4	1.74	1.47	0.775	1.010	1.51	1.38
6	16.3	7.4	1.72	1.43	0.910	1.090	1.48	1.33
7	15.1	7.8	1.72	1.44	0.725	1.050	1.49	1.34
8	13.5	8.9	1.73	1.47	0.765	1.070	1.52	1.35
9	13.0	7.9	1.71	1.52	0.785	0.940	1.51	1.41
10	12.8	7.9	1.73	1.51	0.755	0.960	1.53	1.40
11	13.1	8.0	1.68	1.51	0.815	0.940	1.48	1.40
12	13.8	7.2	1.72	1.51	0.795	0.930	1.51	1.41
13	14.4	11.0	1.74	1.45	0.780	1.090	1.52	1.31
14	14.8	10.0	1.74	1.47	0.775	1.030	1.52	1.34
15	15.5	10.3	1.76	1.47	0.765	1.040	1.52	1.33
平均	14.4	7.7	1.71	1.47	0.801	0.982	1.50	1.36
标准差	1.03	1.81	0.03	0.03	0.053	0.114	0.02	0.03
方差	1.06	3.28	0.00	0.00	0.003	0.013	0.00	0.00
变异系数	0.07	0.24	0.02	0.02	0.066	0.116	0.02	0.03

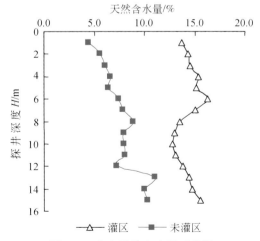

图 4.4　黄土天然含水量对比图

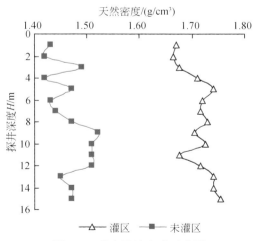

图 4.5　黄土天然密度对比图

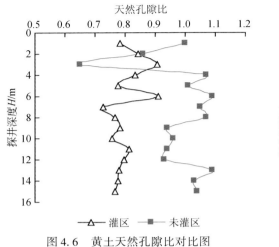

图 4.6　黄土天然孔隙比对比图

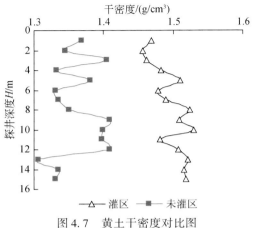

图 4.7　黄土干密度对比图

1. 天然含水量

从灌区和未灌区的天然含水量分布曲线（图 4.4）对比表明，未灌区黄土的天然含水量均值为 7.7%，沿深度纵向变化幅度较大：1～8m 为线性递增区，含水量由最小值 4.4% 增大至 8.9%；8～12m 为恒定区，含水量在 8% 左右；12～13m 为突增区，含水量由 7.2% 增大至最大值 11.0%；13～15m 深度内含水量基本稳定。

灌区黄土天然含水量均值为 14.4%，随深度变化幅度较小，呈现 "S" 型变化特征：在 1～6m 范围内，含水量由 13.7% 缓慢增至 16.3%；6～10m 为递减区，含水量均值由 16.3% 减小至 12.8%；10～15m 又变回递增趋势，含水量逐步增至 15.5%。

对比灌区和未灌区黄土天然含水量的分布特征发现，灌区黄土含水量较未灌区含水量明显增大，均值高出 7%，灌溉后的黄土含水量变异性显著减小，表明灌溉使含水量的分布趋于均匀。

2. 天然密度

从图 4.5 中可看出，未灌溉的黄土天然密度均值为 1.47 g/cm³，随着深度的变化在 1.42～1.52 g/cm³ 间小幅波动，灌溉后的黄土天然密度均值为 1.71 g/cm³，随着深度的变化在 1.67～1.76 g/cm³ 间来回振荡。可见，灌溉使得黄土的天然密度显著增大，其均值增加约 0.25 g/cm³，且波动幅度变化趋小。

3. 天然孔隙比

由黄土天然孔隙比试验结果（图 4.6）可见，未灌区黄土天然孔隙比均值为 0.982，表层 1~3m 深度的孔隙比随深度增加由 1.000 降至 0.650，4~15m 范围内孔隙比介于 0.930~1.090。灌区黄土孔隙比均值为 0.801，在 1~6m 范围内呈现"Z"字型波动，幅度介于 0.775~0.910；6m 以下的孔隙比波动性变小，基本围绕均值小幅变动。对比灌区和未灌区黄土的孔隙比分布，表明灌溉使得黄土孔隙比均值显著减小。

4. 干密度

图 4.7 表明，未灌区黄土的干密度均值为 1.36g/cm³，在 1~9m 深度范围内，干密度值在 1.33~1.41g/cm³ 之间波动，9~12m 深度内，干密度值稳定在 1.40~1.41g/cm³，13~15m 深度内，干密度值降至 1.31~1.34g/cm³。灌区黄土干密度均值为 1.50g/cm³，在 1~5m、6~10m 和 11~13m 3 个深度区间内，干密度随着深度增加而增加，5~6m 和 10~11m 则分别有 0.05g/cm³ 的减少量，13m 以下恒定在 1.52g/cm³ 基本不变。对比两者可见，灌溉使得黄土干密度均值增大约 0.14g/cm³。

4.2　黄土宏观力学性质变化

4.2.1　灌溉引起的黄土变形性质变化

黄土为多孔松散介质，颗粒间联结微弱，在自重及附加应力作用下易产生压缩变形，加之黄土系晚更新世风积物，属欠固结土，具中-高压缩性。黄土压缩性除外力因素外，主要受控于土体物质的组成、含水量、结构与构造，而灌溉对压缩性控制因素影响较大，具显著的灌溉效应。为获取黄土压缩性的灌溉效应，分别在灌溉和未灌溉地段开挖探井采集试样，进行固结试验获取压缩系数、压缩指数和压缩模量等指标（表 4.3，图 4.8~图 4.10）。

表 4.3　黄土压缩性指标统计表

取样深度/m	压缩系数/MPa⁻¹		压缩指数		压缩模量/MPa	
	灌区	未灌区	灌区	未灌区	灌区	未灌区
1	0.33	0.36	0.11	0.12	5.49	5.56
2	0.24	0.18	0.08	0.06	7.85	10.33
3	0.31	0.20	0.10	0.07	6.25	8.25
4	0.25	0.54	0.08	0.18	7.34	3.83
5	0.24	0.59	0.08	0.20	7.40	3.41
6	0.24	0.61	0.08	0.20	8.13	3.43
7	0.18	0.62	0.06	0.21	9.58	3.31
8	0.23	0.43	0.08	0.14	7.84	4.81

续表

取样深度/m	压缩系数/MPa⁻¹		压缩指数		压缩模量/MPa	
	灌区	未灌区	灌区	未灌区	灌区	未灌区
9	0.15	0.36	0.05	0.12	12.31	5.39
10	0.18	0.38	0.06	0.12	10.03	5.16
11	0.13	0.21	0.04	0.07	13.96	9.24
12	0.16	0.31	0.05	0.10	11.58	6.23
13	0.16	0.23	0.06	0.08	11.13	9.09
14	0.11	0.60	0.04	0.18	16.14	3.38
15	0.16	0.61	0.06	0.19	11.39	3.34
平均	0.20	0.42	0.07	0.14	9.76	5.65
标准差	0.06	0.17	0.02	0.05	2.98	2.45
方差	0.00	0.03	0.00	0.00	8.91	6.00
变异系数	0.31	0.40	0.33	0.39	0.31	0.43

注：各指标均采用固结压力由 0.1MPa 增加至 0.2MPa 的数值。

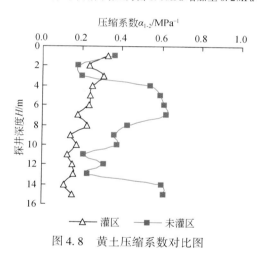

图 4.8 黄土压缩系数对比图

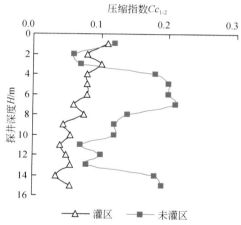

图 4.9 黄土压缩指数对比图

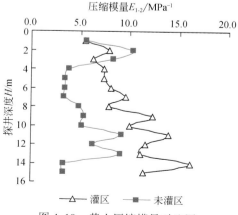

图 4.10 黄土压缩模量对比图

因上述压缩性指标的实质一样，三者之间可互相推导，故以压缩系数 a_{1-2} 为例说明黄土压缩性的灌溉效应。由表 4.3 可知，未灌区黄土压缩系数介于 0.18 ~ 0.62MPa^{-1}，平均值为 0.42 MPa^{-1}，具中-高压缩性，随着深度增大，压缩系数波动较大（图 4.8）：表层 1 ~ 3m 范围内压缩系数由 0.36 MPa^{-1} 递减至 0.20 MPa^{-1}，具中压缩性；3 ~ 7m 压缩系数介于 0.54 ~ 0.62 MPa^{-1}，具高压缩性；7 ~ 13m 深度范围内递减至 0.21 ~ 0.43MPa^{-1}，为中压缩性；底部增大至 0.61 MPa^{-1}，由此可见，未灌区黄土以中压缩性为主，局部具高压缩性。灌区黄土压缩系数则变异很小，介于 0.11 ~ 0.33 MPa^{-1}，均值为 0.20 MPa^{-1}，随着深度的增大，压缩系数近似呈线性递减，总体来说，灌区黄土均为中压缩性，压缩性明显低于未灌区。

对比灌区和未灌区黄土压缩系数，可知灌溉使得黄土压缩性变小，不同厚度黄土的压缩性差异也变小。这是由于灌溉水入渗过程中使得黄土产生湿陷，土颗粒骨架重新排列且趋于一致，密实度增大，结构与构造的差异性趋近，从而导致压缩性普遍减小。

4.2.2 灌溉引起的黄土强度变化

为全面了解灌溉入渗对黄土强度性质的影响，开展了多手段、多角度的黄土强度试验：通过对原位直剪试验设备进行改装，分别进行了天然与饱和状态下的原位剪切试验；模拟黄土的不同应力状态，开展了室内直剪和三轴剪切试验；考虑黄土的水敏感性，对其进行了不同含水量条件下的强度试验。

1. 基于原位直剪试验的黄土强度灌溉效应

与室内抗剪强度试验相比，原位测试方法具有试样尺寸大、原状性好、客观性强的优点，是研究岩土体真实力学性状的不可或缺的手段。原位测试多种多样，以原位直剪试验最为普遍，国内外众多学者在各类岩土体中开展了原位直剪试验（黄志全等，2008；张照亮等，2006；谢义兵等，2009；曹小平等，2010；Vallejo and Roger 等，2000；李晓等，2007；李克钢等，2005），但以天然状态岩土体为主，基于原位浸水饱和岩土体的原位直剪试验少见报道。对黄土而言，饱和后其抗剪强度锐减，这也是诱发黄土滑坡的最主要因素。

为此，在黑方台的灌区和未灌区各选取 1 个典型点进行原位直剪试验。两个试验点黄土的颗粒组成如图 4.11 所示，主要物理性质见表 4.4。结果表明，两个试验点黄土的颗粒均以粉粒（0.005 ~ 0.075mm）为主，其次为砂粒（0.075 ~ 2mm），其他颗粒组分几乎没有，比重、液塑限等物理性质指标也非常接近。试验点 1 处于黑台东缘新建折达公路路基开挖处，历史上没有灌溉活动，属于未灌区，含水量仅 5.7%；试验点 2 位于陈家村东南的黑台台面，距焦家 9 号滑坡后壁仅 120m 左右，此前曾有灌溉，但近年来弃灌，该点含水量为 12.5%。这两个试验点黄土具有相同成因和时代，灌溉导致黄土含水量增大。许多研究表明，成因时代相同的黄土力学性质主要受含水量控制（刘祖典和邢义川，1997；张茂花等，2006；李保雄等，2006），因此，若两个试验点的黄土含水量相同，则可归为一类计算该含水量下的抗剪强度。

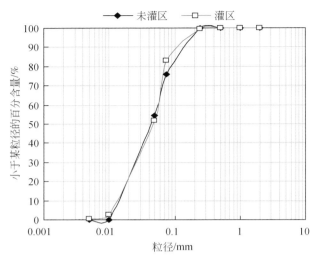

图 4.11　原位直剪试验点黄土颗粒级配曲线

表 4.4　原位直剪试验点黄土组分及物性指标汇总表

试验点	含水量/%	密度/(g/cm³)	比重	天然孔隙比	液限/%	塑限/%	塑性指数	液性指数	备注
1	5.7	1.48	2.68	0.92	26.29	18.40	7.89	−1.59	未灌区
2	12.5	1.54	2.70	0.94	23.79	16.00	7.79	−0.66	灌区

本次试验即基于这点考虑，分别在两个试验点制样进行天然含水量黄土的原位直剪试验，获取了两个天然含水量下的黄土抗剪强度参数；设计了两套浸水饱和装置，在相同试验点制备饱和黄土样，进行原位直剪试验获取饱和黄土的抗剪强度参数。

1）天然黄土原位直剪试验

试验仪器采用 WBJL 型原位直剪仪（照片 4.1），其主要指标与参数为：方形剪切盒尺寸为 2500cm²，切向油压千斤顶 500kN，应变式压力传感器量程 500kN，表式位移计量程为 0～50mm，地锚梁式反力架，记录装置为人工读数记录。天然黄土原位直剪试验的基本步骤参照《现场直剪试验规程》（YS 5221—2000）的要求进行，主要步骤包括开挖试坑—制样—仪器安装—固结—剪切—后分析。

照片 4.1　WBJL 型原位直剪仪

试验结束后，分别对两个试验点绘制抗剪强度包络线（图 4.12 和图 4.13），可得未灌区的黏聚力 $c=44.65$ kPa，内摩擦角 $\varPhi=14.18°$；灌区的黏聚力 $c=37.31$ kPa，内摩擦角 $\varPhi=14.21°$。

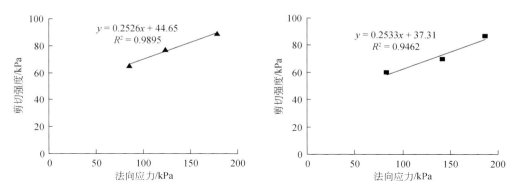

图 4.12　未灌区天然黄土原位直剪试验　　图 4.13　灌区天然黄土原位直剪试验抗剪强度包络线
　　　　　抗剪强度包络线

2）饱和黄土原位直剪试验

如前所述，饱和黄土原位直剪试验少见文献报道，因此，开展本项工作的目的不仅是获取饱和黄土的原位直剪试验强度参数，还是一种对该试验方法的有益探索。

a. 浸水饱和试验装置设计

本着满足黄土达到饱和并不受扰动两个约束条件来进行试验装置设计。设计饱和后制样法和制样后饱和法两种浸水饱和装置（图 4.14 和图 4.15）。

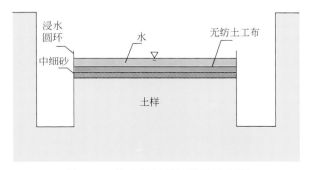

图 4.14　饱和后制样法装置示意图

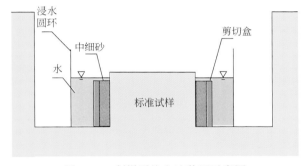

图 4.15　制样后饱和法装置示意图

饱和后制样法是设计和制作一个浸水圆环（以下简称圆环），直径 80cm，高 50cm，下部仿造室内环刀做成刀口状，利于插入黄土。其浸水饱和原理是将圆环套在圆柱形土柱之外，土柱直径小于圆环约 20mm，浸水饱和，再制作标准试样，开始原位饱和剪切试验。

制样后饱和法是在制样时，将试样尺寸控制在小于剪切盒约 10mm，安装剪切盒，使试样居中，用过筛后的中细砂密实充填剪切盒与试样的间隙，构成制样后饱和法试样侧壁的透水材料和浸水通道，再将圆环套在剪切盒外部，加水达到试样饱和的目的。

b. 浸水饱和试验关键步骤

饱和黄土原位直剪试验的试验方法和步骤参照天然黄土原位直剪试验执行，所不同的是对常规原位直剪仪器做适当的改进，首先对黄土进行浸水饱和，然后开始剪切试验。3 个关键控制步骤如下。

（1）精细化制样。饱和后制样法是将黄土切削成内径小于圆环内径 20mm 的圆柱形土柱，套上圆环，使土柱居中，浸水饱和。再去除圆环，将土样修整成边长 49cm、高 27cm 的方形标准试样，套入剪切盒，使试样居中，试样与圆环间的空隙用过筛中细砂填塞。

制样后饱和法是先将土样切削成边长 49cm、高 27cm 的方形标准试样，再套剪切盒，试样与剪切盒的空隙用过筛中细砂填塞。最后在剪切盒外套上圆环，注水浸泡饱和。

（2）中细砂填塞。不论哪种浸水饱和模式，都需要在剪切盒和试样间填入中细砂。填塞前需对中细砂过筛，将大颗粒去除，保证颗粒均匀性；在两者间约 5mm 的空隙中分 5 次逐层倒入中细砂，每倒一层后用长条钢尺振捣砂体，使中细砂密实地充满空隙。

（3）水流流向控制。按照设计，饱和后制样法的水大部分由试样上表面竖向进入试样，少部分通过试样与圆环的空隙渗入；制样后饱和法的水则经过透水材料由试样侧面进入试样，达到饱和目的。为此，必须控制一定的条件。在饱和后制样法中，制样完成后要在试样表层撒 3~5cm 厚的中细砂，再铺上一层无纺土工布，防止注水对试样表面的冲刷；然后注水至水面高出土工布 5cm。在制样后饱和法中，控制浸水的水位在剪切盒顶面和试样顶面之间，以略高于剪切面顶面为宜，这样水仅通过中细砂由试样侧壁进入试样达到浸水饱和目的。

c. 试验结果分析

采用两种浸水饱和方法共进行了 7 个饱和黄土的原位直剪试验，浸水饱和效果见表 4.5。根据饱和后制样法试样结果绘制抗剪强度包线（图 4.16），并与天然黄土原位大剪试验结果对比列于表 4.6 中。

表 4.5　两种浸水模式的效果对比表

试样编号	浸水饱和模式	浸水时间/d	含水量/%	饱和度/%	备注
1#	制样后饱和法	3	24.0	69.7	灌区
2#	制样后饱和法	6	32.1	93.2	未灌区
3#	饱和后制样法	6	33.2	96.4	灌区
4#	饱和后制样法	6	32.9	95.5	灌区
5#	饱和后制样法	6	33.1	96.1	未灌区
6#	饱和后制样法	5	32.5	94.4	未灌区
7#	饱和后制样法	7	32.9	95.5	未灌区

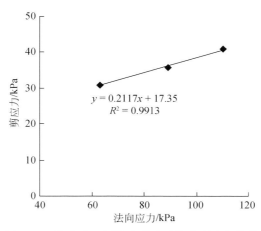

图 4.16　饱和黄土原位直剪试验抗剪强度包络线

表 4.6　黄土原位直剪试验强度参数汇总表

试验条件	含水量/%	C/kPa	Φ/(°)
饱和黄土原位直剪	33.1	17.35	11.95
天然黄土原位直剪	12.5	37.31	14.21
	5.7	44.65	14.18

（1）试样饱和度评析。试样 1# 采用制样后饱和法，连续浸水 3d 后试样饱和度仅为 69.7%，远未达到饱和要求。试样 2# 的浸水时间延长至 6d，试验后的饱和度即达到 93.2%，接近于室内试验 95% 的饱和标准。为了对比，对饱和后制样法的 3 个试样同时浸水 6d，试验后的饱和度分别为 96.4%、95.5% 和 96.1%，均超过了 95%，并且比制样后饱和法试样的饱和度要高。最后，用饱和后制样法分别对试样浸水 5d 和 7d，发现浸水 5d 后试样饱和度为 94.4%，比浸水 6d 试样饱和度略低，而浸水 7d 试样饱和度为 95.5%，与浸水 6d 试样饱和度基本持平。

根据以上饱和度的分析，表明只要浸水时间足够，两种浸水饱和模式均能使试样达到饱和要求。由于黄土的竖向渗透性大于水平渗透性（李保雄，2007），饱和后制样法的大部分水由竖向渗入土体，而制样后饱和法的水仅有侧向渗水通道，因此，在相同浸水时间下，饱和后制样法的试样饱和度要高于制样后饱和法。采用饱和后制样法浸水 5d 以上的饱和度均接近室内试验对饱和度的要求，可以与室内试验的相应结果做对比分析。

（2）试样结构扰动分析。强度包络线的线性程度和合理的抗剪强度参数能作为评价试样结构扰动程度的一种有效的反分析手段。黄土强度受含水量的影响很大，为此取浸水时间相同、浸水后含水量最接近的 3#、4#、5# 号试样，采用图解法绘制抗剪强度包络线（图 4.16），线性回归后求得黏聚力 $c = 17.351$kPa，内摩擦角 $\Phi = 11.953°$，相关系数 $R^2 = 0.9913$，具有很好的线性。从这个角度看，饱和后制样法对试样结构扰动似乎不大。

但根据以往经验，黄土浸水后结构崩解，受外力作用后超孔隙水压力急剧上升而液化。这也得到了现场验证：将浸水黄土放在手掌上，稍加抖动即成浆糊状；饱和后制样法中，完成浸水饱和后，还要拔出浸水圆环，削样，稍不留神就扰动了样品边缘大块浸水土体，导致边缘处土体缺角破坏，甚至出现流稀泥的现象。因此，饱和后制样法的制样成功率是很低的，即使试验者极尽所能地小心制样，也不可避免大面积地扰动试样。相比而言，制样后饱和法则避免了对饱和土的扰动，只要延长浸水时间使试样达到饱和度的要求，用制样后饱和法进行的试验能更客观地反映饱和土的真实强度。

（3）不同试验条件抗剪强度参数对比。将各种试验条件的黄土抗剪强度汇总于表4.7中，表明在两个天然含水量状态（5.7%和12.5%）下，c值随着含水量增大下降约7kPa，Φ值几乎不变；浸水饱和后，饱和黄土原位大剪的c值大幅度下降至17.35kPa，而Φ值仅小幅降至11.95°，是相对稳定的，表明浸水对强度的影响主要体现在黏聚力的大幅度丧失。

2. 室内常规与增湿强度灌溉效应

滑坡孕育过程中，潜在滑面不同部位土体处于不同的受力状态，例如，潜在滑面剪出口附近处于近水平剪切状态，而中部滑面则处于三轴压缩状态，滑坡启动速度的快慢和发育类型决定了超孔隙水压的消散程度。因此，需要研究黄土在不同试验手段和排水条件下的抗剪强度，为斜坡稳定性分析提供合理参数。为此，选择典型剖面采取原状黄土样品，采用CD和CU测试天然黄土的抗剪强度参数，同时，进行了饱和状态下的快剪、固结快剪、CU和CD试验，室内常规测试汇总后的试验成果如表4.7所示。

表4.7　室内试验条件下的黄土抗剪强度参数统计表

统计指标		试验条件								
		快剪		固结快剪		CU				CD	
						总应力法		有效应力法			
		C/kPa	ϕ/(°)	C/kPa	ϕ/(°)	C_{cu}/kPa	ϕ_{cu}/(°)	C'/kPa	ϕ'/(°)	C_d/kPa	ϕ_d(°)
饱和黄土	试验组数	61	61	12	12	18	18	18	18	2	2
	平均	16.32	8.87	12.95	9.27	14.92	17.00	12.74	14.36	0.55	30.54
	最小值	10.71	6.89	9.63	7.69	11.19	13.43	9.80	9.99		
	最大值	20.68	10.91	17.12	10.45	19.69	20.67	16.89	17.51		
	标准差	2.66	0.95	2.89	0.92	2.38	2.30	2.26	2.07		
	变异系数	0.16	0.11	0.22	0.10	0.16	0.14	0.18	0.14		
天然黄土	试验组数					18	18	18	18	2	2
	平均					28.27	27.13	26.38	25.00	20.76	30.67
	最小值					23.23	24.21	21.05	22.79		
	最大值					31.86	29.69	28.91	26.90		
	标准差					2.25	1.57	2.18	1.33		
	变异系数					0.08	0.06	0.08	0.05		

注：CD试验采用了重塑黄土，控制湿密度为1.481g/cm³，初始含水量为6%。

　　试验结果表明，对于天然黄土，CU 和 CD 试验得到的有效黏聚力均值分别为
26.38kPa 和 20.76kPa，有效内摩擦角分别为 25° 和 30.67°。对于饱和黄土，采用总应力法
表达时，黏聚力由大到小分别为快剪 16.32kPa，CU 剪切 14.92kPa，固结快剪 12.95kPa，
内摩擦角由大到小则分别为 CU 剪切 17°，固结快剪 9.27°，快剪 8.87°；采用有效应力表
达时，CD 得出的有效黏聚力仅为 0.55 kPa，而有效内摩擦角则远大于 CU 试验结果，达到
30.54°。对比天然和饱和黄土的 CU 试验可见，含水量增大后，CU 黏聚力和内摩擦角均大
幅衰减，而 CD 试验得出的差别仅在于黏聚力大幅衰减，内摩擦角几乎不变。

　　以上试验均在未灌区黄土天然含水量（6% 左右）和饱和含水量（31% 左右）状态下
进行。台塬不同深度处的黄土受灌溉水入渗和地下水毛细上升所造成的增湿影响，含水量
介于两个极端含水量之间，这些部位的黄土是黄土斜坡潜在滑动面的重要组成部分，故本
次研究对未灌区同一批的天然含水量样品采用风干和滴水方法控制含水量，进行了增湿条
件下全含水量序列的 CU 试验（表 4.8），并绘制了抗剪强度参数与含水量的关系曲线（图
4.17）。结果表明，随着含水量增加，黏聚力呈对数曲线递减，内摩擦角则以线性递减，
两条曲线的拟合程度均很好。

表 4.8　全含水量序列的黄土 CU 抗剪强度参数

含水量/%	2	7	10	13	17	19	25	32	33
C/kPa	126.5	79.3	51.5	38	34.6	26.5	18.3	6.8	4.3
ϕ/(°)	33.6	26.1	23.5	23.1	15.3	14.9	10.1	2.4	1.5

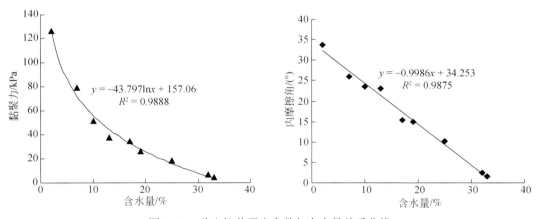

图 4.17　黄土抗剪强度参数与含水量关系曲线

4.2.3　灌溉引起的黄土时效变形特性

　　据调查，区内频繁的滑坡始于 20 世纪 80 年代，距 1968 年开始大面积提水灌溉已过
去 20 多年，可见滑坡发生的滞后效应非常明显，表明滑坡的孕育和启动是一个随时间不
断变化的动态过程，其内在机理就是滑带土体强度劣化具有时间效应，故黄土时效变形特

性研究对于深入揭示黄土滑坡机理具有重要意义。分别进行天然及饱和状态的常规蠕变以及控制基质吸力的非饱和蠕变试验，为基于黄土时效变形特性的黄土滑坡机理研究提供依据。

1. 常规蠕变试验

1）试验方案

试验是在南京土壤仪器厂生产的 SJ-1A. G 型应变式三轴剪力仪基础上改装而成的，由主机、围压控制系统、孔压量测系统、轴向力量测系统、轴向变形量测系统、排水量测系统等部分组成（照片4.2），测试方案如下。

　　a. 天然含水量黄土蠕变试验

（1）测定各围压下试样破坏时应力差 $(\sigma_1 - \sigma_3)_f$：制备 4 个土样，土样直径为 39.1 mm，分别在围压 50kPa、100 kPa、200 kPa、400 kPa 下进行常规应变控制式三轴排水剪切试验（CD），测定各围压下试样破坏时的 $(\sigma_1 - \sigma_3)_f$。

（2）测量原状土样的天然含水量：制备 4 个圆柱形土样，土样直径为 39.1mm。

（3）仪器改装：将应变控制式三轴仪改为应

照片 4.2　SJ-1A. G 型应变式三轴剪力仪

力控制式三轴仪。

（4）对压力室进行标定：在压力室中安装土样之前充满水，并施加给定的围压，测量加压活塞上受到的力的大小，以便在施加偏应力时首先加一个与该力大小相等的向下的竖向力，从而消除其对试验的影响。

（5）试样固结：将试样安装至压力室中，压力室充满水，施加围压 σ_3，使土样在 σ_3 下充分固结。

（6）施加偏应力：固结完成后，测读试样竖向变形的初读数。然后分级加荷方式逐级施加竖向力，竖向力增量为 $\Delta\sigma_1 = (\sigma_1 - \sigma_3)_f / 8$，直至竖向力达到 σ_{1f}。

（7）蠕变变形测读：在每级荷载下加载 2d，测读试样轴向变形与时间的关系。

（8）蠕变数据整理：采用"坐标平移法"整理数据，绘制各级偏应力水平下的 $\varepsilon_1 - t$ 关系曲线，以及应力应变等时曲线。

（9）对蠕变曲线和等时应力应变曲线进行拟合与建模，确定模型中的蠕变参数。

　　b. 饱和黄土蠕变试验

（1）测定各围压下饱和试样破坏时的应力差 $(\sigma_1 - \sigma_3)_f$：制备 4 个圆柱形饱和土样，土样直径为 39.1 mm，分别在围压 50kPa、100 kPa、200 kPa、400 kPa 下进行应变控制式三轴排水剪切试验（CD），测定各围压下饱和试样破坏时的 $(\sigma_1 - \sigma_3)_f$。

（2）制备饱和土样：制备 4 个圆柱形土样，土样直径为 39.1mm，进行抽气饱和，并测试试样饱和度。

（3）仪器改装：将应变控制式三轴仪改为应力控制式三轴仪。

（4）对压力室进行标定：在压力室中安装土样之前充满水，并施加给定的围压，测量加压活塞上受到的力的大小，以便在施加偏应力时首先加一个与该力大小相等的向下的竖向力，从而消除其对试验的影响。

（5）试样固结：将试样安装至压力室中，压力室充满水，测读排水管的初读数；施加围压 σ_3，使土样在 σ_3 下充分固结，测量固结过程中试样的排水量变化和孔隙压力变化。

（6）施加偏应力：固结完成后，测读试样竖向变形的初读数。然后以分级加荷方式逐级施加竖向力，竖向力增量为 $\Delta\sigma_1 = (\sigma_1 - \sigma_3)_f / 8$，直至竖向力达到 σ_{1f}。

（7）变形测读：在每级荷载下加载 2d，测读试样轴向变形、体积变形与时间的关系。

（8）蠕变数据整理：采用"坐标平移法"整理数据，在各级偏应力水平下绘制 $\varepsilon_1 - t$、关系曲线，以及应力应变等时曲线。

（9）对蠕变曲线和等时应力应变曲线进行拟合与建模，确定模型中的蠕变参数。

2）试验结果及分析

a. 蠕变曲线

在 50 kPa、100 kPa、200 kPa、400kPa 四级围压下对天然含水量和饱和黄土分别进行三轴蠕变试验，采用"坐标平移法"整理数据后得到蠕变试验曲线（图 4.18 和图 4.19）。黄土具有如下蠕变特征。

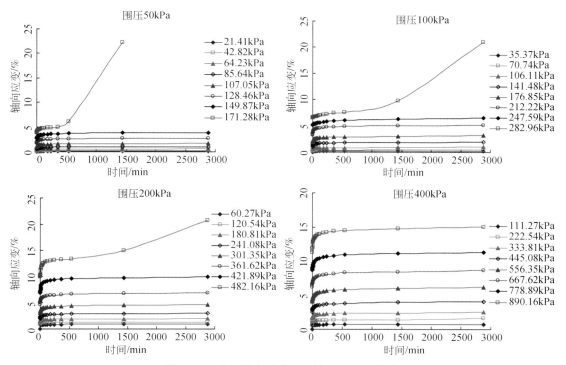

图 4.18　天然含水量黄土三轴蠕变试验曲线

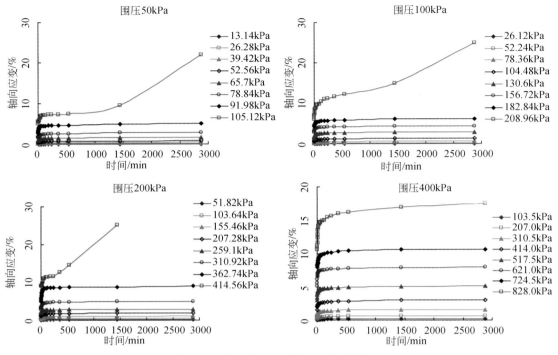

图 4.19　饱和黄土三轴蠕变试验曲线图

（1）当主应力差较小（偏应力水平低）时，不管围压多大，天然和饱和黄土蠕变试验曲线均呈现衰减蠕变特征，且围压越大，蠕变量越大。

（2）当主应力差达到某个临界值时，50kPa、100kPa 和 200kPa 三个围压下的蠕变试验曲线均转化为非衰减蠕变特性，这一转化点的主应力差临界值介于第七和第八级荷载之间。而在围压为 400kPa 下，蠕变曲线始终表现为衰减蠕变特性，但此时累计的轴向应变超过了 15%，试样已经破坏，故可将围压 400kPa 下天然黄土和饱和黄土的蠕变破坏偏应力分别确定为 890.16kPa 和 828kPa。

（3）各围压下的加荷瞬时均产生瞬时应变，围压相同时，瞬时应变量随着应力水平的增高而增大。瞬时应变之后为蠕变变形期，蠕变变形初期的应变率很大。对于衰减蠕变情况，蠕变率随着时间的增长逐渐降低，最后趋于稳定，而对于非衰减蠕变情况，蠕变率经历了衰减—等速—加速三阶段。

（4）选取的围压和轴压足以代表研究区黄土斜坡的天然应力状态，因此，天然黄土蠕变试验曲线的特征表明，在天然状态下，研究区黄土斜坡在漫长的地质历史中已经完成了坡体蠕变，是稳定的，但在加载到特定应力水平后仍然发生非衰减蠕变导致坡体破坏。

（5）与天然含水量黄土的蠕变试验曲线相比，相同围压下，饱和黄土在更低的偏应力水平下发生破坏，偏应力水平相等时，饱和黄土的蠕变量远远大于天然含水量黄土，表明灌溉后，黄土更易发生蠕变变形和破坏。

b. 应力应变等时曲线

将蠕变曲线做适当变换可达到应力应变等时曲线（图 4.20 和图 4.21），应力应变等时曲线显示如下特征。

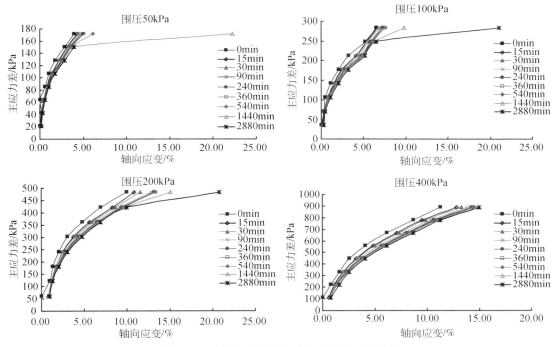

图 4.20　天然含水量黄土应力应变等时曲线图

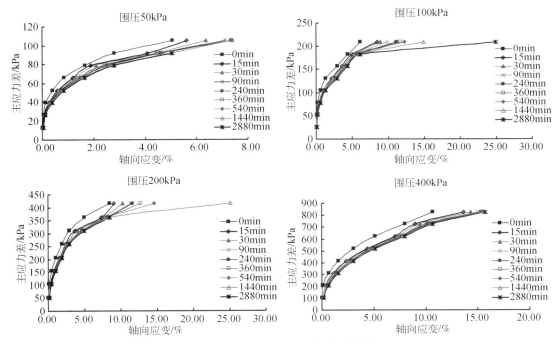

图 4.21　饱和黄土应力应变等时曲线图

（1）各围压下的等时应力应变曲线可见明显拐点。拐点前曲线较陡，线性较好，变形模量大，过了拐点后，曲线变为非线性，斜率急剧减小，变形模量变小，最后曲线成为缓倾直线，变形模量成常值。这些特征表明，黄土具有黏-弹-塑性变形特征，拐点处所对应的就是屈服应力点 σ_s，天然黄土各围压对应的屈服应力 σ_s 均在第三级荷载附近，即 64.23kPa、106.11 kPa、180.81kPa 和 333.81kPa，饱和黄土各围压对应的屈服应力 σ_s 则在第二级荷载附近，即 26.28kPa、52.24 kPa、103.64kPa 和 207kPa。与同样围压下天然含水量黄土的屈服应力相比，饱和黄土的屈服应力大幅度减小。

（2）在相同围压作用下，随着时间的增长，等时应力应变曲线向应变轴偏转的程度增大，最终汇成一簇重合度很高的曲线，表明研究区天然黄土在受外力较长时间达到变形稳定后，其应力应变关系具有归一化特征。

（3）轴向应变随着围压增大而增大，表明下部黄土比上部黄土的容许蠕变量更大。

3）流变本构模型

建立能真实反映黄土蠕变特性的本构模型，对于研究黄土滑坡形成机理具有重要意义。

首先，采用经验方程法进行各围压下的蠕变曲线的拟合，建立天然黄土和饱和黄土的流变本构模型（表4.9）。

表4.9　对数函数拟合天然及饱和黄土本构方程表

围压 /kPa	系数	天然黄土		饱和黄土	
		本构方程	R_2	本构方程	R_2
50	a	$a = 0.0626e^{0.0259\sigma}$	0.9957	$a = 0.0626e^{0.0259\sigma}$	0.9957
	b	$b = -7 \times 10^{-6}\sigma^2 - 4 \times 10^{-5}\sigma - 0.0007$	0.9893	$b = -4 \times 10^{-5}\sigma^2 - 1.4 \times 10^{-3}\sigma - 0.0163$	0.9797
	c	$c = -1 \times 10^{-5}\sigma^2 - 0.0089\sigma + 0.2013$	0.9849	—	—
100	a	$a = 0.0991e^{0.0163\sigma}$	0.9759	$a = 0.0991e^{0.0163\sigma}$	0.9759
	b	$b = -6 \times 10^{-6}\sigma^2 + 0.0003\sigma - 0.0122$	0.9984	$b = -6 \times 10^{-6}\sigma^2 - 0.0002\sigma + 0.0028$	0.9714
	c	$c = -2 \times 10^{-5}\sigma^2 - 0.0007\sigma + 0.0075$	0.9948	—	—
200	a	$a = 0.5018e^{0.0062\sigma}$	0.9981	$a = 0.5018e^{0.0134\sigma}$	0.9745
	b	$b = -3 \times 10^{-6}\sigma^2 + 0.0003\sigma - 0.0228$	0.9988	$b = -5 \times 10^{-6}\sigma^2 + 0.0009\sigma - 0.0517$	0.9924
	c	$c = -5 \times 10^{-6}\sigma^2 - 0.0002\sigma + 0.0181$	0.9959	—	—
400	a	$a = 0.4059e^{0.004\sigma}$	0.9864	$a = 0.0721e^{0.0068\sigma}$	0.9401
	b	$b = -3 \times 10^{-7}\sigma^2 - 0.0003\sigma + 0.0215$	0.9961	$b = -9 \times 10^{-7}\sigma^2 + 0.0002\sigma - 0.0532$	0.9901
	c	$c = -3 \times 10^{-6}\sigma^2 - 0.0005\sigma + 0.0412$	0.9973	—	—

但是经验型本构方程缺乏明确的物理意义。因此，在西原模型的牛顿体 η_1 上再串联一个虎克体 E_3，得到6个元件的改进西原模型（图4.22）。使用该模型对所有蠕变试验曲线和等时曲线进行拟合，得到拟合参数（表4.10 和表4.11）。

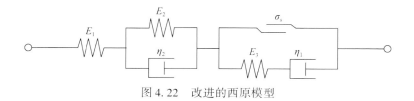

图 4.22　改进的西原模型

表 4.10　天然状态黄土的改进西原模型拟合参数表

围压 σ_3 /kPa	E_1 /kPa	E_2 /kPa	E_3 /kPa	η_1 /(kPa·min)	η_2 /(kPa·min)	相关系数 R
50	127.60104	180.96921	22.462633	3.748709E+05	6543.7034	0.9968486
100	141.05375	209.71697	25.095779	3.351093E+05	6845.9403	0.9976294
200	168.87097	255.05077	34.483348	5.826828E+05	7349.29	0.9981319
400	197.68258	394.94393	51.896856	9.036397E+05	13461.418	0.9977577

表 4.11　饱和状态黄土的改进西原模型拟合参数表

围压 σ_3 /kPa	E_1 /kPa	E_2 /kPa	E_3 /kPa	η_1 /kPa·min	η_2 /kPa·min	相关系数 R
50	97.654171	79.737671	10.912086	1.988471E+05	1441.3699	0.9954004
100	140.51959	110.52333	15.764381	3.097396E+05	2751.3443	0.9955088
200	174.17019	205.78097	26.296968	4.894140E+05	3788.5039	0.9981319
400	204.87983	289.00366	45.247474	8.381689E+05	4627.1669	0.9931539

　　由拟合结果可知，在不同的围压下，模型参数各不相同，这是因为拟合使用的模型实际上是一个一维模型，理论上这种一维模型只应用于单轴蠕变试验的拟合，而用一维模型去研究三轴试验的结果，理论上是有瑕疵的。但事实上，迄今为止却还没有人通过三维试验总结出三维经验模型，也没有用元件组合成一个三维组合模型。因此，目前对于三轴流变试验数据的处理，大多仍沿用一维模型进行研究，对于不同围压下的参数差异性极少有人进行分析和研究，反而是通过求取各围压下的参数平均值来忽略围压的影响。然而，经各拟合参数与围压进行回归分析，发现改进西原模型各参数与围压基本呈线性关系。因此，可以将改进西原模型的各参数用下式表示：

$$E_1=a_1\sigma_3+b_1,\quad E_2=a_2\sigma_3+b_2,\quad E_3=a_3\sigma_3+b_3,\quad \eta_1=a_4\sigma_3+b_4,\quad \eta_2=a_5\sigma_3+b_5,\quad \eta_3=a_6\sigma_3+b_6。$$

根据线性拟合结果可以得到 12 个参数，a_i 和 b_i 见表 4.12。

表 4.12　改进西原模型 12 参数模型参数表

	a_1	a_2	a_3	a_4	a_5	a_6
天然黄土	0.20	0.61	0.09	1647.90	20.23	1.13
饱和黄土	0.28	0.60	0.10	1805.70	8.23	1.17
	b_1	b_2	b_3	b_4	b_5	b_6
天然黄土	121.68	145.70	17.38	240101.00	4758.00	36.01
饱和黄土	102.16	58.17	6.13	120473.15	1608.54	0.81

　　将上述参数与围压的关系式代入改进西原模型的表达式中，可以得到一个较"完整"的 12 参数模型，对各围压下，各应力水平下的蠕变曲线进行预测，从而得到各围压下多

级应力水平的完整蠕变曲线，作出模型计算结果与试验数据的对比图（图 4.23 和图
4.24）。由此可见，模型预测的准确度较好，使用 Matlab 可求出整体相关系数，天然含水
率模型计算与试验数据的整体相关系数 $R=0.99797$，饱和状态为 $R=0.993793$。

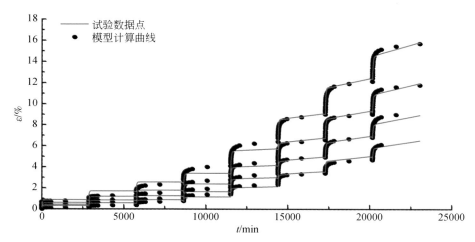

图 4.23　天然含水率改进西原模型计算曲线与试验数据对比图

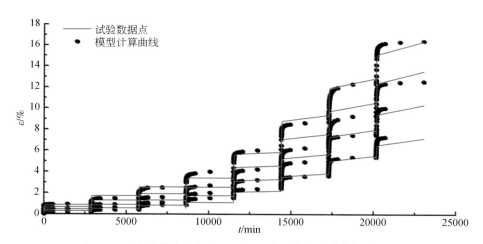

图 4.24　饱和状态改进西原模型计算曲线与试验数据对比图

2. 控制基质吸力的蠕变试验

1）试验仪器

本次试验仪器采用改进型 FSR-60 非饱和土蠕变仪（照片 4.3），为提高测量精度和长期
稳定性，在 FSR-60 蠕变仪基础上，新增了气压伺服控制系统，配合砝码加载方式，以保证
长时间工作时轴力、孔隙气压保持稳定，同时对传感器进行升级，传感器精度提高至
0.1% FS。

照片 4.3　FSR-60 非饱和土蠕变仪

2）试验方案

为研究不同基质吸力下不同应力水平黄土的蠕变特性，控制基质吸力分别开展不同围压下的非饱和蠕变试验，考虑到黑方台黄土的天然含水量，结合水土特征曲线、渗透系数、黄土自重荷载等特性，控制基质吸力分别为 25kPa、50kPa 及 100kPa，围压分别取 50kPa、100kPa 及 150kPa。

（1）试验加载方式。采用单试件分级加载法进行加载。试验完毕后，将分级加载下得到的蠕变曲线转化为分别加载形式下的曲线以研究土的蠕变特性。

（2）蠕变稳定标准。采用试样在 1d 内的变形量小于 0.01mm 作为蠕变稳定的标准。

（3）排水条件的选择。考虑到控制基质吸力下的黄土蠕变试验过程中，土体内部水分不断地进行调整，当孔隙水压力较大时，土体处于排水状态，反之则处于吸水状态，为满足试验过程中稳定基质吸力的要求，需打开排水阀门，以助于试样基质吸力的调节。

（4）试验步骤。蠕变试验的步骤主要包括制样、控制基质吸力、固结、加载等几个方面，其具体操作过程如下。

（1）试样制备：试样采用 Φ61.8mm×H125mm 的原状土样，制备过程中在尽量避免土样扰动的前提下利用削土刀将土样削成规定大小的圆柱体。

（2）饱和陶土板：先不加装试样，在压力室各个阀门都关闭的前提下，向压力室内充满无气水，打开压力室排水阀门，施加室压力 300～400kPa，直到排水阀有较多的水排出。

（3）冲洗陶土板下积聚的气泡：打开充水阀门，让无气水流过陶土板下面的螺旋槽，冲洗 30s 后，关闭充水阀门，实验过程中也应适当冲洗陶土板下聚集的气泡。

（4）试样安装：将土样安装于非饱和土蠕变仪上，调节活塞，使其与试样紧密接触，保持杠杆水平，旋紧螺母活塞顶部紧密接触。

（5）控制基质吸力：试样安装完毕后，施加围压，调节气压，利用轴平移技术控制土体的基质吸力。

（6）固结：当试样的基质吸力保持恒定后，对试样进行等向固结。

（7）施加偏应力，蠕变观测：采用一次加荷法施加偏应力。每一种固结压力水平，可施加多种不同大小的偏应力，对于每级偏应力观测时间历时 5～10d。

（8）数据整理、分析及拟合。

3）试验结果与分析

由于在试验过程中采用单试样分级加载法所得到的蠕变试验曲线不能直接利用，采用"坐标平移法"进行处理，应用 Boltzmann 线性叠加原理将分级加载所得到的曲线转换成分别加载下形成的应变-时间曲线（图4.25~图4.27）。

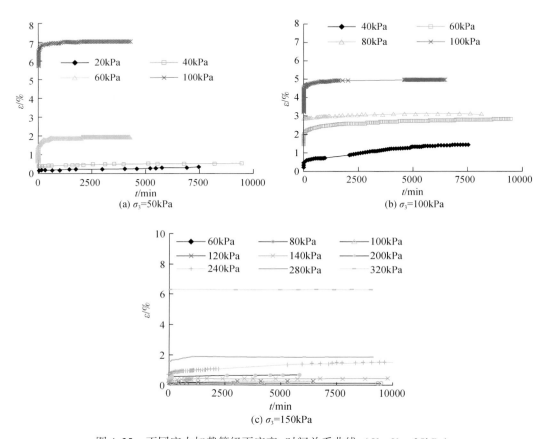

图 4.25　不同应力加载等级下应变-时间关系曲线（$U_a - U_w = 25\text{kPa}$）

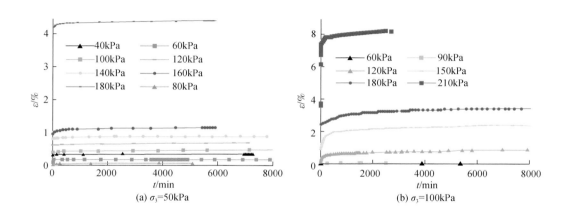

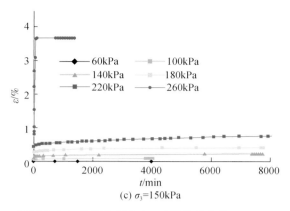

(c) σ_3=150kPa

图 4.26　不同应力加载等级下应变-时间关系曲线（$U_a - U_w$=50kPa）

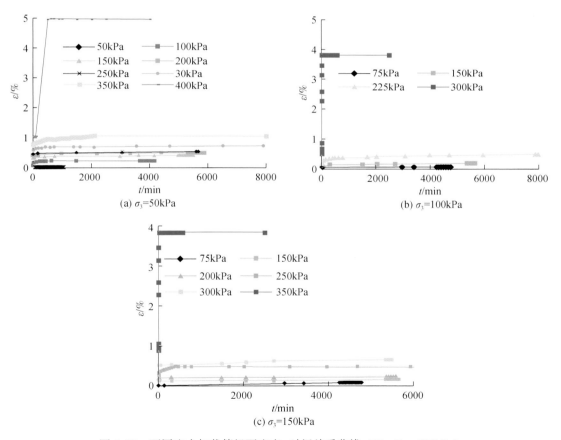

图 4.27　不同应力加载等级下应变-时间关系曲线（$U_a - U_w$=100kPa）

a. 不同应力加载等级对黄土应变-时间曲线的影响

为研究不同应力加载等级对黄土蠕变特性的影响，在基质吸力固定的情况下（$U_a - U_w$=25kPa，50kPa，100kPa），控制围压 σ_3 为 50kPa、100kPa 和 150kPa，施加法向荷载，对比分析了不同应力加载等级对土体蠕变曲线的影响。

（1）在任一级偏应力施加瞬间，试样均产生一定量的瞬时变形，其值随着所施加的偏应力水平增大而增大。以基质吸力 50kPa，围压 100kPa 作用下的试样为例，施加偏应力 60kPa 瞬时变形为 0%，施加偏应力 120kPa 瞬时变形为 0.112%，施加偏应力 150kPa 瞬时变形为 0.912%，施加偏应力 180kPa 瞬时变形为 2.44%，施加偏应力 210kPa 瞬时变形为 3.552%。

（2）从曲线形状来看，当偏应力水平<180kPa 时，变形随时间的增加逐渐增大，最后趋于稳定，在该过程中，应变速率随时间的增加逐渐趋近于零，即属于衰减蠕变，但应力水平较低时，从开始到趋于稳定所需的时间很短；随着偏应力水平的升高，蠕变变形量不断增大，变形趋于稳定所需的时间也越长，应变速率的衰减也随之减缓。以基质吸力 50kPa、围压 100kPa 作用下的试样为例，偏应力水平在 90kPa 以下时，变形在 2000min 内趋于稳定，变形量小于 0.7%；偏应力水平在 150kPa 以下时，变形在 5000min 内趋于稳定，变形量小于 2.5%；当偏应力达到 180kPa 时，变形达到稳定的时间在 8000min 以上，变形量达到 3.5%。

（3）当施加的偏应力水平>200kPa 时，先出现衰减蠕变，后为等速蠕变，即应变率为一定值时，变形以一恒定的速率增大，蠕变曲线近似直线发展。以基质吸力为 50kPa，围压为 100kPa 作用下的黄土试样为例，在 300min 以内为衰减蠕变，300min 以后为等速蠕变。

（4）当施加的偏应力达到 240kPa 时，其蠕变过程先由衰减蠕变转变为等速蠕变，最后出现加速蠕变，蠕变曲线为反"S"型，试样逐渐发生破坏。

（5）当施加的偏应力水平达到 300kPa 以上时，直接进入加速蠕变阶段，试样很快破坏。以基质吸力 100kPa、围压 100kPa 作用下的试样为例，在偏应力水平为 300kPa 时，试样在 50min 内迅速破坏，形变稳定在 3.792%。

（6）随着偏应力水平的逐渐增大，蠕变变形量逐级增加。在高偏应力水平作用下，部分试样几分钟内产生的变形量比低应力水平下多级累计的变形量还要多很多。以基质吸力 100kPa、围压 100kPa 的试样为例，在偏应力水平为 300kPa 时，试样 5min 内变形达到 0.56%，其他低偏应力水平下多级累计变形量为 0.46%。

（7）当施加的偏应力大小小于土体的结构强度时，试样变形较小，并具有一定程度的可恢复性，当施加的偏应力大小大于土体的结构强度时，土体的结构单元更加紧密，内部接触点的数目和面积均增大，土体的强度随时间的增加有一个提高的过程。

在施加第一级偏应力时，由于土体结构比较疏松，土粒间孔隙大，易发生相对滑动，在较短时间内就能达到新的平衡，所以在较短时间内趋于稳定。随着偏应力的增加，土体结构不断变得密实，土粒间的摩擦力变大，土颗粒需经过较长的时间才能够移动到新的位置，达到新的平衡。当偏应力增加到一定程度时，颗粒移动难以达到平衡，土样发生破坏。

b. 围压对黄土应变–时间曲线的影响

在基质吸力固定的情况下（$U_a - U_w = 25kPa$、50kPa、100kPa），控制围压 σ_3 为 50kPa、100kPa 和 150kPa 的情况下逐级施加荷载，对比分析了围压对黄土蠕变特性的影响（图

4.28 ~ 图 4.30）。

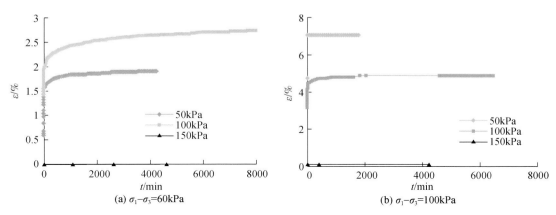

(a) $\sigma_1 - \sigma_3 = 60\text{kPa}$　　　　　　　(b) $\sigma_1 - \sigma_3 = 100\text{kPa}$

图 4.28　不同围压下应变-时间曲线（$U_a - U_w = 25\text{kPa}$）

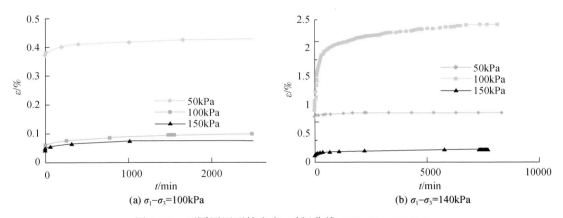

(a) $\sigma_1 - \sigma_3 = 100\text{kPa}$　　　　　　　(b) $\sigma_1 - \sigma_3 = 140\text{kPa}$

图 4.29　不同围压下的应变-时间曲线（$U_a - U_w = 50\text{kPa}$）

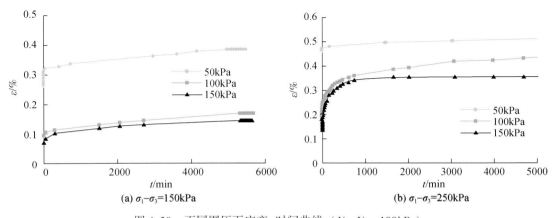

(a) $\sigma_1 - \sigma_3 = 150\text{kPa}$　　　　　　　(b) $\sigma_1 - \sigma_3 = 250\text{kPa}$

图 4.30　不同围压下应变-时间曲线（$U_a - U_w = 100\text{kPa}$）

（1）在这三种围压情况下的应变-时间曲线的趋势大致是一样的，围压与试样产生的变形量成反比，即围压越大，产生的变形量越小。

（2）在较低的偏应力水平下，试样经过较小变形后，土体的应力-时间关系曲线很快达到稳定；当施加的偏应力水平较大，且在高围压作用下，土体的应力-时间关系曲线要经过一段不稳定变形才能较快达到稳定。

（3）低围压作用下的土体产生的变形量较大，变形达到稳定所需的时间较长。这是由于在较低的围压下，土体周围受到的力较小，在一定外力的作用下，土颗粒易向四周移动，试样破坏后未产生明显的破坏面，以轴向的压缩变形为主，试样易发生侧向鼓胀，因此，其变形量相对于较大围压下要大，土体达到稳定所需的时间也越长。

（4）当试样的基质吸力较高时，土体所对应的应变较大。

c. 基质吸力对黄土应变-时间曲线的影响

在围压 σ_3 分别为 50kPa、100kPa、150kPa 的情况下，控制基质吸力（$U_a - U_w$）为 25kPa、50kPa 和 100kPa，逐级施加荷载，依据线性叠加原理得到蠕变曲线（图4.31），对比分析了不同基质吸力对黄土蠕变特性的影响规律。

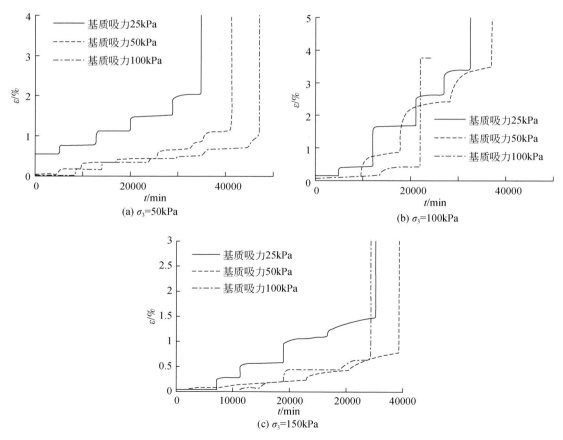

图 4.31　不同围压下分级加载得到的蠕变归一化曲线

（1）不同基质吸力下蠕变曲线的趋势大致类似。在较低偏应力水平下，应变经过较短时间的增加后，很快达到稳定；当偏应力水平较大时，应变经过一段不稳定上升后，也逐渐趋于稳定，但相对于低偏应力水平，其稳定时间较长。

（2）围压和偏应力水平一定的情况下，土体的变形量随基质吸力的增加而减小。当基质吸力较高时，土体产生的变形量较小，应变很快达到稳定；而基质吸力较低时，土体产生的变形量较大，应变达到稳定所需的时间较长。

（3）当基质吸力较高时，土体孔隙中的含水量较低，土颗粒间的摩擦力较大，土体强度较大，因此，土体变形量较小；当土体的基质吸力较低时，土体孔隙中的含水量较高，土颗粒间的有效应力减少，土体的强度降低，且土孔隙中的水对土颗粒的润滑作用减少了土颗粒间的摩擦力，促进了土体的变形，其变形量相对于基质吸力较大的土体要大，土体达到稳定所需要的时间也越长。

　　d. 不同基质吸力下黄土的应力–应变等时曲线

根据不同基质吸力条件下的黄土三轴蠕变排水试验数据得到应力应变等时曲线（图4.32～图4.34）。由图可以知黄土应力应变等时曲线具有如下规律。

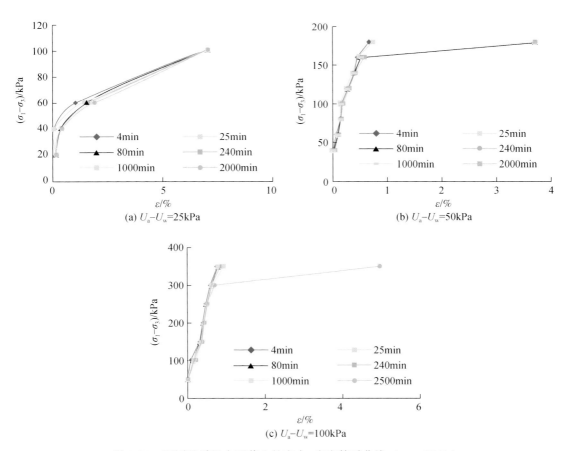

图4.32　不同基质吸力下黄土的应力–应变等时曲线（$\sigma_3 = 50$kPa）

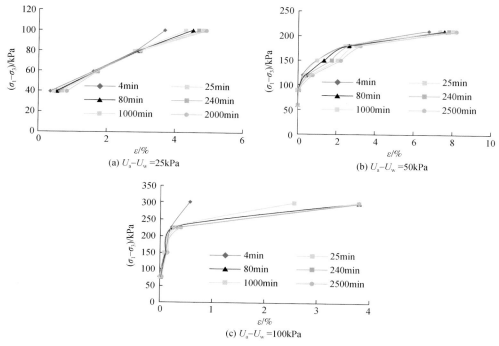

图 4.33　不同基质吸力下黄土的应力–应变等时曲线（$\sigma_3 = 100\text{kPa}$）

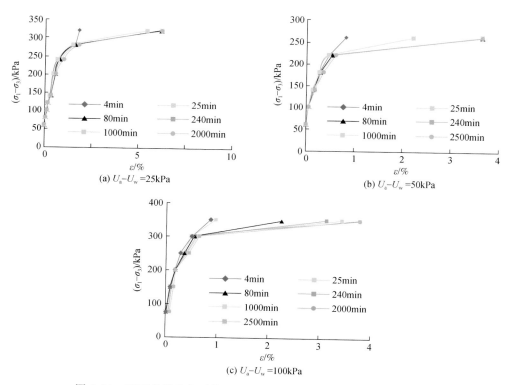

图 4.34　不同基质吸力下黄土的应力–应变等时曲线（$\sigma_3 = 150\text{kPa}$）

（1）不同围压和偏应力组合条件下，黄土的等时曲线随着时间的增长均有向应变轴靠近的趋势，说明应变量随时间的增长而逐渐增大。

（2）等时曲线在较低应力水平下基本呈线性关系，表现为线性黏弹性的特点；在较高应力水平下变为曲线，且应力水平越高，曲线化越显著，非线性特征也越明显，表现出非线性黏塑性的特点。

（3）等时曲线中直线段与曲线段的拐点所对应的应力与围压之和就是黄土的屈服应力，当基质吸力及围压较大时，土体的屈服力较大。

（4）各时刻应力–应变等时曲线集合成曲线簇，不同时间曲线簇曲线形态特征基本一致，这说明研究区黄土具有良好的一致性蠕变形特征。

e. 不同基质吸力下黄土的长期强度

一般情况下，当荷载达到峰值强度时，土体发生破坏；在土体承受荷载低于其峰值强度的情况下，如持续作用较长时间，由于蠕变作用，土体也可能因时效变形而发生破坏。因此，土的强度是随外载作用时间的延长而降低，通常把作用时间的强度 $t \rightarrow \infty$ 的强度 S_∞ 称为土体长期强度。从不同应力水平下应力–应变等时曲线得到，对应于 t_∞ 时刻的水平渐近线在纵轴上的截距，即为所求长期强度。由等时曲线（图 4.32 ~ 图 4.34）可以看出，在低应力情况下，曲线之间的间距较小，在该点之前可以认为试样的变化无时间效应，随着应力的加大，曲线簇间距逐渐变大，这表明试样应力应变的时间效应逐渐加强，并在某一点曲线簇出现显著弯曲，可以认为是该点的长期极限抗剪强度值。以基质吸力 50kPa 围压 150kPa 为例，在 $\sigma_1 - \sigma_3$ 为 220kPa 出现拐点，拐点过后各曲线之间的间距加大，时间效应逐级明显，变形趋于不稳定，因此，以 220kPa 作为长期强度。绘制试样在基质吸力分别为 25kPa、50kPa、100kPa 的应力莫尔圆（图 4.35），并得到相应的抗剪强度指标，其抗剪强度与法向应力的拟合关系表达式为式（4.1）~ 式（4.3）。

$$\tau = 17.2 + \sigma \tan 16.5° \tag{4.1}$$

$$\tau = 34.5 + \sigma \tan 17.8° \tag{4.2}$$

$$\tau = 52.7 + \sigma \tan 23.1° \tag{4.3}$$

由式（4.1）~ 式（4.3）可看出，黄土的抗剪强度随基质吸力的增加而增加。当土体的基质吸力较低时，土体内部的含水量较大，土颗粒间的摩擦力较小，颗粒表面结合水膜增厚，原始黏聚力减小，从而使土体的抗剪强度降低。当土体的基质吸力较大时，土体内部的含水量较小，土颗粒间的摩擦力较大，颗粒表面的结合水膜较薄，土体原始黏聚力增大，从而提高了土体抗剪强度。

4）蠕变本构模型

从控制基质吸力的蠕变曲线可知，在任一级荷载作用下都存在瞬时变形，故可采用一个弹性元件来模拟该现象。当剪应力较低（小于长期强度）时，随着时间的增长，应变速率逐渐降低，并以近似负指数的形式趋于某一渐近线，这种性质可采用 Kelvin 体来模拟。将弹性元件和 Kelvin 体串联起来，可以反映蠕变形的瞬时变形和减速变形阶段，也即著名的 Bugers 模型，其元件组合形式见图 4.36。

当剪应力大于长期强度时，将出现匀速蠕变，并最终进入加速阶段而破坏，因此，在

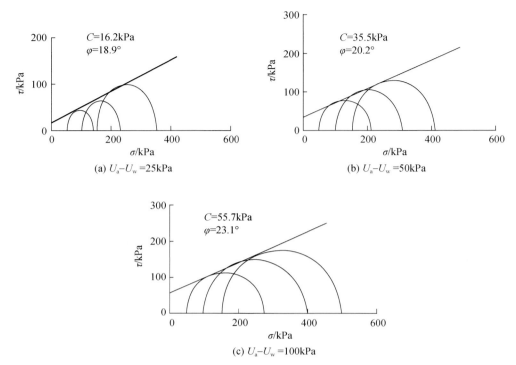

图 4.35　不同基质吸力下黄土的应力莫尔圆

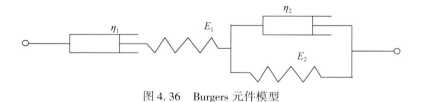

图 4.36　Burgers 元件模型

上述模型基础上再串联一个黏性元件就可以模拟匀速蠕变阶段。这样，模拟瞬时变形的弹性元件和模拟匀速蠕变的黏性元件串联，构成了 Maxwell 体。但采用该黏弹性模型很难准确地反映加速蠕变过程。其 Burgers 模型的蠕变方程为

$$\varepsilon = \frac{\sigma}{E_1} + \frac{\sigma}{\eta_1}t + \frac{\sigma}{E_2}\left[1 - \exp\left(-\frac{E_2 t}{\eta_2}\right)\right] \tag{4.4}$$

Buegers 模型中共 4 个参数：E_1，E_2，η_1，η_2。令 $A = \frac{\sigma}{E_1}$，$B = \frac{\sigma}{\eta_1}$，$C = \frac{\sigma}{E_2}$，$D = \frac{E_2}{\eta_2}$，则式 4.4 可改写为

$$\varepsilon = A + Bt + C\left[1 - \exp\left(-Dt\right)\right] \tag{4.5}$$

利用回归方程求得 A、B、C、D，进而可以得到 Maxwell 体和 Kelvin 体的蠕变模型参数（表 4.13）和拟合图（图 4.37）。由表 4.14 和图 4.37 可以看出，Burgers 模型的拟合

效果较好，能够反映出非饱和黄土在不同基质吸力条件下蠕变的时形变形情况。

表 4.13　Buegers 蠕变模型参数

基质吸力/ kPa	围压 σ_3/ kPa	P/ kPa	E_1/ kPa	E_2/ kPa	η_1 /（kPa·min）	η_2 /（kPa·min）
25	50	65.0	738.6	2149.5	2.7E+06	2.0E+04
		71.7	229.7	1433.3	3.6E+06	1.6E+05
		78.3	101.6	78.5	1.8E+06	4.2E+07
	100	111.7	1744.8	2233.3	4.7E+06	9.4E+07
		125.0	187.9	1188.7	3.3E+06	6.1E+07
	150	165.0	1115.7	5782.8	2.2E+07	1.1E+09
		171.7	660.0	2666.5	1.2E+07	3.5E+09
		205.0	301.2	953.7	3.3E+06	1.6E+09
		218.3	145.9	695.6	3.4E+06	1.8E+09
50	50	96.7	10740.7	3717.9	3.8E+07	1.7E+09
		103.3	939.4	3444.4	2.7E+07	1.2E+09
		110.0	371.6	3437.5	2.6E+07	6.5E+09
		116.7	317.0	2592.6	1.9E+07	2.3E+09
		123.3	205.6	3379.0	1.6E+07	5.2E+09
		130.0	160.3	2452.8	1.2E+07	3.9E+09
		136.7	139.5	1510.6	9.8E+06	2.0E+09
	100	146.7	2933.3	8577.0	9.4E+06	2.0E+10
		156.7	745.4	375.3	4.1E+06	6.3E+08
		176.7	72.5	233.1	4.6E+06	3.7E+09
	150	200.0	724.6	3096.0	1.9E+07	1.1E+10
		223.3	491.4	2268.3	8.3E+06	4.3E+09
		236.7	391.5	1576.3	7.6E+06	2.5E+08
100	50	183.3	694.4	3900.7	1.2E+07	1.3E+08
		200.0	524.9	4464.3	1.8E+07	2.4E+09
		216.7	467.0	1888.9	1.9E+07	9.6E+08
		233.3	311.1	980.4	4.2E+07	2.5E+09
	100	216.7	4824.5	3945.9	2.0E+07	2.0E+09
		240.0	1111.1	1655.2	2.0E+07	3.5E+09
	150	266.7	2885.1	2254.2	1.7E+07	6.3E+08

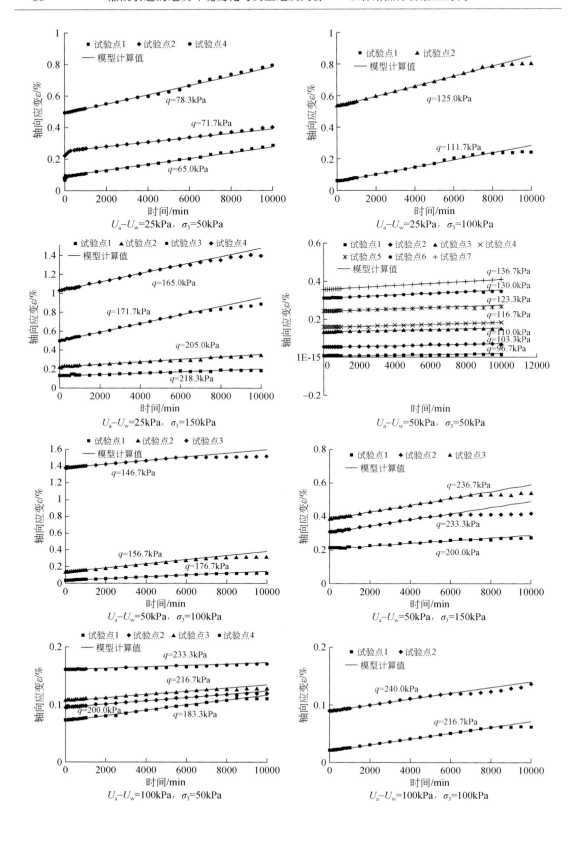

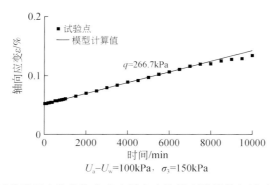

图 4.37　控制基质吸力的非饱和黄土蠕变本构模型计算值与试验值拟合对比图

4.3　黄土非饱和特性变化

　　上一节通过常规 CU 实验获取了全含水量序列的黄土抗剪强度参数,其理论基础是经典土力学理论。而黄土为固-液-气三相介质,属典型的非饱和土,其力学性质较为复杂,除凝聚力产生的结构强度和自重及外部有效应力作用产生的摩擦强度之外,还存在吸应力产生的吸附强度,不能简单用经典土力学的理论来阐述其工程性质,须采用非饱和土力学理论来研究黄土的力学性质。基质吸力及其对土体强度的贡献是非饱和土力学理论研究的核心,确定非饱和土的土水特征曲线、渗透率函数和吸应力特征曲线等水-力相互作用特征在非饱和土斜坡的渗流及稳定性评价中十分重要。首先采用 GDS 多功能测试系统和 TRIM 快速土水特征测试系统分别量测了非饱和黄土的部分土水特征曲线(SWCC),并采用经验公式拟合出完整的 SWCC、渗透率函数和吸应力特征曲线;再借助 GDS 多功能测试系统,通过控制基质吸力的三轴剪切试验获取非饱和土的抗剪强度参数。

4.3.1　土水特征曲线与渗透系数函数

　　土水特征曲线(SWCC)反映土的含水量与基质吸力之间的关系,是研究非饱和土工程性质的重要工具,可以用来求得相对更难测量的非饱和土抗剪强度、渗透性、扩散以及吸附系数等土性参数。用试验和理论推导获取非饱和土水-力特征的方法很多,常用的土水特征曲线测试方法有:①轴平移技术(如 Tempe 仪、压力板仪和改进的 ASTMD6836 三轴仪);②各式张力计;③热电偶湿度计法;④滤纸法;⑤冷镜湿度计法;⑥恒温箱法(Hilf,1956;Spanner,1951)。但是一般来说,现有的实验室吸力测量或控制方法十分耗时,所能测量的吸力范围也受到限制。此外,大多数试验方法最适合确定脱湿状态的土水特征曲线,如 Tempe 仪、压力板仪。然而,吸湿状态才能更好地描述降雨或灌溉之后斜坡短期内入渗和径流现象。因此,本次在 GDS 多功能测试系统的基础上,结合美国科罗拉多矿业大学卢宁开发研制的瞬态脱湿与吸湿试验装置,可在 5~8d 时间内同时测量做出脱湿和吸湿条件下的土水特征曲线和渗透系数函数。

1. GDS 多功能测试系统土水特征曲线测试

1）GDS 多功能测试方法

通常用于直接量测基质吸力的装置有两种，即张力计和轴平移装置。张力计利用高进气值陶瓷板作为量测系统和土中负孔隙水压力的分界面，在室内及野外均能使用。当土和量测系统之间达到平衡时，张力计中的水将同土中的孔隙水具有相同的负压。由于张力计能够测定的孔隙水压力最小值约为-90kPa，当孔压更小时，张力计中的水可能出现气蚀现象，这在干燥黄土中是普遍现象。因此，试验中同时采用 GDS 三轴剪切系统（照片4.4）中的轴平移装置测量基质吸力，从而获取土水特征曲线。具体方法是在装好三轴试样后，采用滴水法逐级增湿，量测试样底部的基质吸力，之后拆除装置，取余土测平均含水量，从而绘制曲线。由于同步增大孔隙气压力和孔隙水压力，使得孔隙水压力为正值，避免了水的汽化，但两者之差即基质吸力保持不变。

照片4.4　GDS 多功能三轴测试系统

2）测试结果

图4.38是张力计和轴平移装置量测的低基质吸力区段的土水特征曲线。张力计量测曲线表明，在低基质吸力范围内，以质量含水量等于19%和30.8%为临界点，土水特征曲线分为三段：当含水量处在大于30.8%的近饱和区间时，曲线较平缓，说明基质吸力对含水量的变化较敏感，轻微的含水量改变就会引起基质吸力的突变；当含水量小于30.8%而大于19%时，曲线变陡，含水量变化对基质吸力的影响减弱；当含水量小于19%而大于11.9%时，曲线又变平缓。受仪器本身的限制，未能直接量测高吸力范围的曲线，这部分将通过后续的拟合来弥补。

轴平移装置的主要目的是量测孔隙水压力低于-90kPa 情况下的曲线，因此，未量测接近饱和含水量的试样。对比两条曲线可见，两种方法量测的曲线形态接近，但轴平移装置量测曲线在张力计曲线的下方，表明相同含水量下轴平移装置量测的基质吸力更小。造成这种现象的原因是两种方法中含水量的变化方向不同，张力计法是先制取饱和黄土试样，然后逐级自然风干脱湿，量测对应的基质吸力，得到的是减湿土水特征曲线；轴平移装置法则在三轴仪上采用滴水法制取不同含水量的试样，得到的是增湿土水特征曲线，而同种土体的减湿土水特征曲线均位于增湿曲线的上方（Fredlund and Xing，1994）。

3）土水特征曲线的拟合

试验量测的仅为低基质吸力下的土水特征曲线，尚缺乏高基质吸力下的曲线。采用各种拟合公式对试验曲线进行拟合就可获取完整的土水特征曲线，从而预测抗剪强度参数、渗透系数等非饱和土性参数。

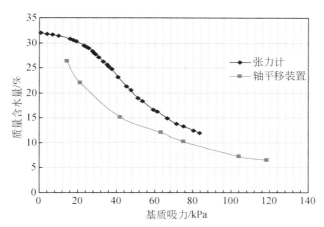

图 4.38　GDS 多功能测试系统黄土土水特征曲线

拟合的方法主要包括经验公式法、土壤转换函数法、物理经验模型、土水特征曲线的分形模型等。目前最常用的方法是经验公式法，常见的有 Brooks-Corey 公式、Gardner 公式、Campbell 公式、Van Genuchten 公式、Fredlund and Xing 公式等。将试验数据用 Gardner 公式、Van Genuchten 公式和 Fredlund and Xing 公式进行拟合。

a. Gardner 公式拟合

W. R. Gardner 于 1958 年提出土水特征曲线预测模型，其具体形式为

$$\theta_{w} = \theta_{r} + \frac{\theta_{s} - \theta_{r}}{1 + \left(\dfrac{\psi}{a}\right)^{b}} \tag{4.6}$$

式中，θ_{w} 为含水量，%；ψ 为基质吸力，kPa；θ_{s} 为饱和含水量，%；θ_{r} 为残余含水量，%；a 为与进气值有关的参数，kPa；b 为在基质吸力大于进气值之后与土体脱水速率有关的土参数。

b. Van Genuchten 公式拟合

Van Genuchten 于 1980 年提出了简化的 S 形曲线模型，可以从模型导出计算土壤非饱和导水率的分析函数，从而使该模型得到了广泛的应用。Van Genuchte 模型的具体形式为

$$\theta_{w} = \theta_{r} + \frac{\theta_{s} - \theta_{r}}{\left[1 + \left(\dfrac{\psi}{a}\right)^{b}\right]^{c}} \tag{4.7}$$

式中，θ_{w} 为含水量，%；ψ 为基质吸力，kPa；θ_{s} 为饱和含水量，%；θ_{r} 为残余含水量，%；a 为与进气值有关的参数，kPa；b 为在基质吸力大于进气值之后与土体脱水速率有关的土参数；c 为与残余含水量有关的参数。

c. Fredlund and Xing 公式拟合

Fredlund 和 Xing（1994）提出基于土体孔径分布函数的模型，该方程适用于较大范围（$0 \sim 10^{6}$ kPa）的基质吸力量测，在拟合 SWCCs 方面取得了好的效果。Fredlund and Xing 模型的具体形式为

$$\theta_{w} = \theta_{r} + \frac{\theta_{s} - \theta_{r}}{\left\{\ln\left[e + \left(\dfrac{\psi}{a}\right)^{b}\right]\right\}^{c}} \tag{4.8}$$

式中，θ_w 为含水量，%；ψ 为基质吸力，kPa；θ_s 为饱和含水量，%；θ_r 为残余含水量，%；a 为与进气值有关的参数，kPa；b 为在基质吸力大于进气值之后与土体脱水速率有关的土参数；c 为与残余含水量有关的参数。

　　三种公式拟合的结果见图 4.39，各模型的参数见表 4.14。图 4.14 表明，Gardner、Van Genuchten 和 Fredlund and Xing 这三种经典模型可对黑方台地区黄土的土水特征曲线进行有效拟合，同时表明随着含水量的增大，基质吸力减少。

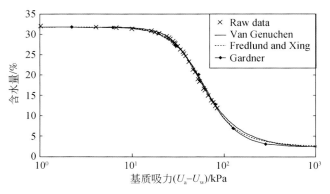

图 4.39　黑方台黄土土水特征曲线拟合图

表 4.14　土水特征曲线拟合参数统计表

模型 ＼ 拟合参数	a /kPa	b	c
Gardner 公式	61	2.4	—
Van Genuchten 公式	40	3.2	0.45
Fredlund and Xing 公式	53	2.5	2

2. TRIM 快速土水特征测试

1）TRIM 快速土水特征测试

照片 4.5　TRIM 快速图水特征测试装置

　　通过 TRIM 快速土水特征测试装置（照片 4.5）测试高分辨率瞬态流出量作为目标函数，结合数值模拟方法求解 Richards 方程，其中，用于确定土水特征曲线和渗透系数函数的土体参数可通过反演模拟方法计算。该装置既可用于吸力突然增加的脱湿过程，也可用于吸力突然减小的吸湿过程。如果突然增加土样的吸力，可观察到孔隙水从土样流出，土的含水量随时间减小，直至系统内的水头差为 0，并达到稳定流动状态。与此相反，如果突然降低土样的吸力，水被吸入土样，土的含水量增加。因为含水量的变化可以通过电子天平做精确的记录，由此可获得用于反演模拟计算的含水量随时间的变化曲线。瞬态脱湿与吸湿测试方法的原理见图 4.40。假设通过轴平移技术突然对一个土样施加一个较大的吸力改变量，土样中流出和流入的瞬态流量是各种土特有的时间函数关系，该函数由土的扩散性、高进气值陶瓷板和系统配置完全控制。由于系统使用了高进气值陶瓷板，其水理性质和阻力可以明确地考虑。

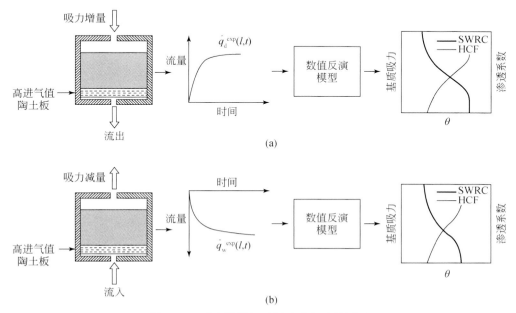

图 4.40　瞬态脱湿与吸湿试验方法的原理

试验步骤为以下四步。

（1）通过施加小压力 0 ~ 15kPa，从 0 逐渐增大，如果天平记录的值增加则认为该压力值为土样的初始进气值，可用来后期估算 α 参数。

（2）待小压力下流出水的质量稳定，即可施加大压力，设定为 290kPa，使土样在大压力下经过一定时间出水量不再随时间的增加而增加，即可认为大压力下的试验终止。大压力设定为 290kPa 的原因是陶土板的进气值为 300kPa，如果试验压力大于 300kPa，则气体通过陶土板，试验就没有意义。

（3）然后进行冲洗，冲洗的原因是试验整个过程中会有一定的气泡溶于水中，而在外部跟空气接触时就会释放出来，其次试验土样中可能也会有一定的气体排除，所以必须冲洗，通过集气瓶记录冲洗的气泡体积，作为后期反演修正的一个参数设置，此时天平归 0。

（4）待压力室中无气泡溢出时，关掉排水阀门，将压力卸荷到 0，打开排水阀门，土样由于跟陶土板之间的接触，故下部会产生一定的负压，使水倒吸，待吸水质量不再增加时，可作为试验终止的条件。

2）测试结果

图 4.41 为 TRIM 试验所记录的曲线，*AB* 段为小压力记录试验曲线，*BC* 段为大压力记录试验曲线，冲洗数据已经删掉，*CD* 段为天平归 0；*DE* 段为吸湿实验曲线，整个过程历

时 7d 时间。

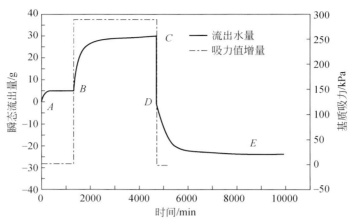

图 4.41　TRIM 试验装置测试曲线

　　采用试验装置中自带的 Hydrus-1D 程序分别对脱湿和吸湿过程数据采用 Van Genuchten
公式（1980）和 Mualem 公式（1976）、Lu ning 吸应力模型进行拟合（图 4.42 和图
4.43），分别得到完整的脱湿、吸湿状态下的土水特征曲线（SWCC）、渗透系数函数
（HTC）及吸应力特征曲线（SSCC）（图 4.44 ~ 图 4.46）。

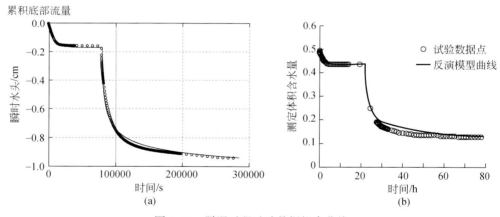

图 4.42　脱湿过程试验数据拟合曲线
（a）排出水量历时拟合关系曲线；（b）体积含水率历时拟合曲线

　　由图 4.44 可以看出，脱湿与吸湿条件下土水特征曲线均为下凹型，两者单调性基本
相同，但是差异明显，同一体积含水率下，脱湿条件下的基质吸力大于吸湿条件下的基质
吸力，脱湿条件下的饱和体积含水率大于吸湿条件下的饱和体积含水率。在脱湿状态下，
土从饱和状态逐渐向非饱和状态改变，渗透系数以指数型减小，初始的饱和渗透系数为
1.0E-4，当体积含水率逐渐减小到 0.345 时，渗透系数趋近于 1.0E-6，含水率持续减小，
渗透系数不变。而在增湿状态下，土从残余含水率开始逐渐增大，当达到 0.26 时，曲线
开始出现变化，渗透系数从 1.0E-6 逐渐增大，当体积含水率达到 0.39 时，渗透系数达到

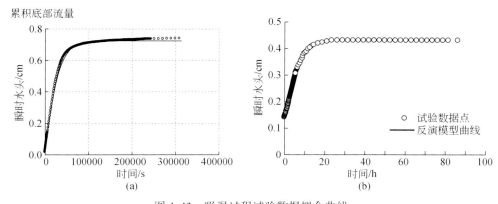

图 4.43　吸湿过程试验数据拟合曲线

（a）排出水量历时间拟合曲线；（b）体积含水率历时拟合曲线

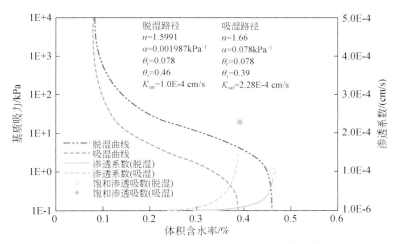

图 4.44　干湿条件下土水特征曲线及其渗透系数函数对比图

最大，即饱和渗透系数为 2.28E-4。

　　由图 4.45 和图 4.46 可知，无论是脱湿条件下还是吸湿条件下，基质吸力与吸应力变化趋势基本一致，但脱湿过程与吸湿过程相比存在滞后性。脱湿状态下，土体初始边界条件为饱和度 100%，逐渐在一定的压力下饱和度降低，当饱和度>56.5% 时，基质吸力与吸应力的曲线重合，而饱和度<56.5% 时，基质吸力与吸应力的曲线开始逐渐分开，当饱和接近残余含水率时，曲线差异明显，两者的差值达 20 倍（图 4.45）。究其原因，土体完全饱和时，孔隙水压力度量至固-液-气代表性单元体上导致吸应力值等于孔隙水压力，当孔隙水压力往负的方向增加时，土体饱和度开始降低，当饱和度降低至 56.5% 时，孔隙水压力与吸应力的一一对应关系崩溃，所以曲线开始分离。吸湿条件下，土体初始边界条件是饱和度接近残余含水率，依靠土中存在较大的负压而逐渐吸水，使饱和度增大，刚开始基质吸力与吸应力的差值在 100 倍左右，随着饱和度的增大，两者之间的差距逐渐减小，其临界点在饱和度为 43.2% 时，基质吸力与吸应力的曲线重合，直至土体饱和度达到 100%（图 4.46）。

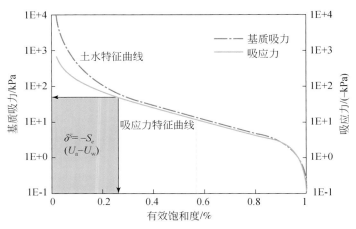

图 4.45　脱湿条件下基质吸力与吸应力的关系曲线（图中阴影部分的面积为吸应力）

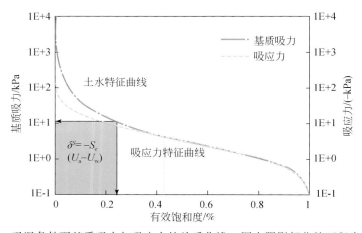

图 4.46　吸湿条件下基质吸力与吸应力的关系曲线（图中阴影部分的面积为吸应力）

　　吸应力特征曲线随含水量变化呈单调变化，干湿条件下的滞后特性明显不同（图4.47）：脱湿条件下最大吸应力为 -661kPa，出现在体积含水率 8.58% 时，与残余含水率 7.8% 接近；吸湿条件下最大吸应力为 -126kPa，出现在体积含水率 7.9% 时，基本上与残余含水率相同。由此可知，随着土体含水量的变化，基质吸力变化从 0 到 100000kPa，由此产生的吸应力（有效应力）从干燥状态（100000kPa）至湿润状态（0kPa）可高达 650kPa，然而，随着基质吸力和含水量的变化，吸应力的变化相应为一个单调函数。基质吸力为零时（饱和）吸应力为零；高基质吸力（干燥）时吸应力减小至 -650kPa。吸应力随含水量的这种大幅度减小量可能导致斜坡环境中土体的破坏。因降雨或灌溉对近地表的浅层土体影响较大，故吸应力变化以斜坡表部土体尤为敏感，这也更好地解释了黑方台黄土滑坡多以表生累进性破坏为主。

　　初步分析土水特征曲线和吸应力特征曲线之间的对应关系，按照土水特征曲线与 Lu Ning（2010 年）提出的以基质吸力形式表达的吸应力特征曲线的闭型方程（式（4.9））和以有效饱和度形式表示的吸应力闭型方程（式（4.10））直接确定吸应力特征曲线，反

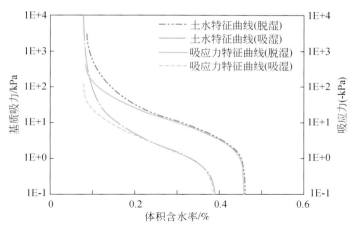

图 4.47　干湿条件下土水特征曲线和吸应力特征曲线对比图

之亦然。同样，吸应力的变化也可以表示为基质吸力的函数。图 4.48 即为脱湿、吸湿条件下吸应力特征曲线与基质吸力的函数关系。

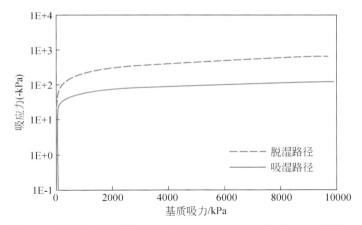

图 4.48　脱湿与吸湿条件下吸应力特征曲线与基质吸力的函数关系

基质吸力（$U_a - U_w$）形式表示的吸应力闭型方程（Lu 等，2010）：

$$\sigma^s = \frac{U_a - U_w}{\left(1 + \left(\alpha\left(U_a - U_w\right)\right)^n\right)^{(n-1)/n}} \tag{4.9}$$

以有效饱和度 S_e 形式表示吸应力闭型方程（Lu 等，2010）：

$$\sigma^s = -\frac{S_e}{\alpha}\left\{S_e^{\frac{n}{1-n}} - 1\right\}^{\frac{1}{n}} \tag{4.10}$$

4.3.2　控制基质吸力的非饱和黄土强度特性

非饱和黄土的三轴试验的目的是获取非饱和土黄土的抗剪强度参数，为稳定性分析提供非饱和土参数。目前，非饱和土强度理论公式主要有 Bishop 公式和 Fredlund 公式，其

中，Fredlund 的双变量强度公式得到了国际公认和普遍采用，其表达式为

$$\tau_{ff} = c' + (\sigma - U_a)_f \tan\varphi' + (U_a - U_w)_f \tan\varphi^b \tag{4.11}$$

式中，c' 为有效黏聚力；φ' 为有效内摩擦角；σ 为总法向应力；U_a 为孔隙气压力；U_w 为孔隙水压力；φ^b 为吸力摩擦角，是反映基质吸力对强度贡献的参数。

1. 试验方案

采用 GDS 多功能三轴仪的非饱和三轴试验模块进行试验。首先做好试验前的准备工作，采用抽真空的方法制备无气水，将传感器读数清零，并使陶土板饱和。在装好试样后，先采用轴平移技术量测试样在无压状态下的基质吸力，然后通过控制轴向应力、侧向应力、孔隙水压力和孔隙气压力 4 个参数来控制基质吸力和侧向应力，让试样固结排水。待试样稳定后开始剪切，剪切过程中控制基质吸力和侧向应力不变，增大轴向应力直到试样破坏。分别在 20kPa、50kPa 和 100kPa 三个基质吸力下试验，每个基质吸力下进行 3 个围压的试验（表 4.15）。

表 4.15　非饱和黄土三轴试验控制条件

基质吸力/kPa	围压/kPa	孔隙气压力/kPa	孔隙水压力/kPa	基质吸力/kPa
	150	50	30	20
20	250	50	30	20
	350	50	30	20
	100	50	0	50
50	150	50	0	50
	250	50	0	50
	150	100	0	100
100	200	100	0	100
	300	100	0	100

2. 试验结果及分析

根据三组控制基质吸力为 20kPa、50kPa 和 100kPa 的非饱和三轴试验成果见图 4.49 ~ 图 4.51，表明随着基质吸力的减少，内摩擦角减小比例小，而黏聚力降低比例大，基质吸力由 100kPa 减小至 20kPa 时，内摩擦角减少约 1°，黏聚力下降 22 kPa。这是由于黏聚力实际上反映了土体颗粒间的范德华力、双电子层力、化学胶结、基质吸力等的综合作用，这些作用与含水量密切相关，是一种状态变量。当含水量增大时，上述作用力影响逐步减弱，这种弱化效应在水敏性黄土中非常明显。而内摩擦力则表征的是土体的材料特性，受含水量影响较小。

绘制黏聚力随基质吸力的变化曲线（图 4.52），按照非饱和土强度理论，曲线与抗剪强度轴的交点即为黑方台地区非饱和黄土的有效黏聚力 $c' = 12.91\text{kPa}$，曲线斜率为吸力摩擦角 $\varphi_b = 15.6°$，反映了基质吸力对强度的贡献率。因此，黑方台非饱和黄土抗剪强度公式为

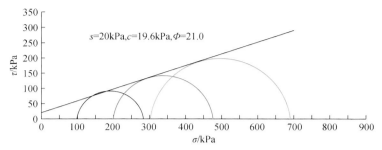

图 4.49　基质吸力为 20kPa 时的摩尔圆及抗剪强度指标

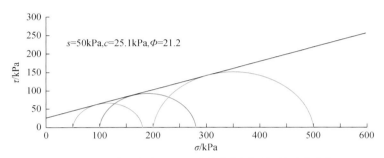

图 4.50　基质吸力为 50kPa 时的摩尔圆及抗剪强度指标

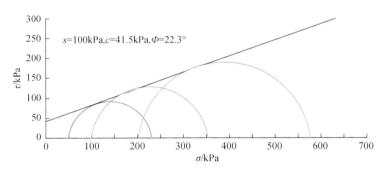

图 4.51　基质吸力为 100kPa 时的摩尔圆及抗剪强度指标

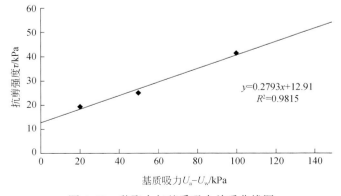

图 4.52　黏聚力与基质吸力关系曲线图

$$\tau_{ff} = 12.91 + (\sigma - U_a)_f \tan17.0° + (U_a - U_w)_f \tan15.6° \tag{4.12}$$

4.4　黄土水理性质变化

黄土独特的结构与物质组成决定了其水理性质的特殊性，而水理性质不仅影响土体性状和强度，也会影响到斜坡稳定性。本节将从黄土的稠度状态、体积变化和透水性等方面对黑方台地区黄土的水理性质进行描述。

4.4.1　黄土稠度状态

黄土因含水量变化而表现出不同的物理状态，其稠度状态反映了土颗粒分散程度、颗粒之间相对活动的难易程度和联结强度，由塑限和液限两个界限含水量指标，以及由这两个指标计算而来的液性指数和塑性指数进行表征，液性指数表示土的坚硬程度，塑性指数反映土的亲水性。测试结果表明（表 4.16），灌溉区黄土的液限为 23.5% ~ 26.76%，平均 25.11%，塑限为 14.6% ~ 19.94%，平均 16.96%，液性指数为 -0.83 ~ -0.15，平均 -0.34，塑性指数为 5.8 ~ 9.84，平均 8.16；非灌区黄土液限为 23.01% ~ 28.21%，平均 25.06%，塑限为 11.17% ~ 18.68%，平均 16.45%，液性指数为 -2.16 ~ -0.2，平均 -1.28，塑性指数为 6.75 ~ 13.58，平均 8.62。与未灌区相比，灌区黄土液限均值增大 4.88%，塑限增大 51%，液性指数减小 46%，塑性指数增大 94%。

表 4.16　黄土稠度状态指标统计表

数值	液限/%		塑限/%		塑性指数		液性指数	
	灌区	非灌区	灌区	非灌区	灌区	非灌区	灌区	非灌区
最大值	26.76	28.21	19.94	18.68	9.84	13.58	0.15	-0.20
最小值	23.50	23.01	14.60	11.17	5.80	6.75	-0.83	-2.16
平均值	25.11	25.06	16.96	16.45	8.16	8.62	-0.34	-1.28
方差	0.60	0.76	1.41	2.16	0.88	3.04	0.07	0.16
标准差	0.78	0.87	1.19	1.47	0.94	1.74	0.26	0.41
变异系数	0.03	0.03	0.07	0.09	0.12	0.20	-0.77	-0.32

灌区和非灌区在垂向不同深度处的液性指数和塑性指数进行对比（图 4.53 和图 4.54）。由图 4.53 可以看出，无论是灌区还是非灌区，液性指数垂向上变化较小，除灌区的个别样品状态为硬塑外，绝大多数为坚硬状态。此外，灌区液性指数相对较大，表明其可塑性相对强，这主要是由于灌溉造成黄土天然含水率增大。

由图 4.54 可以看出，灌区和非灌区黄土塑性指数差异不大，说明其受灌溉作用影响不明显。同时，塑性指数垂向上也无明显变化。按照塑性指数进行土的分类，灌区和非灌区绝大多数为粉土。

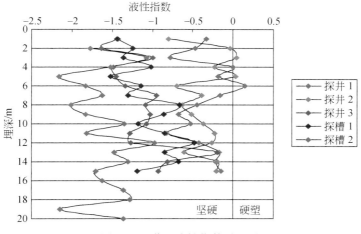

图 4.53　黄土液性指数对比图

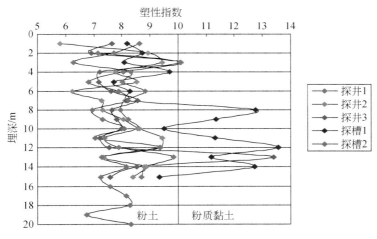

图 4.54　黄土塑性指数对比图

4.4.2　体收缩试验

含水量变化不仅引起黄土稠度状态发生变化，体积也会发生改变。为描述黄土体积的变化，需要有与土结构有关的变形状态变量和与液相有关的两组变形状态变量：孔隙比的变化可以用作代表土结构变形的变形状态变量，而含水量的变化则可作为液相的变形状态变量。考虑到黄土一般不具膨胀性，因此，我们进行了黄土体收缩试验。

土的收缩曲线表示在不同基质吸力下孔隙比与含水量之间的关系。可让试样风干，也可让其在压力板仪中经受不同的基质吸力。本次试验采用让试样缓慢风干的方法，需在不同时间间隔将试样遮盖起来，使之达到平衡。

孔隙比的精确测量按缩限试验要求（ASTM D427）进行。缩限试验需要测定试样总体积，总体积测量采用水银置换法：将试样浸没于一个盛满水银的杯子内，在浸没过程中排出的水银体积可转换成试样总体积（图4.55）。将基质吸力增加时孔隙比的减小和含水量的降低点绘出来，即可求得收缩曲线（图4.56）。

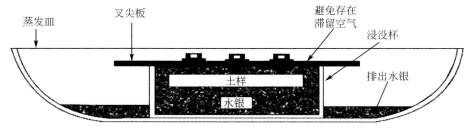

图 4.55　体收缩试验中试样的浸没示意图

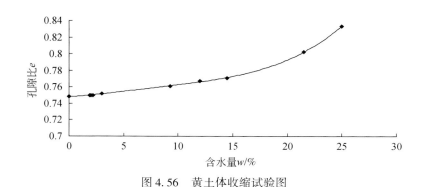

图 4.56　黄土体收缩试验图

由图4.56可知，土体含水量 w 由饱和含水量逐渐减小至风干，相应的基质吸力由零逐渐增大，孔隙比 e 随着含水量减小而减小，最终趋于一个不随含水量变化的稳定值。因此，基质吸力的变化引起孔隙比和含水量的变化，体积应变也会相应地发生变化。

4.4.3　黄土渗透性

渗透系数是反映土体渗透能力的指标，取决于土体颗粒形状、大小、不均匀系数和水的黏滞性。黄土是以具有大孔结构和垂直节理发育为特色的特殊类土，因其特殊的结构和特性，渗透性能在垂向与水平方向具显著的各向异性。张宗祜（1996）对甘肃黄土的渗透性进行了现场实验，得出黄土的垂向渗透系数约为水平渗透系数的100倍。位于不同埋深处的黄土的渗透性也不尽相同，例如，包气带表层黄土与含水层内黄土的渗透性具有一定的差异。为了对黄土的这一特性进行研究，采用了抽水试验、原位"Darcy实验"、室内渗透实验及颗粒分析等多种方法对黄土的渗透性能进行了分析。

1. 抽水试验

通过开展了黄土含水系统三落程的抽水试验（图4.57、图4.58、图4.59），采用

Aquifertest 软件和解析计算等多种方法进行分析，得到黄土含水层的渗透系数（表 4.17）。经过对计算方法适用条件的比选，最终确定采用消除井损法求得 2.32×10^{-2} m/d。

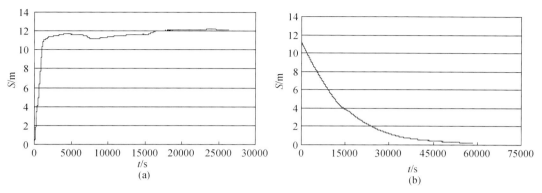

图 4.57　第一落程抽水及水位恢复试验

（a）抽水试验；（b）水位恢复试验

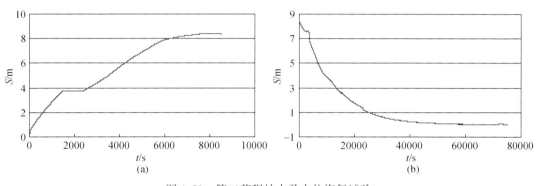

图 4.58　第二落程抽水及水位恢复试验

（a）抽水试验；（b）水位恢复试验

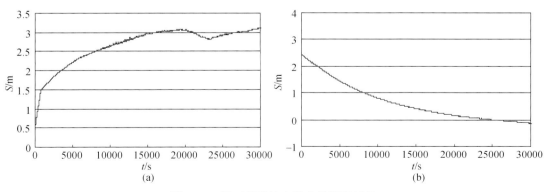

图 4.59　第三落程抽水及水位恢复试验

（a）抽水试验；（b）水位恢复试验

表 4.17　抽水试验求取渗透系数 K 汇总表

稳定流			加坡理论/（m/d）	非稳定流					消除井损/（m/d）
公式法/（m/d）				直线解析/（m/d）	水位恢复/（m/d）	纽曼法/（m/d）	泰斯公式/（m/d）	雅可布/（m/d）	
一落程	二落程	三落程							
1.4×10⁻²	1.1×10⁻²	9.7×10⁻³	1.4×10⁻²	6.39×10⁻³	6.58×10⁻³	1.22×10⁻²	3.7×10⁻²	2.2×10⁻²	2.32×10⁻²

2. 原位试验

在原位测试方面，双环和单环入渗试验是操作简易、应用较为成熟的野外试验方法，被广泛用于水保、农业、水利及放射性废弃物处理等方面研究中（Gregory et al.，2005；Lai and Ren，2007；ASTM，2001；Bagarello et al.，2009）。应用试验数据能够求得包气带浅表层土体的入渗速率，求得的入渗速率是随测试土体上方水头变化的值（Schiff，1953）。通过河床入渗模拟试验可以模拟不同河水位下的河床沉积物中的入渗速率（Chen，2000）。但应用这两种方法都不能直接求得渗透系数。关键问题在于无论应用单环入渗试验、双环入渗试验，还是河床入渗模拟试验，都不能在野外观测到测压水头，不能获得水力坡度。为获取渗透系数，通常假定水力坡度为 1（Sammis et al.，1982；Stephens and Knowlton，1986；Healy and Mills，1991；Nimmo et al.，1994），将入渗速率视为渗透系数。然而，这种假定具有一定的适用条件，对于不受气候波动影响的包气带下部土层，这种假定才较为准确（Gardner，1964；Childs，1969；Chong et al.，1981；Sisson，1987），对于包气带浅表层土则不再适用。

为对包气带浅表层黄土的垂向渗透系数进行研究，本次采用了双环入渗试验及原位"Darcy 实验"两种方法。原位"Darcy 实验"是通过对传统室内 Darcy 实验方法进行改进，自行设计了一套原位"Darcy 实验"装置。进行双环入渗实验和原位"Darcy 实验"时，采用挪威 GEONOR 公司生产的渗压计测量试样的孔隙水压力，进而获取水力坡度求取渗透系数。试验开始前，对所使用的两支渗压计进行了现场校正，得到渗压计随水头高度变化的拟合曲线（图 4.60），并采用拟合方程式（4.13）和式（4.14）进行观测值校正。

$$y = -0.8776x + 1916.1 \tag{4.13}$$
$$y = -0.9184x + 1932.7 \tag{4.14}$$

式中，y 为渗压计读数；x 为测压水头值。

1）双环入渗试验

在野外开展了一组双环入渗试验（照片 4.6），为排除地表根系密集的影响，挖除地表约 20cm 厚的土层。试验持续观测 27.57h，得到黄土入渗速率随时间的变化曲线（图 4.61）。由图 4.61 可以看出，实验持续观测到 104min 时，入渗速率基本达到稳定，约为

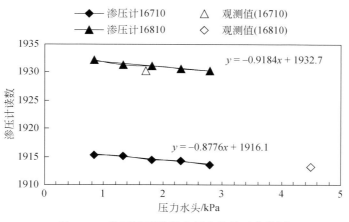

图 4.60　渗压计读数随水压变化校正曲线图

0.45m/d。实验过程中，采用测压管和渗压
计两种方法测量试验样品不同位置处的水压
力，最终采用渗压计的测量值计算得到水力
坡度，结合记录的实验数据，应用 Darcy 定
律求得包气带浅表层黄土的垂向渗透系数为
2.7m/d。试验结束后对实验现场进行开挖，
查明试验持续 27.57h 后，实际最大入渗深
度为 1.9m。

2）原位"Darcy 实验"

原位"Darcy 实验"就是将传统的
Darcy 实验从室内移植到野外，因此，原位
"Darcy 实验"条件必须与室内 Darcy 实验条

照片 4.6　双环入渗实验野外试验装置图

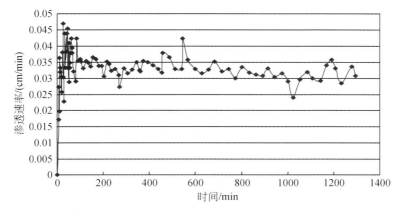

图 4.61　双环入渗实验黄土渗透速率历时曲线图

件相符合。在室内 Darcy 实验的原理和装置的基础上，通过充分分析室内实验条件，进行原位"Darcy 实验"装置设计。通过原位观测入渗流量与测压水头值求得包气带浅表层黄土的渗透系数。

a. 原位"Darcy 实验"原理与试验条件

原位"Darcy 实验"可以完全援引室内 Darcy 实验的原理。对土体进行原位测试，可以维持土体在天然应力状态下的结构性，避免样品采集、运送过程中由于应力状态改变而产生的结构性破坏。特别是对于天然状态下具有较强结构性的黄土而言，一旦土体的结构性受到扰动，将在室内测试过程中无法恢复，因此，对于这些黄土样品进行原位测试更显得尤为重要。

Darcy 定律是针对均质流体得到的渗流方程，原位"Darcy 实验"条件只有与经典的 Darcy 定律的假设条件相符合，才能应用 Darcy 定律确定渗透系数。这些条件包括被测土体的排气与饱和条件；被测土体上方水头恒定条件；被测土体内水流为一维、均匀流动条件等。

b. 试验装置设计

从满足被测土体的排气与饱和、土体上方水头恒定、水流为一维均匀流动条件，解决试验过程中的上述关键问题出发，设计原位"Darcy 实验"装置（图 4.62）。

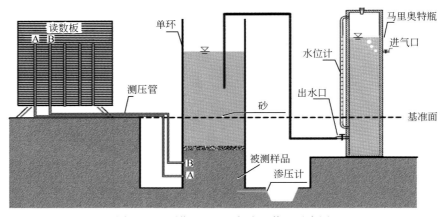

图 4.62　原位"Darcy 实验"装置示意图

设计的原位"Darcy 实验"装置由 3 个系统组成，渗水系统、供水系统和测量系统。

渗水系统由入渗环组成，用于完成试验的渗水过程。入渗环为一圆柱形铁皮桶，与单环入渗试验装置类似，相当于一个加长了的单环入渗仪。桶长 100cm，直径 32cm，距离圆桶下边缘 10cm 和 20cm 处分别设计直径约为 9mm 的圆孔，用于安装测压管测量测压水头值。

供水系统由马里奥特瓶组成，用于维持试验过程中测试土体上方水头恒定，同时记录渗水过程中的耗水量。容积为 15L，瓶内水柱每下降 1cm 代表耗水量为 151.975 cm^3。

测量系统包括读数板、测压管和渗压计。其中，测压管用于测定土体测压水头，安装于测试土体内。材料为有机玻璃管，直径为 8mm，长 20cm。玻璃管前端 0~9cm 处设计有渗水孔。渗压计用于测定土体测压水头，安装于测试土体下方。由挪威 GEONOR 公司生产，型号为 Geonor M-600，探头长 20cm，直径为 3cm，仪器精度为 10cm，分辨率为 5mm。试验前需对渗压计进行现场校正。读数板用于读取待测样品不同深度处的水头。

此外，试验中还需要橡胶管、铁锹、木槌、盛水容器、秒表、温度计、样盒、pH 试纸、米尺、玻璃胶等辅助用具。

c. 试验过程及试验结果分析

应用设计的原位 "Darcy 实验" 装置，进行了 6 组原位入渗试验（表 4.18）。

表 4.18 原位 "Darcy 实验" 结果汇总表

编号		C-1	C-2	C-3	G-1	G-2	G-3
实验历时/d		13	15	11	18	20	5
试验结束时最大入渗深度/m		3.2	4	3.8	2.1	2.05	2.2
渗透系数 K	测压管/（m/d）	0.42	0.74	1.32	—	—	—
	渗压计/（m/d）	3.58	1.41	0.32	0.48	0.14	2.01

由表 4.18 可以看出，除 G-3 样品外，试验历时均超过了 10d，经过较长时间的浸泡，样品能够经过充分排气而达到饱和状态。应用测压管和渗压计求得的黄土垂向渗透系数平均值分别为 0.84m/d 和 2.22m/d，测压管与渗压计测试结果的差异有可能是因为两种仪器安装在测试样品的不同位置处造成的。

试验结束时探测最大的入渗深度，发现该深度值与试验持续时间关系并不很密切。例如，在表 4.18 中，试验点 G-1、G-2 和 G-3 的入渗时间分别为 18d、20d 和 5d，试验结束时的最大入渗深度分别为 2.1m、2.05m 和 2.2m。虽然入渗时间差异较大，但观测到的入渗深度值却极为接近，甚至，试验时间最短的 G-3 的入渗深度值反而最大，这说明在包气带黄土中，灌溉水或降雨通过包气带补给地下水主要是通过垂向发育的大空隙、裂隙和落水洞等快速通道的下渗。

3. 室内测试

原位 "Darcy" 试验结束后，在试验点附近采集原状样品，进行室内颗粒分析及渗透试验。

通过颗粒分析（图 4.63）求得参数 d_{10}、d_{17}、d_{20} 和 d_{60}（表 4.19），分别代表颗粒组分的百分数分别大于 10、17、20 和 60 时对应的有效颗粒直径。根据 Song（2009）的理论，计算得到应用颗粒分析方法求取渗透系数时所需的参数 n、η 和 φ（n）（表 4.19）。其中，参数 n 代表样品孔隙度，可由式（4.15）求得（Vukovic and Soro，1992；Kasenow，2002）。

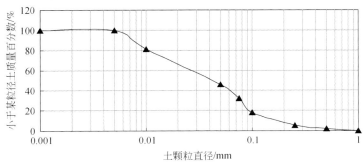

图 4.63 黄土试样颗粒粒径分布图

表 4.19　室内颗粒分析及相关计算结果汇总表

参数	d_{10}	d_{17}	d_{20}	d_{60}	η	n	$\varphi(n)$		
							Hazen	USBR	Sauerbrei
黄土样品	0.18	0.14	0.09	0.027	0.15	0.5	3.4	1	0.166

$$n = -0.255\ (1+0.83\eta) \tag{4.15}$$

　　式中，η 是 d_{60} 与 d_{10} 的比值。应用颗粒分析方法计算渗透系数，当采用不同的经验公式时，参数 $\varphi(n)$ 的计算方法也不相同（Song et al.，2009）。试验水温为 12℃，运动黏滞系数取值 $1.23×10^{-6}\text{m}^2/\text{s}$（Kasenow，2002），据 Song 等（2009）的研究，采用修正后无量纲参数 C，分别应用 Hazen，USBR 和 Sauerbrei 三种公式求得包气带浅表层黄土的垂向渗透系数分别为 13.91m/d，0.97m/d 和 3.02m/d。室内测试获得的垂向渗透系数为 $2.97×10^{-2}$ m/d。

4. 不同试验结果的对比分析

　　对各试验结果进行对比分析（表 4.20），原位"Darcy 实验"结果与双环渗水试验和颗粒分析所求得渗透系数的结果较为接近，与抽水实验和室内渗透试验结果相差较大，可能与试样尺寸效应、流线方向、试样扰动等因素有关。双环渗水试验、室内渗透试验和颗粒分析的试样均取自表层黄土，样品尺寸较小，以反映垂向渗透系数为主。抽水试验则沟通了一定范围的水力联系，测试结果更多反映水平方向上的渗透系数。

表 4.20　水理性质试验测试结果对比表

试验方法	双环入渗试验	室内渗透实验	抽水试验	颗粒分析方法		
				Hazen	USBR	Sauerbrei
$K'/(\text{m/d})$	2.7	$2.97×10^{-2}$	$2.32×10^{-2}$	11.37	0.79	2.46
K_1/K'	0.31	28.20	36.21	0.07	1.06	0.34
K_2/K'	0.82	74.74	95.69	0.20	2.81	0.90

第 5 章　灌溉引起的黄土湿陷

5.1　黄土湿陷问题的提出

黄土是地球上分布广泛、性质特殊的一种沉积物。中国黄土分布之广、厚度之大、时代延续之长，冠盖全球，其覆盖面积达 64 万 km^2，约占中国国土总面积的 6.6%，其中，湿陷性黄土的分布约占黄土总面积的四分之三（罗宇生，1998）。天然状态下，黄土强度较高，压缩性小。但黄土遇水浸湿后将会发生显著下沉，其强度也随之迅速降低，由此引发灾害造成巨大损失的实例屡见不鲜。据调查，1974 ~ 1975 年，陕、甘、宁、青、晋、豫六省区有 1505 栋建筑物和大量地下管道因黄土湿陷而破坏（郭希哲等，1990）。在县（市）地质灾害调查及 1∶5 万地质灾害详细调查的基础上，对中国西北地区的黄土湿陷灾害进行不完全统计，其中，由于黄土湿陷所形成的大面积地面塌陷有 400 余处。

关于黄土的湿陷性，是国内外学者开展黄土工程性质研究中长期关注的问题，讨论了半个世纪，取得了一批很有价值的研究成果。从黄土为什么产生湿陷的角度出发，提出了可溶盐假说（Muxart et al.，1995）、胶体不足说、毛管假说（Dudley，1970）、欠压密说、结构说（张宗祜，1964，1985；雷祥义，1987；高国瑞，1980；Locat，1995）和黄土力学说（刘祖典，1997；陈正汉和刘祖典，1986；Fredlund et al.，1995）等。为解决工程建设中的黄土湿陷问题，中国在 1966 ~ 2004 年先后颁布了 4 部湿陷性黄土地区建筑规范，直至现行的《湿陷性黄土地区建筑规范》（GB 50025—2004）（以下简称"规范"），使得从黄土湿陷类型、黄土湿陷性判别标准、湿陷性黄土地基处理方法等方面的研究不断得以完善，较好地指导了湿陷性黄土分布区的工程建设。

然而，早期研究成果多是在饱和黄土湿陷理论的传统框架内开展，是对黄土"浸水沉陷"现象的刻画。黄土是典型的非饱和土，经常遇到的湿陷往往发生在沿土层达到不同增湿含水量的情况（谢定义，1999），从饱和角度开展黄土湿陷性的研究只是黄土湿陷的一种特例。Barden 于 1969 年首先提出了非饱和压实土常吸力下的湿陷试验。汤连生（2003）认为微结构的不平衡吸力导致黄土湿陷，提出非饱和黄土湿陷是微结构与广义吸力综合效应的产物。袁中夏等（2007）提出非饱和黄土基质吸力降低是黄土湿陷的主要原因。许领和戴福初（2009）、许领等（2009）更提出了黄土广义湿陷的概念，从非饱和土力学角度探讨了黄土湿陷的机制。从非饱和角度出发开展的黄土湿陷性研究，其理论认识与研究成果更加接近于客观实际，然而受到现有仪器对复杂应力状态下黄土湿陷性研究的限制，使得相关试验和理论研究还有待进一步开展。这也导致了在现行理论和方法的指导下对黄土湿陷性进行评价，其理论值与实际值间差距较大。黑方台历经 40 余年的灌溉，厚约 45m 的黄土实际湿陷值超过 5.96m，而计算值仅为 2.8m。

随着西部大开发战略的实施与推进，湿陷性黄土分布区的建设活动不断增加，以现行理论和方法为指导将在工程建设中面临若干新问题，对现行黄土湿陷性评价中的相关问题进行讨论，以期揭示黄土湿陷的本质才能更好地服务和指导工程实践。

5.2　基于 DEM 的黄土湿陷量估算

5.2.1　黑方台黄土湿陷灾害

黑方台历经长达 40 余年的引水灌溉历史，常年沿袭传统的大水漫灌方式，除导致滑坡灾害频繁发生外，还引发了大面积的台面整体湿陷，最大湿陷下沉达 5.96m，在一定程度上，黄土湿陷造成的灾情损失和危害程度甚至超过了滑坡灾害。据调查，黄土湿陷不仅在台塬周边形成众多湿陷裂缝、碟状洼地、漏斗状陷穴、串珠状落水洞、潜蚀暗穴，导致大量耕地废弃，累计损失耕地超过 $200hm^2$，水利设施严重破坏，同时，不均匀沉降也造成台面的新塬、朱王、陈家、方台 4 个移民村房屋开裂损毁，每隔几年就需要进行房屋翻新或复迁新建，据访问平均每家复迁翻修达 2 次，多者曾达 5～6 次，加重了原本就在贫困线边缘挣扎的库区移民的经济负担，激化了社会矛盾。

黑方台台面上原修建的四处蓄水水窖因周围台面湿陷从而出露地表变为"水塔"的现象，引起了笔者对黄土湿陷研究的兴趣。四处水窖均为 1968 年修建，修建过程中，为消除水窖处黄土地基的湿陷性，对其进行了大开挖换土，采用浆砌块石独立基础，在很大程度上避免了由于后期灌溉引起的水窖处的沉陷。与之相比较，水窖周围黄土则随着灌溉时间的增长不断产生沉陷，最终使得位于地下的水窖"长"出地表（图 5.1）。其中，一号水窖位于台塬东北的陈家村，深 9m，水窖刚建成时，其进水口与地面相平，历经 40 余年的灌溉至 2012 年，水窖已成了高出地表 3.5m 的"水塔"（图 5.2），台塬其他三处水窖也都存在类似的情况。水窖变水塔的事实真实记录了灌溉历史时间内黄土湿陷的结果。

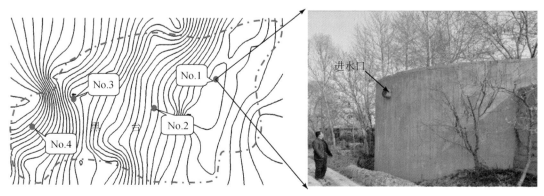

图 5.1　作为湿陷监测标志的水窖位置图

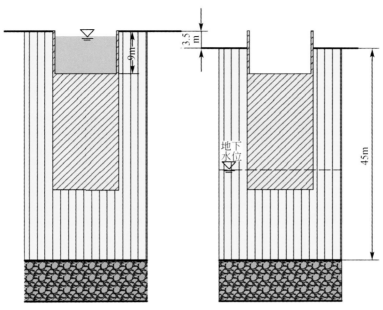

图 5.2　水窖变"水塔"示意图

5.2.2　基于 DEM 的黄土湿陷量估算

以研究区内 1977 年和 1997 年两期 1∶10000 地形图为数据源，建立 DEM 模型，通过 ArcGIS 的空间分析功能计算不同时期台塬地表的高程变化（图 5.3）。由图 5.3 可以看出，整个台面均存在不同程度的沉降。其中，较大的沉降主要分布于台塬西侧和北侧，最大高差值约为 5.96m，其次为台塬中部的灌溉区，水窖附近的地面高差值约为 3m。由此得知，灌溉至今黄土湿陷量一般>3m，最大湿陷量>5.96m。

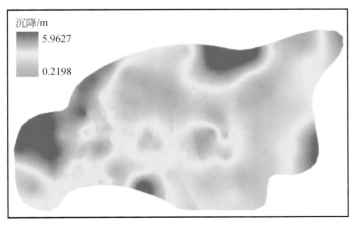

图 5.3　1977 年与 1997 年间地表高程对比图

5.3　基于《规范》的黄土湿陷量估算

5.3.1　灌溉引起的黄土湿陷性变化

由表5.1可知，未灌区黄土湿陷系数介于0.0432～0.131，均值为0.0787，随着深度加大，湿陷系数呈递减趋势（图5.4），但具一定的波动，说明未灌区黄土原始结构的变异性较大。灌区黄土湿陷系数则变异较小，除了4m以浅的近地表稍有变化外，其他深度均较为稳定，与均值0.0457的最大偏差仅为0.0016，表明灌溉使得不同深度的黄土湿陷性趋于一致。对比两条曲线可见，未灌区的湿陷系数明显大于灌区，在14m以深则较为接近。据《规范》的相关规定，以湿陷系数0.015、0.03和0.07为界，将黄土的湿陷性分为轻微、中等和强烈三类，未灌区黄土以强烈湿陷性为主，而灌区黄土则主要为中等湿陷性。

表 5.1　灌溉与未灌溉地段湿陷系数和自重湿陷系数对比表

取样深度/m	灌区		未灌区	
	δ	δ_z	δ	δ_z
	$\times 10^{-2}$	$\times 10^{-2}$	$\times 10^{-2}$	$\times 10^{-2}$
1	3.34	2.34	12.8	7.63
2	5.21	2.40	13.1	9.73
3	5.50	3.34	6.58	7.3
4	4.57	5.10	10.3	7.5
5	4.73	4.75	6.55	9.67
6	4.57	4.83	4.7	9.63
7	4.41	4.52	11.3	10.5
8	4.47	4.74	11.1	10.5
9	4.66	4.73	8.7	8.69
10	4.45	4.57	5.44	10.5
11	4.41	4.66	4.32	8.65
12	4.52	4.72	8.14	5.36
13	4.55	4.77	5.64	6.93
14	4.69	5.01	4.34	5.03
15	4.48	4.68	5.01	5.04
平均	4.57	4.34	7.87	8.18

续表

取样深度/m	灌区		未灌区	
	δ	δ_z	δ	δ_z
	$\times 10^{-2}$	$\times 10^{-2}$	$\times 10^{-2}$	$\times 10^{-2}$
标准差	0.46	0.89	3.14	1.97
方差	0.21	0.79	9.86	3.87
变异系数	0.10	0.21	0.40	0.24

自重湿陷系数的变化规律与湿陷系数稍有不同（图5.4），灌区在4m以浅的近地表范围内，自重湿陷系数随着深度增加而增加，而4m以下则基本稳定在均值0.0434附近，仅有小幅波动。未灌区自重湿陷系数明显大于灌区黄土，沿着深度大致可以分为三段：1～5m为震荡区，曲线呈现"Z"型；5～10m为相对稳定区，自重湿陷系数介于0.0869～0.105；11～15m为陡降区，14m以深处则与灌区自重湿陷系数接近。

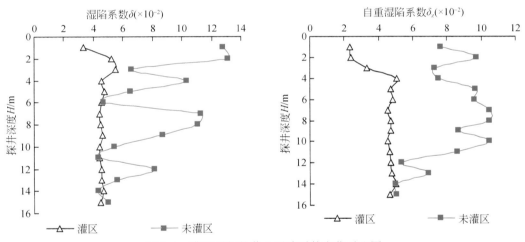

图 5.4　灌溉引起的黄土湿陷系数变化对比图

5.3.2　基于《规范》的黄土湿陷量估算

因黑方台台面以农田为主，无附加荷载，村庄的建筑物均为1～2层民用建筑，建筑物附加荷载与黄土自重相比很小，可忽略不计，因此，认为台面的沉陷均由黄土自重湿陷引起。据《规范》，采用分层总和法分别计算黑方台黄土层受水浸湿饱和至稳定为止的总湿陷量和自重沉陷量，对于陇西地区，地区修正系数为1.50。

由表5.1可知，灌区15m的探井开挖深度范围内仍具自重湿陷性，而探井未揭穿湿陷性黄土地层，据临近的水文地质钻探揭露，非灌区黄土厚约50m，灌区黄土厚约45m，地下水位埋深为25m，地下水位之下的饱和黄土层段不具湿陷性。故以最不利工况计，假定灌溉前 50m 厚的黄土层均具有湿陷性。计算得灌区黄土自重湿陷量为 1.68m，非灌区黄土的自重湿陷量为 4.48m，两者 Δ_{zs}>350mm，根据规范规定，该处属于Ⅳ级自重湿陷性黄土场地。对比灌区与非灌区黄土的理论自重湿陷量，即经历 44 年的灌溉后，灌区黄土已产生的湿陷为 2.8m，相当于非灌区理论湿陷量的 62.5%，这与水窖监测标志观测到的 3.5m 的实际湿陷量有一定的差异。

5.4　灌溉引起的黄土湿陷机理

5.4.1　灌溉引起的黄土湿陷机理

采用《规范》推荐的分层总和法计算所得的理论湿陷量与区内实际湿陷量之间差别较大，究其原因，按照规范计算得到的黄土湿陷量是在饱和黄土湿陷理论的框架内展开的，没有考虑到长期灌溉条件下，黄土不同埋深范围内含水量的变化、黄土内部胶结成分的溶解、黄土微观结构的变化，以及黄土内部吸力的重分布等对黄土湿陷性的影响。同时，室内测试多是基于侧限压缩的试验，而完全侧限的压缩湿陷试验无法反映自然条件下不同深度所处不同围压的实际湿陷变形。多种原因导致应用现行《规范》推荐公式计算得到的黄土湿陷理论计算值与实际值间尚存在较大差异。

结合黑方台黄土湿陷的充分必要条件——水进行分析，台面产生的大面积湿陷是由灌溉水入渗和地下水位上升共同引起的，在引水灌溉初期，表层黄土含水率低，湿陷主要由灌溉水的入渗引起，而在已历经 40 余年的大水漫灌之后，除了灌溉水入渗引起黄土湿陷之外，地下水位上升引起的黄土湿陷也不容忽视，且地下水位上升引起的湿陷范围更广，产生的湿陷量分布相对较均匀，而《规范》基于饱和黄土湿陷理论框架着重对水体入渗部分进行评价，忽视了大厚度黄土分布区地下水位持续上升引起的湿陷。据灌区与非灌区黄土不同深度处自重湿陷系数的对比结果，及钻孔揭露的含水层埋深和厚度，按照黄土湿陷机理的不同将黄土层由上至下划分为四部分（图 5.5），分别为灌溉水入渗引起的非饱和湿陷区（0～12m）、受灌溉水和地下水影响较小的过渡区（12～22m）、毛细水引起的非饱和湿陷区（22～25m），以及地下水引起的饱和黄土湿陷区（25～45m）。

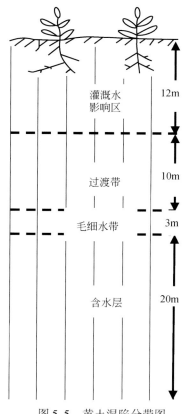

图 5.5　黄土湿陷分带图

5.4.2　基于地下水位的黄土湿陷趋势预测

综上所述，整个黑方台虽然经历了长达 40 余年的长时间的大水漫灌，但仍然具有强烈的自重湿陷性，在灌溉条件下仍将继续产生显著的湿陷性沉降，不仅台面沉陷仍将继续产生，并且以先局部后整体、先近后远、先密后疏的特点逐步向塬边扩展，沟缘线附近的湿陷裂缝以及众多潜蚀落水洞成为促进黑方台滑坡发育和演化的一个重要诱发因素。

通过前述台塬地下水动力场的演化趋势分析，2010 ~ 2021 年期间台面不同位置处地下水位平均变化速率（图 5.6）。由图 5.6 可知，在保持现有灌溉模式和灌溉量的情况下，截至 2021 年，地下水位将呈现持续均匀上升的趋势，且台塬不同位置处地下水位的上升速率略有不同。台面东部、中部和西部处地下水位上升速率的均值分别为 0.41 m/a、0.34 m/a 和 0.31 m/a。由此，据规范可计算得至 2021 年，平均每年由地下水位上升引起的湿陷速率约为 0.024 m/a。在此基础上，预测未来至 2015 年、2020 年及 2030 年由地下水位上升引起的湿陷量及剩余湿陷量（表 5.2）。由表 5.2 可以看出，至 2030 年由地下水位上升引起的最大湿陷量可达 0.58m，此时该处剩余湿陷量仅为 1.10m，这里的剩余湿陷量并没有排除由灌溉水入渗引起的湿陷。可见，至 2030 年台塬部分位置处的湿陷性可能将消除。但为减小黄土湿陷灾害造成的损失，目前仍然有必要采取相关措施对黄土湿陷灾害加以控制。

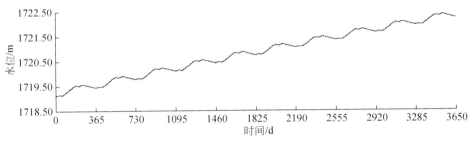

图 5.6　2010 ~ 2021 年地下水位平均上升速率

表 5.2　未来不同年份台塬不同位置由地下水位上升引起的黄土湿陷量预测

位置	2015 年			2020 年			2030 年		
	东部	中部	西部	东部	中部	西部	东部	中部	西部
湿陷量/m	0.14	0.12	0.11	0.29	0.24	0.22	0.58	0.48	0.44
剩余湿陷量/m	1.54	1.56	1.57	1.39	1.44	1.46	1.10	1.20	1.24

5.4.3　黄土湿陷灾害防控措施

造成黑方台黄土湿陷灾害的根本原因是长期的大水漫灌。因此，改变灌溉模式实现灌溉量的控制，是实现该区黄土湿陷灾害控制的根本措施。在保持现有的灌溉量和灌溉模式的情况下，至 2021 年地下水位将以 0.33m/a 的速度持续上升，平均每年由地下水位上升引起的湿陷速率约为 0.024 m/a。通过调整灌溉模式，采用滴灌、喷灌的灌溉模式，可以从减少受灌溉水影响的黄土厚度，及控制地下水位上升引起的黄土湿陷两个方面有效地实现黄土湿陷灾害的控制。

同时，黑方台作为兰州市的蔬菜供给基地，近年来大幅增加了耗水量大的经济作物种植面积，如草莓、蔬菜、林果等。如 2.3 节所述，如果仅仅改变灌溉模式的话，则不能满足农业用水需求，因此，在节水灌溉的同时，必须调整农业种植结构。

在控制灌溉量以减少入渗及控制地下水位上升的同时，还应对台面上已经出现的裂缝进行填埋和逐层夯实，采取渠系衬砌、排水等辅助措施实现黄土湿陷灾害的综合控制。

第 6 章 冻结滞水效应及促滑机理

6.1 冻结滞水问题的提出

在滑坡的众多诱发因素中，季节性冻融作用往往被忽视，然而在中国西北内陆干旱半干旱地区，每年初春冻融期滑坡频发，造成人员伤亡、财产损失重大。如 2012 年 2 月 7 日黑方台 JH13 滑坡，造成 2 车被推入黄河，1 人死亡 3 人失踪；2010 年 3 月 10 日陕西省榆林市子洲滑坡造成 27 人遇难。近年来，冻融期地质灾害的不断发生，愈来愈引起社会的广泛关注，并被更多的学者所重视。

冻融诱发滑坡机理研究分为两个方面：一是冻融循环过程对土体结构的破坏，引起土体物理力学参数降低，从而诱发滑坡；二是冻结引起的地下水排泄受阻，坡体内部地下水位壅高，孔隙水压力增大，从而诱发滑坡。

前者研究相对较多，王大雁等（2005）研究冻融循环作用对青藏黏土的高度、试样含水量、应力–应变行为、破坏强度、弹性模量、抗剪强度等物理力学性质的影响，沈忠言等（1996）、董晓宏等（2010）分别对冻土单轴抗拉、抗剪进行了试验研究。宋春霞等（2008）、毕贵权等（2010）、郑剑锋等（2011）针对黄土的大孔隙、柱状节理等特性，开展了冻融作用对黄土力学性质、渗透率等的影响。在冻融作用对土体力学参数影响研究的基础上，吴玮江（1996）、王念秦和罗东海（2010）等将冻融对土体的影响研究成果应用于边坡稳定性计算中。

后者冻融引起的孔隙水压力增大诱发滑坡研究多局限于定性分析，李瑞平等（2007）研究了冻融期间气温与土壤水盐运移特征，王念秦和姚勇（2008）定性分析了冻结引起的水位升高对斜坡稳定性的影响。冻结引起的水位变化其关键在于：一方面温度降低，流体黏滞系数增大，导致渗透系数降低；另一方面气温变化引起的土体渗透性质的改变，随着温度的降低，土体孔隙被冰充填，渗透率降低。前者作为水的常规性质已经得到充分研究。Jeffrey 等（2007），Ge 等（2010）从温度对含冰率控制出发，获得了渗透率与温度的函数，并建立了基于冻融热–水运移模型。但是这些研究都忽略了冻结时间对渗透率的影响，因此，建立的热–水运移模型均仅基于温度–渗透率关系，所谓"冰冻三尺，非一日之寒"，同样的温度，不同的冻结时间，其渗透率的影响显然是不同的。由于野外条件等客观原因，目前缺少冻结引起的滑坡区地下水位变化监测数据的报道。

6.2　冻结滞水效应野外观测

　　黑方台地区滑坡频繁发生的主要原因是引水灌溉抬高了地下水位,这一结论已得到业界广泛认可。但据近 40 年来有详细记载的滑坡历史资料统计,黑方台地区每年冬春交接之际的 2~3 月发生滑坡的频率明显高于其他时期(图 6.1)。初步分析认为,这个季节并非灌溉高峰期,可能是由于冬季气温低,冻融作用导致地表冻结阻断了地下水排泄,引起斜坡地带地下水位雍高,从而使斜坡失稳。为证实这一推断,在黑方台典型斜坡地带开展了气温、地温和地下水位动态等要素观测,获取了一个完整冻融期内的野外观测数据,试图通过野外观测资料分析和数值模拟,探讨冻结滞水效应,揭示冻融作用对斜坡稳定性的作用。

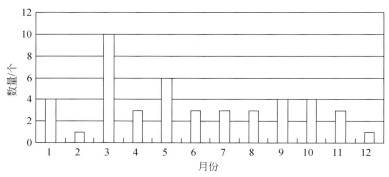

图 6.1　1980~2012 年黑方台地区不同月份滑坡发生数量统计图
(据永靖县国土资源局记载资料整理)

6.2.1　气温地温与地下水位协同监测

　　黑方台地区地处西北内陆,冬季酷寒,严寒期长达 180 余天,冬季多年平均气温为 $-3.4℃$,最低气温达 $-23.1℃$,从而形成季节性冻土,一般每年 11 月下旬冻结,来年 2 月下旬解冻,最大冻结深度约 92cm。为研究这一地区冬季地表冻结能否引起地下水的滞水雍高,在黑方台焦家村 JH13 号滑坡上开展了气温、地温和地下水位动态等综合野外观测。

　　焦家 JH13 号滑坡位于黑台东南缘,监测点坐标为东经 103°20′10.42″,北纬 36°5′55.39″。该滑坡滑体长约 200m,宽约 144m,滑向约 105°,近年来发生过数次规模不等的滑动,目前仍处于不稳定阶段。监测仪器安装在滑坡前缘部位,采集系统安装在滑坡顶部(图 6.2)。气温通过安装在台塬上的 Baro-Diver 进行监测。地温选用气象局使用的地温传感器进行测量,安装深度为距地表 0.1m、0.2m、0.3m、0.4m、0.6m、0.8m、1.0m、1.4m 处(图 6.3)。由于黄土渗透系数小,饱和后易缩径等原因,斜坡前缘地带地下水位不易直接观测到,课题组在潜水含水层内安装了 1 个孔隙水压力计来实现对潜水水位变化的监测（图 6.4），同时安装了一个气压补偿计对大气压值的变化进行监测，用于消除因大气压波动对测量值的影响。

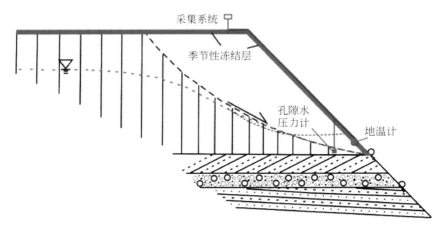

图 6.2　滑坡冻结滞水效应监测剖面示意图

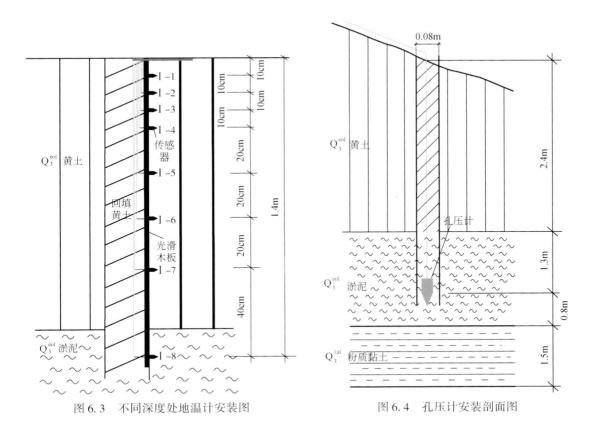

图 6.3　不同深度处地温计安装图　　　　　图 6.4　孔压计安装剖面图

各类监测仪器均连接至野外数据自动采集系统，气温、地温和孔隙水压力值采集频率均为每小时一次，并利用 GPRS 实现数据远程实时传输。

6.2.2　冻结滞水效应

利用黑方台地区一个冻融周期内针对冻结滞水现象的协同观测数据，分别从气温、地温、孔隙水压力在冻融期间的变化情况来分析和揭示冻结滞水效应大小，从而计算其对斜坡稳定性的影响。

1.　气温及地温变化特征

图6.5为黑方台地区2010年12月至2011年4月的日均气温及不同深度处日均地温曲线，监测曲线显示，该地区12~2月期间气温最低，处于零度以下，至2月初气温开始缓慢回升，到3月中旬，气温均上升到零度以上，且开始大幅度回升；而地温变化则稍滞后于气温变化，且变化幅度小于气温，并随测量深度增大，滞后效应愈明显，变化幅度愈小；12月初，地温在10cm深度处已下降至-2℃以下，整个12月，10cm深度处黄土平均地温约-4℃，1月10cm深度处的黄土层平均地温约-5℃；整个冬季10cm深度处的最低温度出现在2月初，约-5.3℃，之后黄土层地温便开始出现缓慢回升，至3月下旬，地温出现大幅升高；且整个冻融期内，12~2月初距地表10cm深度内的地温受气温影响较大，随气温变化存在昼夜温差变化，但具有一定的滞后性。而当2月气温回升时，距地表深度40cm内的地温均在不同程度上受到气温影响而呈现昼夜温差变化。

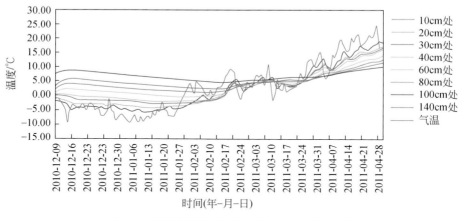

图6.5　日均气温及不同深度处日均地温变化图

受大气温度和土壤恒温带的双重影响，冻结深度范围内垂向地温变化如图6.6所示，从上至下大致分为3个带（图6.7）：温度交替显著带（Ⅰ），为地表-地表之下0.3m，该带温度梯度 $\Delta T>15$，主要受气温控制，温度波动与气温一致；地表之下0.3~1.5m为温度变动带（Ⅱ），该带温度梯度 $5<\Delta T<15$，受气温和恒温带共同控制，以气温为主，恒温带次之；地表1.5m之下为温度稳定传递带，温度梯度 $\Delta T<5$，受气温和恒温带共同控制，以恒温带为主，气温次之。

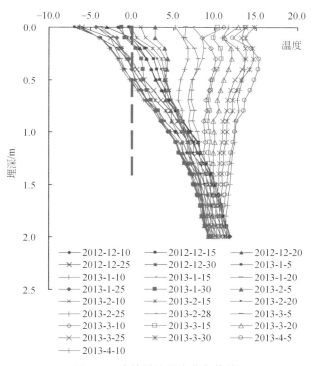

图 6.6　冻结层地温变化包络线

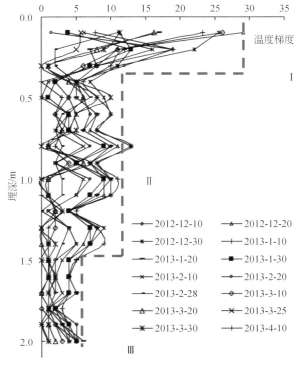

图 6.7　冻结层地温梯度变化曲线

根据地温监测数据可知，冻结期内冻深与时间线性相关，12 月至 1 月黄土冻结速率约 0.7cm/d，且 1～2 月该地区 40～100cm 埋深内的地温与时间的关系满足 $T = at^2 + bt + c$ 的规律，其中，系数 a、b、c 是随土质、埋深、外界气温等条件变化而变化的。

2. 冻融循环特征

伴随春初昼夜温差变化，表土出现正负地温交替出现（图 6.8），日内冻结与融化反复循环的现象。整个冻融循环期历时 7～15d 即可完全解冻，该时段内土体遭受 7～15 次昼夜冻融循环作用，包括年际循环与昼夜循环两种作用，而冻融循环造成土体强度严重劣化，尤其是饱和黄土强度基本丧失，这是造成区内该时段滑坡高发的最主要原因。

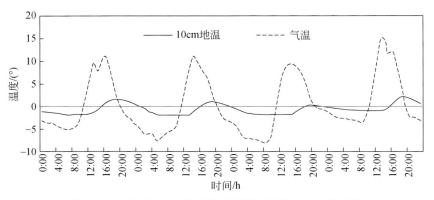

图 6.8　地表下 10cm 深度处地温随气温昼夜变化曲线图

如不考虑盐分及含水率等对冻结温度的影响，将黄土的起始冻结温假定为水的冻结温度 0℃，据 2010 年 12 月至 2011 年 2 月不同深度处地温监测数据，通过 surfer 线性插值分析整理出不同时间黄土冻结深度图（图 6.9）。由图 6.9 可知：监测期内黄土的冻结时间始于每年 11 月中下旬，12 月初冻结深度约 20cm，至 12 月中旬冻结深度达 40cm，12 月底已冻结至 50cm 深，1 月中旬达到 60cm 深，至 2 月中旬冻结深度达到最大，约 67cm，表明黑方台地区该滑坡地段 2010～2011 年黄土最大冻结深度达 67cm。由图 6.5 可知，黄土冻结过程表现为自地表向内的单向冻结。2 月中旬随着初春季节的到来，气温开始回升，但因剧烈的昼夜温差变化影响着表层冻土处于冻结与融化交替出现的状态，但持续时间较短。至 2 月末 3 月初，冻土自地表向内，从最大冻结深度处向外双向快速融化，解冻过程吻合 Miller 第二冻胀理论，此时滑坡体表层土体从冻结到融化的快速变化过程对滑坡的稳定性非常不利，这也是 3 月滑坡高发的原因之一。

3. 孔隙水压力变化特征

受表层黄土冻融现象的影响，斜坡段饱和黄土层中的孔隙水压力也产生了相关性的变

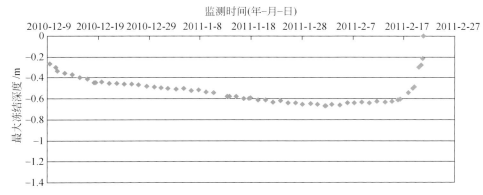

图 6.9　最大冻结深度历时曲线图

化规律。通过分析校正饱和黄土层中孔隙水压力计的监测数据，绘制出冻融期内孔压–表层地温历时曲线对比图（图 6.10）。从图 6.10 中可以得出以下结论。

饱和黄土层中的孔隙水压力与地表黄土的温度之间存在着明显的相关性，历时曲线具有明显的规律性。11 月中下旬，该地区地表土开始结冻，此时表层地温不断下降，而孔隙水压力则不断上升；在整个冻结过程中，距地表 10cm 深度内的地温随气温存在一定的昼夜温差变化，特别是 2 月气温回升时，呈现出剧烈的昼夜正负温差变化，地表土因昼夜温差而处于冻结与融化交替状态，因此，孔隙水压力呈现为缓慢增长；3 月初，随气温的持续升高，地温也继续升高，冻结层完全融化，孔隙水压力开始下降，至 4 月底孔压已经下降至新的稳定状态。可见在整个冻融过程中，伴随气温降低和地表冻结，潜水孔隙水压力值出现明显上升的趋势，说明潜水水位升幅较为明显。随着气温回升，冻结融化，地下水位逐渐下降。这些事实证实了黑方台地区确实存在冻结滞水效应现象，且整个冻融周期内潜水孔隙水压力升高了约 10kPa，不考虑动水压力的影响，相当于该监测剖面监测位置处地下水位雍高了约 1m。

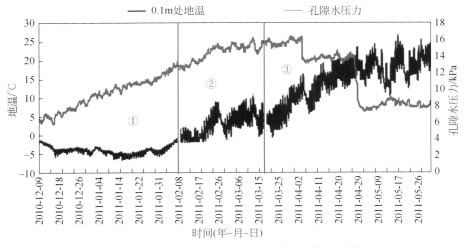

图 6.10　冻融期内孔压–地温随时间变化对比图

　　结合野外调查及监测数据进一步研究发现，根据地温与孔隙水压力历时曲线的相关性，可将冻结滞水效应划分为冻结期、冻融期和融化期3个阶段：①冻结期，11月底至次年2月初，这个时期外界气温不断下降，地表开始冻结，冻结深度不断向内扩展，地下水的排泄通道也被冻结，导致斜坡体内地下水位不断壅高，孔隙水压力呈现出不断上升的趋势；②冻融期，2月初到3月中旬，这个时期昼夜温差大，昼间地表温度低，地表处于冻结状态。但因受太阳辐射能的影响，至夜间地温开始升高，地表及冻结层局部融化，即出现昼夜反复冻结融化的交替现象，地下水位呈现稳定中局部波动趋势；③完全融化期，3月中旬至4月底，随着外界气温的持续升高，地表温度也均升高至负温以上，之后处于基本平稳状态，此时冻结层已全部融化，泉水恢复正常排泄，地下水位迅速下降，表现为孔隙水压力的迅速下降。

6.3　冻融作用对黄土工程性状的影响

6.3.1　冻融作用对黄土强度的影响

　　冻融作用包括冻结和融化两个阶段，一个完整的冻融过程中因温度场改变产生冷生和热融作用，伴随土中水分相态的变化从而对黄土土颗粒结构形态、排列方式和联接方式产生较大影响，并因土体结构的改变进而对黄土宏观力学性质影响较大，主要体现在两个方面，一是冻结对黄土强度的强化作用，二是冻融循环作用对黄土强度的劣化作用。就这两方面而言，不同的初始含水量冻融作用对黄土强度的影响程度也不尽相同。

1. 冻结对黄土强度的影响

　　根据原位地温监测结果，黑方台地区监测期内所观测到的最大冻结深度约67cm，另据《岩土工程勘察规范》（GB 50021—2001），该区标准冻深为92cm，因此，采集JH13号滑坡后缘距地表70cm深度处的黄土试样进行冻结条件下土体强度试验。

　　黄土试样天然状态下黄土的比重（G_s）为2.7g/cm³，天然含水量（ω）为3.5%，干密度（ρ_d）为1.38g/cm³。依据《土工试验方法标准》（GB/T 50123—1999）和《人工冻土物理力学性能试验》（MT/T 593.5—2011）中有关试验的要求，采用对结构扰动较小的分级注水法，按照含水率为天然、15%、20%、25%、30%分别制作五组试样。注水完成后，在保湿器中放置48h以上，使水分充分均匀。每个试样外形尺寸为Φ61.8mm，高125mm的圆柱体，每组4个试样，均在−6℃下达到冻结，然后对其进行不固结不排水三轴剪切试验（UU），确定不同初始含水率下冻结黄土的抗剪强度，试验中围压分别为300kPa、400kPa、500kPa、600kPa，轴向加载速率为0.6mm/min。试验采用中国科学院寒区旱区环境与工程研究所冻土工程国家重点实验室MTS-810型材料试验机完成。

　　从不同含水率冻结黄土三轴剪切试验的应力应变曲线（图6.11）可知，冻结黄土的应力应变类型均呈现为应变硬化型，即开始为一很小的直线段，表现为弹性变形，随后出现不断增长的塑性变形和蠕变变形，这是由于斜坡表层黄土颗粒被冰胶结后其特性发生变化，呈现出似软弱岩石的特性，即弹性–蠕变型。随初始含水率的增加，围压对冻结黄土抗剪强度的影响越来越小，即饱和黄土的冻结抗剪强度受围压影响最小。因此，在寒区工程设计计算中，当地层围压处于 0.3～0.6MPa 范围内时，可不考虑围压对饱和黄土冻结强度的影响。

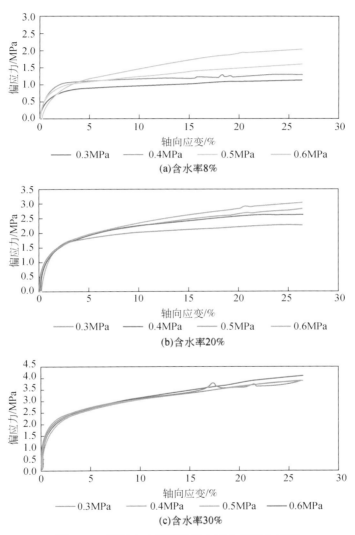

图 6.11　不同含水率冻结黄土应力应变曲线图

冻结黄土抗剪强度与土体饱和度关系密切，由黄土与冻结黄土抗剪强度随土体饱和度的变化曲线（图 6.12）可知：未冻黄土抗剪强度随土体饱和度增加而降低，黏聚力随土体饱和度增加成对数型函数降低，内摩擦角呈近线性降低，与之相比，随着土体饱和度的增大，冻结对黄土抗剪强度产生强化作用，主要表现为黏聚力的大幅度增大，冻结黄土黏聚力随土体饱和度的增大呈指数函数形式增大，但冻结对内摩擦角影响不大，内摩擦角在饱和度低于40%时，呈现为增大趋势，之后随土体饱和度的增大而迅速下降。

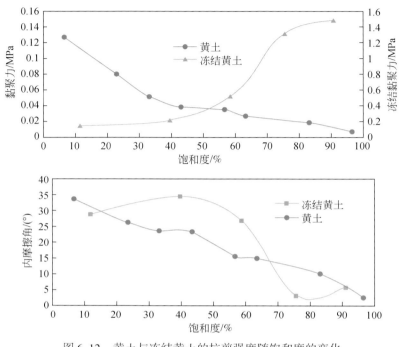

图 6.12　黄土与冻结黄土的抗剪强度随饱和度的变化

2. 冻融循环对黄土强度的影响

原位地温监测结果表明，研究区黄土斜坡表层黄土冻融期经历 10～20 次昼夜冻融循环即可完全解冻，故采集了 JH9 号滑坡后壁距地表 70cm 深度处的原状黄土试样，分别开展了天然（$w = 3.27\%$）和饱和含水率（$w = 28.05\%$）条件下经历 15 次冻融循环后的土体直剪试验，饱和含水率的黄土试样同样采用分级注水法制备。根据研究区的实际冻融循环监测情况以及中国科学院寒区旱区研究所冻土工程国家重点实验室对黄土试样冻结、融化时间的标定，试验中冻融循环按照每次在 -6℃ 温度下冻结 8h，在 6℃ 温度下融化 4h 来实现。

经与未冻黄土固结不排水直剪强度试验结果（表 6.1）对比：天然含水量状态下黄土在经历 15 次冻融循环后，抗剪强度指标黏聚力和内摩擦角均显著降低；饱和含水量状态下黄土经历 15 次冻融循环后，抗剪强度指标黏聚力有所下降，而内摩擦角反而增大，说明冻融循环对黄土抗剪强度参数黏聚力有显著劣化作用，而对内摩擦角的影响相对较小。

表 6.1　未冻黄土与冻融循环 15 次后融土的抗剪强度参数对比

土体状态	天然		饱和	
	C/kPa	$\Phi/(°)$	C/kPa	$\Phi/(°)$
未冻黄土	126.5	33.6	18.3	10.1
冻融黄土	69.06	21.8	16.36	23.32
变化率	-0.45	-0.35	-0.11	1.31

综上所述，每年冬季冻结造成土体强度增高，而来年开春后冻融期昼夜反复冻融循环引起冻胀与融陷造成岩土损伤致强度锐降，经对比融化后、冻结时和冻融循环后抗剪强度，天然状态黄土冻结时，黏聚力由 126.5kPa 增加至 210kPa，增幅达 66%，经 15 次冻融循环土体损伤后，黏聚力骤降至 69.06kPa，也就是说大致在当地短短的 15d 冻融期之内土体强度快速锐降达 67%（图 6.13）；饱和含水量状态黄土因冻结黏聚力由 18.3kPa 骤升至 1480kPa，强度强化达 80 倍，冻融循环 15 次后又剧降至 16.36kPa，降幅达 99%（图 6.14）。换句话说，冻结相当于在滑坡前缘剪出口天然修建了一道抗滑挡墙，而冻融期反复冻结融化循环过程造成挡墙溃屈，这是冻融期该区滑坡发育密度最高的根本所在。

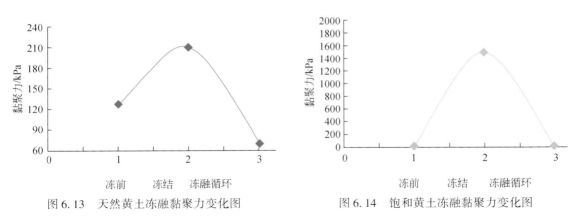

图 6.13　天然黄土冻融黏聚力变化图　　　　　图 6.14　饱和黄土冻融黏聚力变化图

6.3.2　冻融作用对黄土渗透性的影响

1. 冻融作用下黄土渗透试验设备

冻融设备采用可控式高低温温控箱，该设备能够自动化控制温度，箱体内最低温度可实现 -30℃，最高温度达 40℃，精度为 ±0.1℃，不足之处为温控箱内正负温度相互转化缓慢，也就是说冻融循环过程相对缓慢。渗透试验采用 TST-55 型渗透仪。为得到在冻融循环条件下黄土渗透系数，将渗透仪放入温控箱中，通过温控箱侧壁的预留孔引出水管施加水头（图 6.15）。

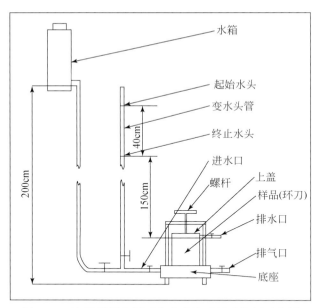

图 6.15　冻融循环作用下变水头渗透试验装置示意图

2. 冻融作用下黄土渗透试验方案

本次试验试样采自黑方台陈家东斜坡（103°20′3.91″E，36°6′26.92″N，海拔 1707m），取样点埋深 2m，位于潜水面以上，原状试样未经过冻融作用，主要物理指标见表 6.2。

表 6.2　冻融作用试样主要物理指标统计表

指标	含水量 ω /%	密度 ρ /(g/cm³)	天然孔隙比 e	孔隙率 n /%	饱和度 Sr /%	液限 W_L /%	塑限 W_P /%
平均值	9.11	1.54	0.92	0.48	28.17	25.05	16.69

1）变温度黄土渗透系数测定试验

由地下水动态监测可知，地下水的实际温度常年保持在 14℃，理论上来讲一旦低于 0℃ 的冰点时，地下水就会因冻结而失去流动性，土体渗透系数表现为无限小，接近于 0。因此，本书只探讨温度 0~30℃ 时黄土渗透系数随温度的变化关系。采用上述测试装置，将试样装入 TST-55 渗透仪中，进行排气饱和，试验温度条件为 30℃、25℃、20℃、15℃、10℃、5℃、3℃、1℃、0.5℃。保持 1 小时确保土体温度为预设温度，将水温调制为 10℃。

2）冻融循环作用后黄土渗透系数测定试验

本试验分为两个阶段。

第一步，对试样进行冻融循环。采用 TST-55 型渗专用环刀（61.8mm×40 mm）制样并饱和，结合原位地温监测数据，区内黄土一般经历 7~15 次昼夜冻融循环即可完全解冻，从而模拟野外实际工况，试验分别设计冻融循环 1、3、5、7、9、11 次，冻融循环温度在±10℃。

第二步，按土工试验规程进行标准变水头渗透试验，获得冻融循环作用下的黄土渗透系数。

3. 冻融作用下黄土渗透试验结果分析

1) 温度对渗透系数的影响

不同温度下黄土的渗透系数见图 6.16，实测值位于理论计算值变化趋势线两侧，实测值与理论值拟合较好。在 0~40℃范围内，黄土渗透系数与温度呈现明显的正相关关系，相关关系式为

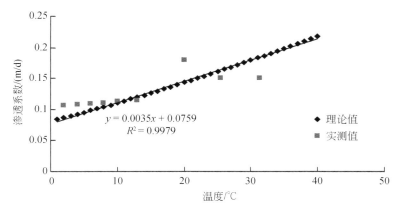

图 6.16　不同温度下黄土渗透系数的变化规律

$$K = 0.0035T + 0.0759, \quad R = 0.996 \tag{6.1}$$

式中，T 代表温度；K 代表黄土渗透系数。

由 $K = k\dfrac{\gamma}{\mu}\Big|_T$ 可知，当渗透率 k 为常数时，渗透系数 K 与水的容重 γ 成正比，与水的动力黏滞系数 μ 成反比。由图 6.17 和图 6.18 可见，水的容重和动力黏滞系数均随温度的增加而下降，水的动力黏滞系数与温度的关系为负指数关系。水的容重随温度的变化规律以 4℃为临界值，当水温低于 4℃时，水的容重与温度为正的线性关系；大于 4℃时，水的容重与温度为负的线性关系；但小于 6℃时，水的容重变化幅度微小，几乎忽略不计。在小于 40℃范围内，水的容重变化幅度为 0.82%，水的黏滞系数变化幅度为 62.1%。因此，水的动力黏滞系数相对大于水的容重对渗透系数的影响。

2) 冻融循环作用对渗透系数的影响

对饱和黄土进行冻融循环后，再进行渗透试验，重复三次试验获取平均值作为最后结果（图 6.19 和图 6.20）。结果表明，随着冻融循环次数的增加，经历 3~5 次循环后黄土渗透系数即趋于稳定，但相对来说，其对水平方向渗透系数影响较小，而垂向渗透系数则大幅减小约 60%。原因是冻融循环作用破坏了黄土的垂直节理和大孔隙，对土颗粒和土结构的改造作用减弱，土体颗粒的级配趋于稳定，土体孔隙也趋于稳定，从而渗透性降低。

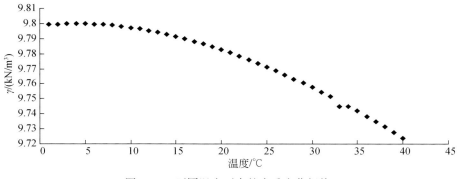

图 6.17　不同温度下水的容重变化规律

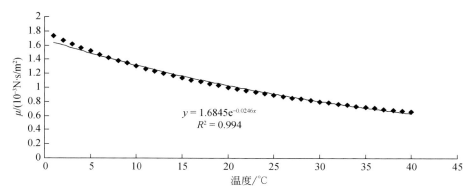

图 6.18　不同温度下水的动力黏滞系数变化规律

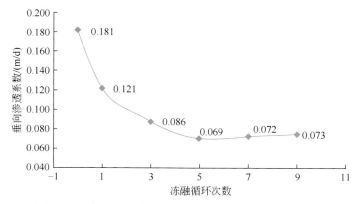

图 6.19　冻融循环作用下饱和黄土垂向渗透系数变化图

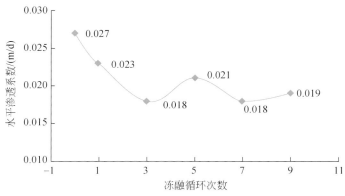

图 6.20　冻融循环作用下饱和黄土水平渗透系数变化图

6.4　冻结滞水效应数值模拟

6.4.1　冻融作用下地温场模拟

1. 冻融作用下地温场模型建立及边界条件的设定

采用 GeoStudio 软件建立 JH13 号滑坡所处斜坡二维模型,剖面及网格划分如图 6.21 所示,采用 TEMP/W 模块进行冻融过程温度场的模拟。设定模型左右为绝热边界,根据实测距地表 1.4m 深度处的地温资料,设定距地表 2m 深度处的地温为恒定值 10℃,地表为第一类边界,即温度场边界表面上各点的温度随时间规律性变化,将实测的地表下 0.1m 处地温(图 6.22)作为地表边界条件输入。

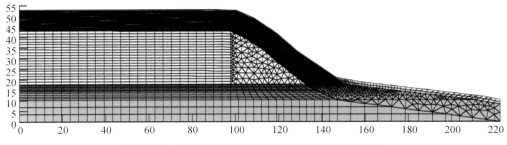

图 6.21　JH13 滑坡温度场模拟剖面图及网格剖分

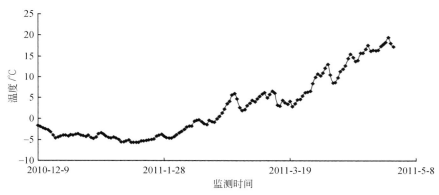

图 6.22　距地表 10cm 处的地温历时曲线图

2. 计算参数的选取

由于监测期所观测到的最大冻结深度不到 0.7m，仅在黄土层中发生冻融过程，因此，需要确定黄土的热物理参数，包括水相变潜热（L）、导热系数（λ）、体积比热容（C），其中，热传导率、体积比热容、水相变潜热与土质、土密度、土含水量等密切相关，采用经验值及经验公式计算确定各参数取值。

（1）水相变潜热（L）：这里主要是指水的熔化热，为 $334 \times 10^3 \text{kJ/m}^3$。

（2）土的体积热容具有按各物质组分的质量加权平均的性质来计算：

$$C_f = \left[C_{sf} + (W - W_u) C_i + W_u C_w \right] \rho_d \tag{6.2}$$

（3）土体的导热系数也可根据各组成物质的导热系数及其相应的体积比：

$$\lambda = \lambda_1^{\phi_1} \lambda_2^{\phi_2} \lambda_3^{\phi_3} \tag{6.3}$$

土的体积热容和导热系数的具体取值见表 6.3。

表 6.3　冻融作用下地温场模拟计算参数取值表

岩土体种类	体积热容/(kJ/(m³·℃))	导热系数 W/(m·K)
黄土	1738.198	40.639
冻结黄土	1415.876	49.037
饱和黄土	3285.713	120.188
冻结饱和黄土	2060.828	224.804
粉质黏土	3392.565	178.430
冻结粉质黏土	2356.53	281.682
砂卵石层	3309.475	111.273
冻结砂卵石	2419.95	243.400
基岩	3406.813	92.121
冻结基岩	2491.125	229.586

（4）冻结温度，不考虑盐分等溶质的影响，取为 0℃。

（5）未冻水含量与温度的关系。

冻土中未冻水的含量主要取决于三大因素：土质（包括土颗粒的矿物化学成分、分散度、含水量、密度、水溶液的成分和浓度）、外界条件（包括温度和压力）以及冻融历史。其中，未冻水含量与负温始终保持动态平衡的关系，并可用下式表达（徐学祖等，1985年）：

$$W_u = a\theta^{-b} \tag{6.4}$$

式中，W_u 为未冻水含量，%；θ 为负温绝对值，℃；a 和 $-b$ 为与土质因素有关的经验常数。

徐学祖（1985年）提出确定未冻水含量的快速方法，其中，对西北地区粉土进行了研究并得到 a 和 b 的经验系数，分别为 5.2752 和 0.5675。

3. 冻融作用下地温场模拟结果

本次模拟结果表明黄土季节性冻融作用过程基本吻合 Miller 第二冻胀理论，即土体冻结过程为单向冻结（图6.23），表现为从地表向坡体内延伸，而冻结黄土的融化则是双向融化（图6.24），表现为从冻土层表部和内部同时向中间扩展，地表向内开始融化，而冻结深度范围内从内部（当地2011年为60~70cm）向外的双向同时融化，且0~10cm范围因受气温影响，融化速度明显比70cm冻结深度处要快，至2011年2月20日冻土层全部融化。

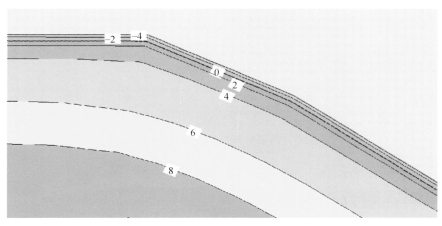

图6.23 黄土斜坡地表冻结过程模拟图

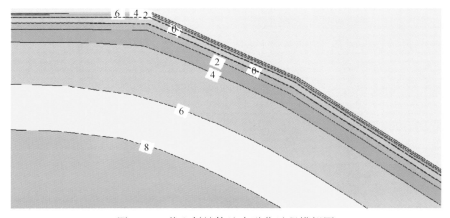

图6.24 黄土斜坡体地表融化过程模拟图

6.4.2　冻结滞水效应数值模拟

1. 模型建立及边界条件的设定

为了定量分析整个斜坡体内冻结滞水效应影响范围，在原位冻结滞水效应动态监测的基础上，利用改变渗流场边界条件的方法来表征斜坡地下水排泄通道受冻融作用的影响，从而模拟一个冻融周期内渗流场随时间的变化情况。以 2012 年 2 月 7 日因冻结滞水效应诱发的 JH13 号滑坡为例，采用 GEO-SLOPE 进行有限元非稳定流模拟（图 6.25），模拟冻结滞水引起的地下水壅高幅度和范围。模型将黄土下伏的粉质黏土视为隔水层，其顶部作为黄土地下水出露位置，坡体之后的台塬中部位置处的地下水位采用整个台塬区地下水位模拟结果。

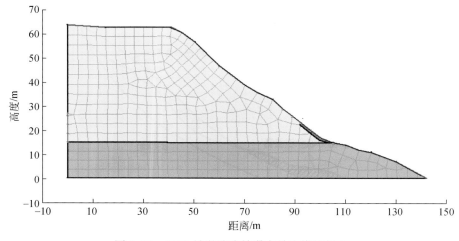

图 6.25　JH13 号滑坡冻结滞水效应模拟剖面

据台塬区地下水动力场模拟结果，台塬区地下水整体自西向东径流，加之滑坡区宽度较之整个台塬相对较窄，故其左右两侧视为定水头边界（第一类边界条件），前缘为排泄边界（即第三类边界条件），黄土底部粉质黏土层视为隔水边界。

2. 计算参数的选取

根据野外监测，区内季节性冻结作用始于 11 月中下旬，坡脚地下水溢出带因冻结渗透系数骤减，次年 2 月底冻结消融地下水排泄正常，渗透系数趋于正常，冻结滞水历时约100d，本次模拟为瞬态渗流场分析，包括 100d 冻结滞水期和地下水正常排泄期两种工况。冻结期及冻融循环期的渗透系数由第 6.3.2 节获得，土水特征曲线采用第 4.3.1 节 TRIM试验成果，具体取值见表 6.4 和表 6.5。

表 6.4　不同工况下渗透系数取值

工况	时间/d	黄土渗透系数/（m/d）	
		K_y	K_x
初始	稳态	0.181	0.027
冻结期	100	1×10^{-7}	1×10^{-7}
消融后	30	0.073	0.019

表 6.5　不同工况下土水特征曲线取值

工况	时间/d	n	α/kPa^{-1}	θ_r	θ_s
冻结期水位上升吸湿	100	1.62	0.066	0.082	0.42
消融后水位下降脱湿	30	1.51	0.019	0.082	0.5

3. 模拟结果

根据所建立的数值模型计算，不同冻融时期坡体渗流场见图 6.26 ~ 图 6.32。

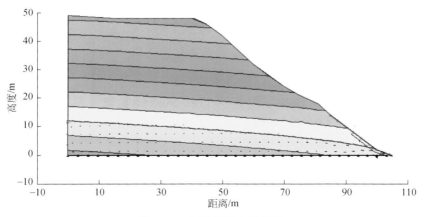

图 6.26　初始斜坡内渗流场

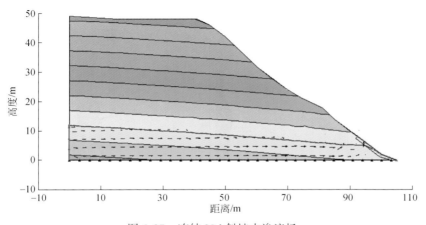

图 6.27　冻结 20d 斜坡内渗流场

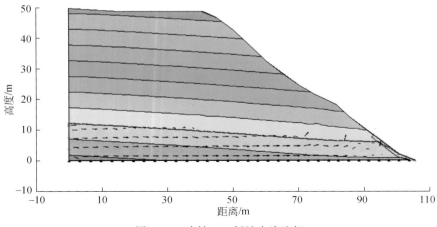

图 6.28　冻结 60d 斜坡内渗流场

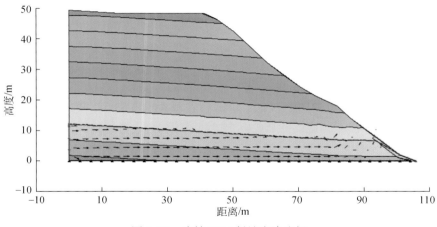

图 6.29　冻结 100d 斜坡内渗流场

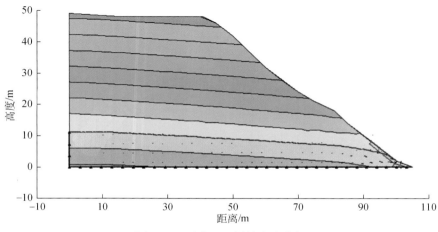

图 6.30　融化 10d 斜坡内渗流场

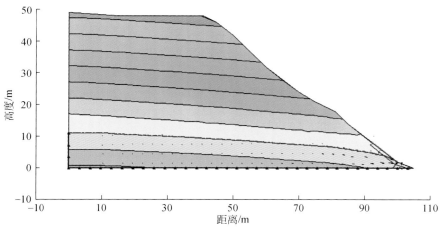

图 6.31　融化 20d 斜坡内渗流场

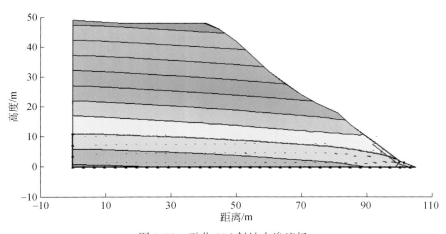

图 6.32　融化 30d 斜坡内渗流场

为了揭示斜坡不同位置处地下水位的变化情况，在斜坡剖面上设置了 9 个观测井，距坡脚地下水溢出带的水平距离分别为 10m、15m、20m、25m、30m、35m、40m、45m 和 50m，各观测井地下水位变化见表 6.6 及图 6.33 ~ 图 6.35。

表 6.6　各观测井不同时间的地下水位变化表

距离/m 时间/d	1 号	2 号	3 号	4 号	5 号	6 号	7 号	8 号	9 号
	10	15	20	25	30	35	40	45	50
初始	3.4	4.31	5.06	5.6	6.22	6.81	7.22	7.62	8.08
20	4.99	5.14	5.43	5.91	6.35	6.79	7.22	7.62	8.08
60	5.92	5.95	6.09	6.35	6.66	7.03	7.37	7.87	8.24
100	6.65	6.65	6.71	6.94	7.2	7.56	7.86	8.18	8.54

续表

| 距离/m
时间/d | 1 号 | 2 号 | 3 号 | 4 号 | 5 号 | 6 号 | 7 号 | 8 号 | 9 号 |
	10	15	20	25	30	35	40	45	50
110	4.51	5.66	6.43	6.87	7.24	7.54	7.84	8.2	8.47
120	4.19	5.39	6.28	6.87	7.24	7.54	7.84	8.2	8.47
130	4.01	5.13	5.94	6.22	6.89	7.43	7.77	8.15	8.47

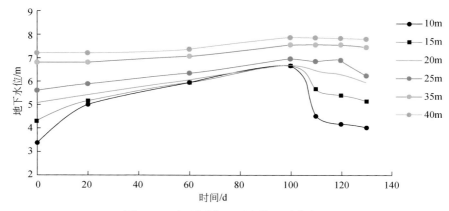

图 6.33　各观测井地下水位历时曲线图

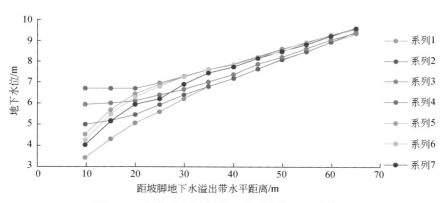

图 6.34　坡体内部不同位置地下水位历时曲线图

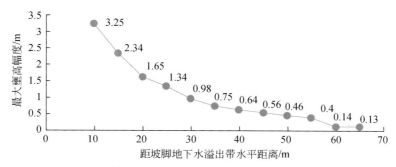

图 6.35　坡体内部不同位置地下水位最高壅高幅度变化图

　　模拟表明冻结滞水效应显著，以 2 月冻结层融化前地下水位最高：1 号观测井距地下水溢出带水平距离 10m，冻结初期其水位迅速攀升，之后水位升高速度变缓，到融化前水位上升约 3.25m，融化后水位快速下降，大约 30d 基本恢复常态；2 号观测井距地下水溢出带水平距离为 15m，其水位变化规律与 1 号井相似，最大上升 2.34m；3、4 号观测井距地下水溢出带水平距离分别为 20m、25m，冻融期内增长或下降速率基本稳定，分别上升 1.65m 和 1.34m；7、8 号观测井距地下水溢出带水平距离 30m、35m，冻结期间水位缓慢增长，分别上升 0.98m、0.75m，融化后短期内水位降低不明显，表明壅高的地下水解冻后排泄相对缓慢。

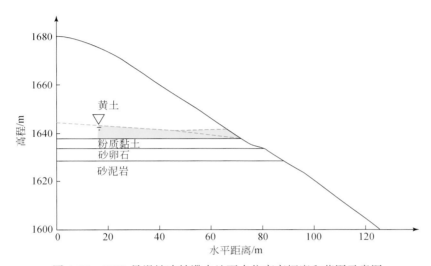

图 6.36　JH13 号滑坡冻结滞水地下水位壅高幅度和范围示意图

　　冻结滞水引起地下水位壅高幅度最大约 3.25m，最远可以影响到坡体内部距地下水溢出带水平距离 50m 处（图 6.36），坡脚剪出口部位的水位壅高幅度最大，故而对斜坡稳定性影响较大。

6.5　冻融作用对斜坡稳定性影响

6.5.1　冻结滞水促滑机制

　　季节性冻融作用是斜坡变形破坏的重要外动力因素和促发因素之一（吴玮江，1996），其作用机理主要包括以下 3 个方面：季节性冻结作用造成地下水溢出带冻结，从而排泄量减弱或停滞，冻结滞水效应使地下水位从排泄口向坡体内部不断壅高；斜坡区土体软化范围扩大，土体强度弱化；冻融期昼夜反复融化不仅使岩土体强度进一步弱化，同时动水压力也增大，从而引发滑坡（图 6.37）。

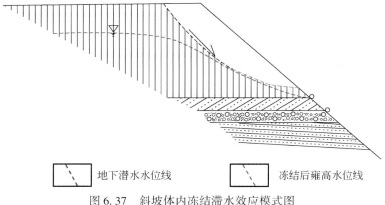

地下潜水水位线　　　　　　　冻结后壅高水位线

图 6.37　斜坡体内冻结滞水效应模式图

1. 冻结使地下水排泄不畅，坡体内地下水壅高

冻结作用主要是通过改变斜坡体内地下水的状态而降低斜坡整体稳定性的。黑方台地区冬季平均气温为-5℃，极端最低温度达-18.2℃，严寒致斜坡表部土体被冻结，滑坡剪出口附近的地下水线状排泄通道也被冻结，导致冻结期内地下水排泄流量较小或断流，便在斜坡地下水排泄带形成季节性"拦水坝"，阻滞地下水向外排泄，整个坡体则成为一个完整的储水囊。而该时段又是年内农业灌溉量最大的冬灌季节，地下水补给量有增无减，加之坡体内部并未冻结，地下水仍持续不断地向台缘周边径流运移，排泄受阻后便从排泄带向坡体内部逐渐壅高，扩大了斜坡区的含水范围，抬高了地下水位，增加了斜坡体的静水压力。据调查，黑方台地区泉水流量一般为 $0.1 \sim 0.7 \mathrm{L/s}$，按照冻结断流期为 3 个月匡算，则单个滑坡体在一个冻结期内可增加水体约 $790 \sim 5500 \mathrm{m}^3$，若斜坡体横截面为 $100 \mathrm{m} \times 100 \mathrm{m}$，则增加的静水压力为 $0.79 \sim 5.5 \mathrm{kPa}$。又因地下水位壅高地带多集中在该区控制斜坡变形破坏的关键部位——粉质黏土顶面附近，从而极易形成潜在软弱带而诱发滑坡。

2. 季节性冻融作用引起土体水热运移，降低土体强度

事实上，季节性冻融作用对斜坡表层及内部土体强度都会产生影响，所以季节性冻融作用诱发滑坡有两种方式，即其降低斜坡土体强度的作用方式有两类。

一种是对于斜坡整体变形破坏来说，地下水排泄通道被冻结时在坡体自外向内产生地下水壅高，导致坡体内饱水范围扩大，壅高过水范围内的黄土浸水软化，强度降低，加之这种软化常作用于滑坡剪出口部位或阻滑区，其对降低斜坡稳定性、孕育滑坡具有显著的作用。

另一种是由于冻融作用产生的水热运移引起冻结影响范围之内土体含水量发生变化（图 6.38），冻结后随着冻深的增加，冻结锋向下推移，冻结层内水分运移速度减缓甚或停滞运移，冻融循环期内随着气温的增加，地表水分融解并向下运移，因冻结层尚未完全

融解，在地表之下 0.3~0.5m 深度处积累增湿，完全融化后，水分迅速下移，1.2m 深度处含水量由冻结时的 0.21cm³/cm³ 骤增至 0.35 cm³/cm³，达到饱和含水量，而含水量又是土体强度最为敏感的影响因素，故冻融时土体含水量剧增造成表部土体强度劣化是发生冻融期浅层滑塌的最重要因素。加之季节性冻土表层冻结范围内土体年复一年经历反复冻融作用，冻结期土体的冻胀作用，融化期土体的融陷作用，致其强度劣化，尤其是剪出口部位的饱和黄土冻结期强度强化，经历 10~20d 的冻融循环后强度丧失达 99%，相当于冻结期在剪出口部位天然形成挡土墙经历冻融循环后突然崩溃，易引起斜坡失稳。

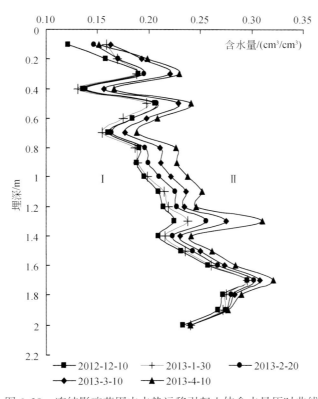

图 6.38　冻结影响范围内水热运移引起土体含水量历时曲线

3. 冻融作用增大斜坡区静、动水压力

典型冻融诱发型黄土滑坡模拟下水渗流较弱，动水压力较小。但在春季 3 月气温回升后，表层土体解冻，地下水又重新分布形成新的排泄通道，地下水位又重新下降至新的平衡位置，初期因坡体内壅高所积存水量较大，泉的流量也较大，水体的渗流范围和水头差也较大，所以在融化初期内可产生较大的动水压力和机械潜蚀作用，这种最不利工况对斜坡稳定性影响最大，极易成为诱发滑坡的"最后一根稻草"。可见，冻融作用也可引起坡体内静、动水压力季节性变化，进而影响斜坡体的应力状态和稳定性。

6.5.2 典型冻融诱发型黄土滑坡

2012年2月7日，$V=120000m^3$

照片 6.1 JH13 号滑坡 "2012.2.7" 滑动全貌

2012 年 2 月 7 日 16 时 30 分，永靖县盐锅峡镇黑台台塬焦家崖头发生滑坡，滑坡长约 120m，宽 100m，厚约 10m，体积约 $12\times10^4m^3$，滑向 105°。为 JH13 号滑坡范围内产生的继发性滑坡，圈椅状形态明显，周界清晰（照片 6.1）。滑坡将盐兰公路上正在行驶的两辆车推入黄河八盘峡库区，造成 1 人死亡、3 人失踪的惨剧，滑坡阻断盐兰公路，大部滑体高速冲入八盘峡库区，激起高约 6m 的涌浪，涌浪最远波及黄河南岸达 270m。

据调查，该滑坡自 20 世纪 80 年代以来曾多次发生滑动，以冻融期尤为多发。从野外调查可知，未冻结前，粉质黏土层顶面可见地下水呈线状渗出，浸润坡体前缘致黄土泻溜发生溯源后退形成溜泥湾，冬季冻结时地下水排泄受阻，从而在冻结滞水效应作用促发滑坡失稳。

该滑坡于 2011 年 4 月 27 日 14 时 50 分曾发生规模约 $0.9\times10^4m^3$ 的滑动，临滑时间滞后当地完全解冻时间约 1 个月，通过对滑坡右侧坡体上安装的孔隙水压力监测数据的分析发现（图 6.39），在 2011 年 4 月 4 日 13 时孔隙水压力曾瞬间骤降 2.7kPa，初步分析认为在 4 月 4 日滑体整体曾有一次强烈变形，或前缘发生一次小规模滑坡致地下水排泄畅通致孔隙水压力快速消散，而后在 4 月 27 日 15 时左右临滑，从而发生此次滑坡。另外，从监测数据来看，其在 2011 年 3 月中旬冻结时孔隙水压力逐步抬升，从 12 月 9 日的 6.4 kPa 抬升至 3 月 12 日的 16.1 kPa，最高为 3 月 30 日的 16.3 kPa，大致可推算出地下水位冻结壅高幅度约 9.9 kPa，换算成水头高度约 0.99m；而后，孔隙水压力较为稳定。但在 4 月 4 日 13 时曾有一次突降，由 16.2 kPa 突降至 13.5 kPa，此后，在临滑前孔隙水压力一直较为稳定，没有明显的突升或突降；在 27 日 15 时因滑坡失稳，孔压突降至 12.7 kPa，并持续下降，到 4 月 29 日 0 时 30 分左右，由 10.5 kPa 突降至 8.5 kPa，截至 5 月 3 日，孔隙水压力稳定在 8 kPa 左右。

从滑坡发生时监测到的孔压变化结果发现，滑坡发生前后，孔隙水压力会有较明显的突变。因此，对黄土滑坡饱和土层中的孔隙水压力进行实时监测，可对滑坡机理和预警起到一定的作用。

6.5.3 典型冻融诱发型黄土滑坡数值模拟

选取 6.4 节所建焦家 JH13 号滑坡模型进行模拟，并将地温场和冻结滞水渗流场野外动态监测和数值模拟结果作为斜坡稳定性分析的基础，实现温度场、渗流场和斜坡稳定性的耦合分析。模型包含非饱和黄土、饱和黄土、冻土和冻融循环土四种材料，各材料的物理力学参数通过室内常规试验、冻结强度试验和现场试验等方法综合确定，与 6.3 节和 6.4 节相同。

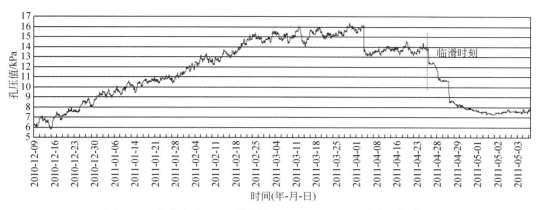

图 6.39　焦家崖头 JH13 号滑坡 "2011.4.27" 滑坡孔压曲线图

　　地温场以及由此引起的渗流场变化影响着斜坡稳定性，将地温场和渗流场模拟结果作为边界条件，设置以下 7 种工况（表 6.7）进行稳定性耦合分析与计算。

表 6.7　冻融作用对斜坡稳定性影响工况统计表

工况	工况 1	工况 2	工况 3	工况 4	工况 5	工况 6	工况 7
时间/d	0	60	100	100	110	120	130
渗流场	初始渗流场	冻结 60 天渗流场	冻结 100 天渗流场	冻结 100 天渗流场	融化 10 天渗流场	融化 20 天渗流场	融化 30 天渗流场
冻结层状态	未冻	冻结	冻结	融化	融化	融化	融化
水位变化趋势	稳定	上升	最高	最高	下降	下降	下降

　　各种工况条件下计算结果见图 6.40 ~ 图 6.46。

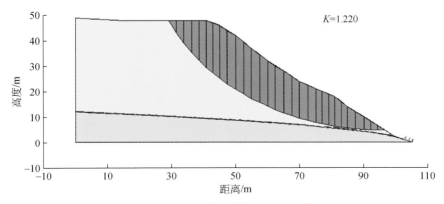

图 6.40　冻融作用前斜坡稳定系数

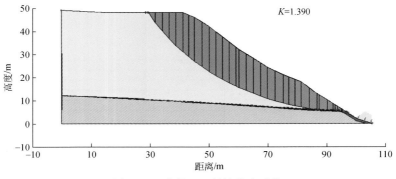

图 6.41　冻结 60d 斜坡稳定系数

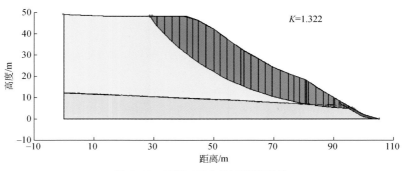

图 6.42　冻结 100d 斜坡稳定系数

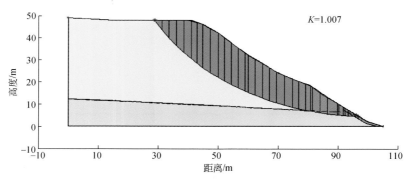

图 6.43　融化时斜坡稳定系数

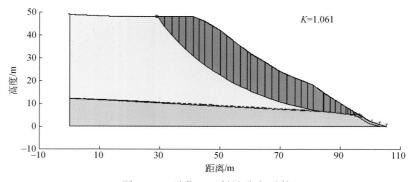

图 6.44　融化 10d 斜坡稳定系数

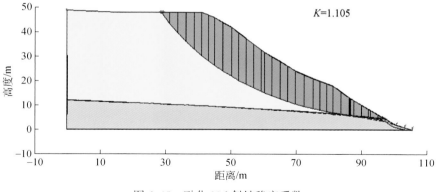

图 6.45　融化 20d 斜坡稳定系数

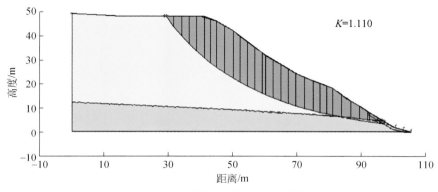

图 6.46　融化 30d 斜坡稳定系数

冬初未冻结之前，相应一年之内引灌量最大的冬灌期尚未开始，加之作物需水量处于一年之内最低时期，斜坡体内地下水渗流场相应处于稳态，此时斜坡稳定系数为 1.22。当气温下降，地下水排泄通道被冻结，排泄受阻而产生地下水位的壅高，导致坡体内饱水范围扩大，导致滑坡阻滑区壅高过水范围内的黄土浸水软化，非饱和黄土变为饱和状态，或者含水量增加基质吸力下降，抗剪强度迅速降低，但此时坡脚地下水溢出带为冻结状态，溢出带处的饱和黄土抗剪强度因冻结激增，黏聚力增加近 100 倍，等同于在剪出口天然修建"抗滑挡墙"，斜坡稳定系数反而增加至 1.390；当冻结 100d 时，由于坡体内部地下水饱水范围的扩大，斜坡稳定系数下降为 1.322。当第二年开春冻融期时，坡脚地下水溢出带解冻，之前在坡脚富集的大量地下水开始重新排泄，水体的渗流范围和水头差也较大，所以在融化初期内可产生较大的动水压力和机械潜蚀作用，加之其抗剪强度变迅速下降，强度丧失达 99%，如同因冻结而形成的"天然抗滑挡墙"突然溃决，斜坡的稳定系数迅速下降，仅为 1.007，已处于临滑状态，随时有破坏的可能。随着地下水位的排泄流量渐趋正常，斜坡稳定性稍有增加，亦趋于稳定。冻结层融化后 10d、20d、30d，稳定系数分别为 1.061、1.105、1.110。

第7章　灌溉引起的黄土滑坡

黑方台特殊的地形地貌、坡体结构、岩土工程性质及水文地质条件，在引水灌溉和冻融等因素的综合作用下，台缘周边滑坡多发。因黑方台地区黄土滑坡灾害灌溉渗透诱发成灾机理典型，形成时代新，发生频次高，平均每年达3~5次，堪称"现代滑坡博物馆"。

7.1　灌溉诱发的黄土滑坡发育特征

7.1.1　灌溉诱发的滑坡发育特征

1. 灌溉诱发的滑坡形态特征

1）黄土滑坡形态特征

a. 平面形态

黄土滑坡分布区域集中于野狐沟至湟水桥头之间，滑坡形态多呈明显的圈椅状，多期次堆积体叠加影响，整体平面形态多样（图7.1），个别滑坡因长期侵蚀，后壁平面形态不明晰，如JH1号滑坡。滑坡平面形态主要有长舌形、窄三角形、马蹄形及似矩形。JH5至JH12滑坡及JH17滑坡前缘因滑损道路修复、开挖灌渠及土地整理导致其平面形态有较大改变。

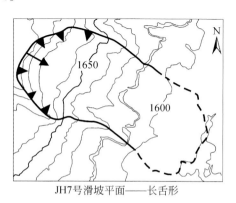

JH7号滑坡平面——长舌形　　　　JH14号滑坡平面——马蹄形

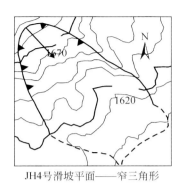
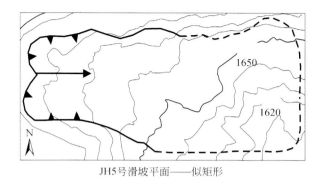

JH4号滑坡平面——窄三角形　　　　　　　　　　JH5号滑坡平面——似矩形

图 7.1　黄土滑坡平面形态类型示意图

b. 长度、宽度与厚度

黑方台地区 24 处黄土滑坡特征数据进行统计分析，得出黄土滑坡长度、宽度和厚度的分布区间，JH14、JH15、JH16 滑坡因滑体冲入八盘峡库区，因此，长度与厚度数据无法获得，仅统计其宽度。

长度：滑坡堆积体长度介于 50～600m，主要集中于 50～300m，有 15 处，占黄土滑坡总数的 62.6%，每 100m 划分区间内都有分布，其中，101～200m 分布黄土滑坡数量最多，有 7 处，占黄土滑坡总数的 29.2%。

宽度：滑坡宽度分布跨度较大，介于 30～500m，87.5% 分布于 30～200m，其中<100m 者 9 处，占黄土滑坡总数的 37.5%，101～200m 区间分布 12 处，占黄土滑坡总数的50%，201～300m 共两处，占黄土滑坡总数的 8.3%，301～400m 分布滑坡 1 处，占黄土滑坡总数的 4.2%。

厚度：滑坡厚度分布范围为 1～15m，其中，1～5m 有 10 处，占黄土滑坡总数的41.7%，6～10m 有 6 处，占黄土滑坡总数的 25%，11～15m 有 5 处，占黄土滑坡总数的 20.8%。

c. 面积和体积

从以上分析可知，黄土滑坡体的长度主要集中在 50～600m，宽度主要集中在 30～500m，厚度主要集中在 1～15m，由此可见，黄土滑坡体积主要取决于滑坡面积，面积越大，滑坡体积就越大。就以上统计的长度、宽度和厚度资料，求得滑坡体面积为（0.26～18）×10^4m^2，体积为（1.6～180）×10^4m^3。

2）黄土−基岩滑坡形态特征

a. 平面形态

黑方台地区黄土−基岩滑坡主要分布在野狐沟至虎狼沟口之间，其规模一般较大，个别相邻滑坡堆积体侧缘存在互相叠加影响，但整体平面形态较为清晰，除加油站滑坡、黄茨 1 号滑坡及野狐沟 1 号滑坡等滑坡堆积体长度远大于其宽度外，滑坡堆积体长度均小于或略大于其宽度，从其平面形态来看，大致可分为舌形及不规则矩形两种（图 7.2）。

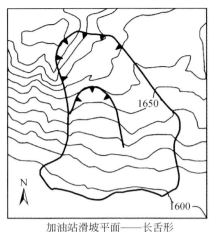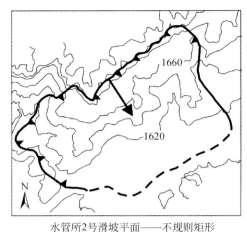

加油站滑坡平面——长舌形　　　　　　　水管所2号滑坡平面——不规则矩形

图 7.2　黄土–基岩滑坡平面形态类型示意图

b. 长度、宽度与厚度

据区内 11 处黄土–基岩滑坡特征数据统计分析，得出黄土–基岩滑坡长度、宽度和厚度的分布区间。

长度：黑方台地区黄土–基岩滑坡堆积体长度介于 100～500m；301～400m 较为集中，共有 6 处，占黄土–基岩滑坡总数的 54.7%；101～200m 分布滑坡 3 处，占黄土–基岩滑坡总数的 27.3%；201～300m 及 401～500m 各分布滑坡 1 处，各占黄土–基岩滑坡总数的 9%。

宽度：黑方台地区黄土–基岩滑坡宽度分布跨度较大，分布于 50～600m，以 401～500m 最为集中，共分布 5 处，占黄土–基岩滑坡总数的 45.7%；次为<100m，共分布 3 处，占黄土–基岩滑坡总数的 27.3%；201～300m、301～400m、501～600m 各分布 1 处，分别占黄土–基岩滑坡总数的 9%；101～200m 无滑坡分布。

厚度：黄土–基岩滑坡厚度相对较大，主要分布在 21～40m，约占黄土–基岩滑坡总数的 82.0%；其中，31～40m 有 6 处，占黄土–基岩滑坡总数的 54.7%；21～30m 有 3 处，占黄土–基岩滑坡总数的 27.3%。除此，10～20m 和 41～50m 各有 1 处，占黄土–基岩滑坡总数的 9%。

c. 面积和体积

从以上分析可知，黄土–基岩滑坡体的长度主要集中在 100～400m，宽度主要集中在 50～500m，厚度主要集中在 20～40m，由此可见，黄土–基岩滑坡体积主要取决于滑坡面积，面积越大，滑坡体积就越大。就以上统计的长度、宽度和厚度资料，求得滑坡体面积为 $(0.84～24)×10^4 m^2$，体积为 $(15～730)×10^4 m^3$。

2. 灌溉诱发的滑坡结构特征

1）黄土滑坡结构特征

a. 黄土滑坡边界特征

（1）滑坡后壁

滑坡后壁是滑坡体最为显著的特征之一，其平面形态呈直线形或弧形。后壁陡立，多在40°～80°，坡向与原坡向基本一致，但坡度明显大于原坡面；顶部与塬边坡面近垂直相交，形成明显的坡度转折棱坎。除个别新近发生新滑坡，后壁斜长数米至十数米相对较短外，其余多为继发性滑坡，因滑体残存不多，故滑壁陡立直至粉质黏土层顶面，长50～60m。

由于黄土滑坡多为近40年来发生的新滑坡，故后壁特征典型，后壁上部存在明显的擦痕及镜面（照片7.1），后壁多呈光滑弧面，无植被生长（照片7.2）。后壁上部靠近塬顶部位多呈直立状，土体结构破碎，滑坡体后壁因坡脚地下水浸润及卸荷裂隙的作用，常有小型滑塌体（照片7.3），土体新鲜面多有出露。距后壁30m范围内平行后壁发育有数条环状裂缝（照片7.4），裂隙一般张开宽5～20cm，延伸长度20～80m，最大延伸长度约180m，裂隙间距为0.4～1.5m，错开高度为10～50cm。滑坡后缘裂缝平面上多呈"W"型或折线型，即大多后缘裂缝都沿滑坡后壁近弧状展布，靠近后壁处裂隙连通性张开性均相对较好，离后壁愈远，连通性较差，沿连通方向呈串珠状落水洞，直径一般介于0.2～1m，可见深度为0.5～2m。由于较早的灌渠沿塬边分布，渠内灌溉水渗漏侵蚀滑坡后壁，因此，在滑坡后壁沿旧有灌渠边也分布较多落水洞，一般沿灌渠外侧与沟缘线之间分布，直径0.2～0.5m不等，大者可达2～3m，可见深度为0.2～3m，当渗漏水量过大时，会剧烈冲刷后壁，形成局部的小型滑塌体（照片7.5）。

照片7.1　JH7滑坡后壁上发育的擦痕

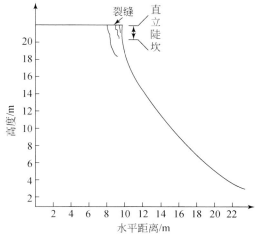

照片7.2　JH11滑坡后壁形态示意图（左为滑坡后壁照片，右为剖面形态示意图）

照片 7.3　JH8 滑坡后壁由于地下水渗漏
及卸荷裂隙产生的小型滑塌

照片 7.5　JH9 滑坡后壁灌渠渗漏从落水
洞快速入渗潜蚀引起滑坡后壁滑塌

照片 7.4　JH16 滑坡后缘拉张裂缝

（2）滑坡侧界

黄土滑坡周界十分清晰，滑坡侧界分两部分：上部为侧壁，与后壁特征相近；下部为滑体边界，在滑动中滑体堆积于下方，向两侧扩展。滑坡下滑后，坡面坡度减缓，在斜坡上形成凹地，凹地两侧即为上部侧界。随着滑坡发生时间早晚不同，侧界保留的清晰程度也不同。"焦家滑坡群"由于滑坡分布较为集中，一些相连的滑坡堆积体互相叠置，依据发生时间不同，后期发生滑坡堆积在前期侧边滑坡体上，侧边界互相重合，在叠加处形成扇状过渡带，后发生的滑坡体沿前期发生的堆积体坡面向上爬升，交汇处地形凹陷形成小沟，可依据互相叠加的顺序及堆积体风化破碎程度来判定其多次发生顺序。多数滑坡体中前部几乎完全分解为散体状铺洒在原斜坡下部及二级阶地后部，中前部滑体堆积厚度较小，且表面高差不大，并可见若干条向前突出的弧形岗垄。

b. 滑坡前缘

（1）出露位置

滑坡前缘多就地堆积于塬边坡脚，覆盖于黄河 II 级阶地之上，堆积体与下伏阶地卵石层之间存在明显的接触界面（照片 7.6）。焦家滑坡群高速滑动后，滑动距离较远，滑坡前缘多冲过 G309 国道，甚至推倒公路南侧房屋建筑，滑坡前缘局部携带有四级阶地所堆积的砂卵石形成驳杂的堆积体（照片 7.7）。

（2）临空面

黄土滑坡滑距一般较远，但堆积体前缘坡度较为平缓，一般小于 20°。个别滑体如 JH8 号、JH9 号、JH10 号的前缘，2009 年年底在土地整理过程中被开挖，形成两至三级平台（照片 7.8），从开挖露头清晰可见滑动挤压形成的致密纹理。

照片 7.6　JH10 滑坡堆积体与下伏黄河级阶地接触面

照片 7.7　JH7 滑坡前缘驳杂堆积体

照片 7.8　焦家滑坡群前缘土地整理

（3）剪出口

滑坡剪出口位于台缘周边斜坡中部冲积粉质黏土层顶面，其位置一般较高，上覆的上更新统黄土沿冲积粉质黏土层顶面滑动，剪出口高出前方 Ⅱ 级阶地 60～70m，具有较大的势能，常表现为高速远程滑动。

c. 表部变形特征

（1）微地貌

滑坡表面微地貌形态多样。后缘是滑坡体的最高点，由于滑体下滑后形成反倾坡面，较陡后壁与反倾后缘间形成封闭的洼地，地下水在洼地汇集，多见喜水植物生长。滑坡体结构疏松，落水洞发育，常形成串珠状落水洞，直径数十厘米至数米，可见深度 1~3m 不等（照片 7.9）。斜坡中下部的堆积体多将滑体后壁排水通道堵塞，泉水沿原始基岩坡面处下渗转化为潜流，浸润掏蚀滑体底部，久而久之，在滑坡剪出口以下的堆积体中形成多条纵向贯通的冲沟（照片 7.10），冲沟多下切至基岩坡面，冲沟谷宽一般为 3~5m，切割深约 3m，冲沟普遍表现为上宽深下窄浅的特征，冲沟底部多有地下水流，冲沟两侧滑坡体裂缝发育，常有崩落掉块。在多数堆积体上，冲沟可见部分变窄变浅，直至消失，水流重新潜入堆积体下部成为潜流。其上堆积体表面蓬松，坡面可见滑床残留滑体转化为黏性泥流流过后泥皮痕迹（照片 7.11），行走时常踩到落水洞，但洞口均被坡面的多次泥流填充。在滑坡体中前部广泛分布极为明显的"流线状堆积"（照片 7.12），这种堆积形态完全受或宽、或长、或短的沟谷控制（滑坡不止一次滑动，滑坡前方地面成凹凸不平状），

照片 7.9　JH9 滑体串珠状落水洞

照片 7.10　JH9 滑体发育的冲沟

照片 7.11　JH9 滑体表面黏性泥流

照片 7.12　JH11 滑体上的流线状堆积

在沟谷中高速运动的已充分解体的黄土，一方面由于沟谷中心通常纵坡较大，解体的滑体借助于液化势能或底部的水流呈黏性流动；另一方面在沟谷中心部位运动的土体与两侧同样在运动中的土体间摩擦相对较小，故运动速度较快，而在两侧因吸湿作用黏性流动速度相对较慢，故不仅形成中间低、两侧高的一条条纵向土垅，而且这些纵向土垅随沟谷的弯转而弯转，构成非常流畅圆滑的"流线状堆积"，在一条条纵向土垅的分界面上常可见到清晰的向下游倾斜的擦痕。

（2）裂缝特征

黄土滑坡多为新近发生滑坡，其上裂缝清晰可见，以张裂缝为主。滑体两侧可见有张性裂缝，裂缝宽数厘米，近似平行排列，间距随滑坡规模而不等，从数厘米到数米都有。裂缝的大量分布导致土体较为破碎。

d. 内部结构特征

（1）滑坡体整体特征

黄土滑坡发生年代一般不超过 40 年，绝大多数是 20 世纪 70 年代以来发生的。黑方台地区的黄土滑坡均产生于四级阶地基座之上的上更新统风积黄土和上更新统冲积成因的二元结构台塬斜坡地带，这些滑坡同处于一个地貌单元，滑体结构和滑体土的岩性都较为接近。滑坡均系上更新统风积黄土沿冲积粉质黏土层顶面滑动，滑坡体多由黄土组成，底部偶见少量粉质黏土团块及少量砂砾石，甚或基岩残块，其结构松散，抗冲蚀力差，滑床后部地下水汇集后常在滑体冲蚀形成窄深冲沟。由于剪出口位置较高，且剪出口前部临空面较高，白垩系砂泥岩组成的斜坡坡度一般在 25°~40°，滑坡借助高位势能多表现为高速远程滑动，部分滑体运动 150~200m 后越过 G309 国道堆积于 II 级阶地阶面之上。滑坡体多依原始坡面堆积于斜坡中下部，后期滑体多披覆于早期滑体，但不同时期堆积物形迹界限依稀可辨（照片 7.13）。滑坡堆积体表面一般较缓，似摩擦角一般 12°~23°。滑床上残存滑体不多，堆积于滑床后部的新近发生小规模滑坡体堵塞地下水排泄通道，地下水浸润滑体底部转化形成黏性泥流向前流动，而堆积体表部随下部泥流潜蚀掏空后局部下沉，沿冲沟走向在其上方形成数个洞径不一的落水洞。

照片 7.13　JH9 滑坡不同期次滑坡叠置堆积

（2）滑动面及滑床

研究区的黄土滑坡一般沿粉质黏土层顶面滑动，滑动面整体呈典型的圆弧形，依据在滑坡滑移过程中产生的作用不同大致可分为两段：前部沿粉质黏土层顶面发育的主滑带为快速滑移带，一般近于水平，微向坡体外倾斜；后部沿后缘拉张裂隙或卸荷裂隙向下扩展为拉张开裂段，呈陡倾状，有的近于直立，滑动面多平直或微弧形，滑动面上的擦痕非常明显，尤其是最近发生的新滑坡，在其后壁的滑动面上均能发现擦痕，拉张开裂段通常具有明显的触发因素，如灌渠渗漏、滑坡后壁小规模失稳等；两者转折部位为黄土与粉质黏土接触面。滑床上残存滑体较少，残存滑体厚度一般为 3～5m，从后部向前部表面呈 5°～10° 缓倾，滑体因地下水溢出口长期浸润，多呈饱和，表面受该地区强烈蒸发影响，表层积盐严重，冲沟两侧多见白色盐华（照片 7.14）。同时，滑床后部多见溜泥湾形式侵蚀后退，且低洼处多有积水，可见芦苇或其他喜水植物（照片 7.15）。

照片 7.14　JH9 滑床积盐形成白色盐华

照片 7.15　JH14 滑坡前缘喜水植物

e. 失稳破坏特征

黄土滑坡多为高速远程滑坡，主要表现为：①滑床上堆积较少，滑坡体多解体为散体状，几乎无 10～20cm 以上的黄土块体，在滑床之上呈现一跨到底的堆积特征；②滑距一般为 200～300m，最远可达 540m；③滑动启动后由于地下水排泄畅通，溢出量明显增大，受其影响在运动后期常表现为黏性流动，在滑体两侧表现尤为明显；④滑体表面平缓，且其表面可见多期次泥皮存在，堆积体似摩擦角多为 15° 左右。分析原因主要有以下几方面：滑坡剪出口多处四级基座阶地中上部，前部临空面高为 60～70m，滑坡一旦失稳，位于高位的滑体具有较高的势能；滑坡前缘几乎没有抗滑段，因而整个滑体往往是突然的快速启动；同时由于滑坡沿下伏粉质黏土层或者砂卵石层滑动，该地层在地下水的长期浸泡下，土体含水量达到饱和，在滑坡滑动过程中易形成滑动液化，对滑坡滑动速度具有较大的提升；滑床多为相对隔水的粉质黏土层，表面残存 2～5m 后的滑坡堆积体，其在地下水长期浸润下多处饱和状态，滑坡发生后滑体以较高的滑速冲击滑床，所产生的超孔隙水压力无法消散，从而产生所谓的"西瓜皮"效应，致使滑坡在初始启动后在以往滑床段产生加速；台塬边坡体下覆基岩坡度较大，多为 40° 以上，距离下方 II 级阶地高差达 60 余米，为黄土滑坡远程运移提供较好的临空面；台塬边拉张裂缝充分发育，数量众多，裂缝向下延伸，可见深度达数米，使得滑坡锁固区域变小，减小其下滑阻力，以上各种条件的综合作用使得黑方台地区黄土滑坡多具备高速远程的滑动特征。

2）黄土–基岩滑坡结构特征

a. 黄土–基岩滑坡边界特征

（1）滑坡后壁

黄土–基岩滑坡后壁高度一般近于直立状，平面轮廓清晰，可清楚辨别滑坡各期次滑动特征（照片 7.16）。滑坡后壁与台塬缘边线近于垂直相交，因滑动距离相对较小，所以后壁高度也不大，多数介于 10～30m，后壁剖面形态呈直线状或近圆弧状，坡度一般在 50°～70°，坡面光滑，上部存在明显的镜面和擦痕。滑坡后壁后缘 20m 范围内发育多条拉张裂缝（照片 7.17），裂缝走向一般平行于滑坡后壁，裂缝宽度介于 5～50cm，错开高度一般为 30cm 左右，可见深度为 0.2～1m，延伸长度从 10～100m 都有分布，裂缝间距 0.1～3m 不等，这些裂缝为灌溉水的下渗提供良好的下泄通道。紧邻滑坡后壁处，土体受裂缝切割影响结构破碎，稳定性差，多数呈长条状块体悬挂于后壁之上，仅下部较少部分与后壁锁固，如遇降水等因素影响，极易转化为小型崩塌（照片 7.18）。较早期次发生滑动的后壁多位于滑坡体中部或者中下部，由于滑动时期较早，且经历后期较新滑动的影响，滑坡后壁有些许改造，但仍依稀可辨其上的擦痕及镜面。

照片 7.16　黄茨滑坡体上发育的多期次滑动平台及后壁

照片 7.17　方台 2 号滑坡后缘拉张裂缝

照片 7.18　黄茨滑坡后缘小型崩塌

（2）滑坡侧界

黄土-基岩滑坡后侧以后壁最新一期滑动为后界，其形态特征同上述后壁描述，滑坡两侧侧界一般多位于两侧坡体的冲沟内，堆积体滑移后，受对侧坡面阻滞作用影响，往往限制其向两侧扩移，虽然有少量堆积体填埋冲沟，但堆积物总体向下方运动，在堆积物与原始坡体交界处，呈较为平缓的"V"型沟谷沿滑动方向延伸，其侧界多以"V"型沟谷的沟底为界，在部分滑坡两侧或前端，可见有地下水浸润点或者明显泉水出露，分析为滑动堆积体堵塞地下水排泄通道，致使地下水向两侧流动，最后在两侧或前缘低洼处流出。据访问，滑坡滑动前后泉点出露位置常发生移动变化。

b. 滑坡前缘

（1）出露位置

黄土-基岩滑动运移距离一般较短，滑坡体前缘直接堆积于黄河Ⅱ级阶地之上。受滑动推移作用影响，前缘出露位置以基岩为主，虽堆积层序可辨，但结构松散，块体破碎，堆积体前缘坡度多介于30°~50°。部分滑体前缘或两侧中下部有泉水出露，泉水流量为0.1~0.3L/s。

（2）临空面

除野狐沟1号滑坡前缘形成高约30m的临空面以外，绝大多数黄土-基岩滑坡都滑动后直接堆积于Ⅱ级阶地阶面之上，因引水灌渠修建在前部形成高3~10m左右的临空面，但临空面坡度相对较缓，一般<50°。同时，黄土-基岩滑坡前部基本有基岩组成，白垩系砂泥岩受滑动作用的影响，虽整体层序保存较完整，但受后部滑体挤压，结构多被破坏呈碎裂状，鼓胀裂隙极为发育，加之其结构破坏后抗风化能力差，极易被风化。

照片7.19　黄茨滑坡堆积体前缘反翘带

（3）剪出口

黄土-基岩滑坡剪出口按发育位置可分为三类：一类位于坡脚地面以下，如黄茨滑坡等，此类滑坡滑动顺层面延伸至坡脚的Ⅱ级阶地后缘阶面以下，滑动时堆积体前缘反翘，形成较为明显的反翘带，在前缘露出地表位置有较为直观的特征（照片7.19）；另一类是位于原始斜坡坡脚位置，塬边坡体发生滑动时，基岩内滑动面较浅，延伸至坡脚时，巨大的冲击力直接剪断坡脚岩体向前滑动，如水管所滑坡；还有一类是位于斜坡中部的基岩顶面部位，因滑向与坡向一致，上覆黄土沿基岩顶面发生顺层滑动，如野狐沟1号滑坡。

c. 表部变形特征

（1）微地貌变化特征

黄土-基岩滑坡滑体上大多都保存有两级或三级的平台（照片7.20），平台一般宽30~

50m，坡度介于 5°~10°，这些平台均是滑坡发生前的台塬表面，历经滑动后的保留，从这些平台可初步判断滑坡发生的期次，但个别滑坡经过后期人工改造，如苹牲滑坡现有多达七级的平台。因较早期次滑动所形成滑体的反压作用，加之较新期次滑坡滑动时的推挤作用，在较老期次滑坡形成与滑动方向相反的反坡平台（照片7.20），反坡坡度介于 5°~15°，高度不大，多数介于 0.5~2m。反坡平台后部常形成沉陷凹槽，凹槽宽一般为 3~5m，下挫深度 2m 左右，受凹槽汇水效应的影响，槽内植物生长茂盛。最上一级平台由于滑坡时间较新，原台面形态及其上附着物、植被等保存较完整，且后部无沉陷凹槽现象。

照片 7.20　水管所滑坡堆积体上发育的反坡平台

滑体中前部发育大量由推挤作用产生的反向叠瓦状挤压错动鼓丘（照片7.21），鼓丘一般隆起高度不大，多数为 1m 左右，最高的达 3m，垂直滑动方向呈带状分布，间距一般为 3~5m，鼓丘处滑体明显较周围堆积体更为破碎。同时，在滑体后部因滑动稳定后的压密作用，其应力状态多表现为拉张作用，沿滑动方向形成阶梯状黄土错坎（照片7.22），错坎宽度为 0.8m 左右，每级错坎高度为 0.5~1.5m 不等，张开宽度为 0.2~0.5m，可见深度为 0.8~1.5m。

照片 7.21　水管所滑坡前缘的挤压鼓丘

照片 7.22　水管所滑坡后部阶梯状错坎

（2）裂缝发育特征

黄土-基岩滑坡因形成时代新，故其堆积体上的裂缝发育相对较为密集，按照裂缝的主要力学模式，主要发育有挤压鼓胀裂缝、拉张裂缝及剪切裂缝三种形式。因黄土-基岩滑坡形成模式多为推移式滑坡，其滑速一般较慢，后部滑体推挤前部坡体产生蠕动变形，故在滑体中下部多产生鼓胀隆起。同时，由于滑体的受力不均匀及推移力作用时间不同，遂产生多条垂直于滑动方向平行分布的挤压鼓胀裂缝，裂缝宽一般为 10 ~ 50cm，可见深度为 0.2 ~ 1m，裂缝间距为 0.5 ~ 3m，延伸长度横贯整个堆积体，多分布于多期次滑动的中前部；在多期次滑动滑坡体的后部，因滑动停止稳定后在滑体自重作用下产生压密，不仅挤压中前部产生挤压裂缝，同时在滑体中后部的平台处发育于平行滑坡后壁的拉张裂缝，裂缝宽一般为 10 ~ 30cm，可见深度为 0.5 ~ 2m，裂缝发育较为密集，其间距为 0.5 ~ 2m，延伸长度贯穿整个堆积体；在堆积体的两侧边界，靠近侧壁约 100m 范围内，发育大量的羽状剪切裂缝，在滑动过程中，由于中间滑体与两侧土体所受阻力不同，中间滑体所受的摩擦阻力较两侧滑体明显较小，受力的不均匀性导致岩土体受剪切力的作用，在其侧缘表部表现出明显的剪切裂缝，裂缝宽度一般为 10 ~ 30cm，可见深度为 0.2 ~ 0.7m，裂缝间距为 0.2 ~ 1m，裂缝走向多与滑动方向呈 30° ~ 50°夹角。剪切裂缝与挤压鼓胀裂缝、拉张裂缝相互交织，将滑体表部切割成 1.5 ~ 2.0m 的菱形块体（照片 7.23）。

照片 7.23　黄茨滑坡堆积体上鼓胀裂缝与剪切裂缝交错切割

d. 内部结构特征

（1）黄土–基岩滑坡体内部结构

黄土–基岩滑坡单体规模较大，一般都在几十万方至几百万方之间，滑坡体前部稍薄，中后部厚度大，其平均厚度都为 30 ~ 40m，表现为上覆黄土与基岩沿泥岩层面的顺层滑动，堆积体主要由上更新统风积黄土、上更新统冲积的砂卵砾石及白垩系砂泥岩组成，因滑速慢，滑移距离短，故滑体依旧按照原有地层层序及接触关系结构清晰可辨。上更新统黄土构成滑体的上覆层，主要分布于滑体中后部，由于黄土–基岩滑坡形成均表现为推移式，故滑体后部应力状态以拉张为主，滑体表面形成与主滑方向垂直的张裂缝带，受裂缝切割，后部黄土结构相对完整，被横向的拉张裂缝切割成宽 3 ~ 5m 的条带状，而中部挤压与拉张裂缝共存，滑体两侧边缘地带也有剪切裂缝存在，受密布裂缝切割，常呈菱形或近长方形黄土块体，因其所处部位不同而块体性质也有所差异；滑体的前部以基岩为主，受到后部滑体挤压致使其岩性非常破碎，滑体在靠近中部段因挤压常表现为反坡向外鼓台阶，坡脚地带多隆起呈丘，因滑坡规模不同，鼓起高度也不尽相同，一般高为 5 ~ 10m。

多数滑坡堆积体的两侧或前缘都有泉水出露，滑坡滑动后，堵塞原有地下水排泄通道，故每次滑动泉水出露位置都相应发生变化。

（2）滑动面及滑床特征

黄土–基岩滑坡为上覆黄土与基岩沿泥岩层面或某一软弱结构面的顺层滑动，滑动面由两部分组成，一部分是黄土段，一部分是基岩段。黄土段滑动面分布于整个滑面的后部，主要由滑坡后壁及其下部粉质黏土及砂卵石段组成，滑面坡度大，倾角一般介于$50° \sim 80°$，斜长为 15 ~ 45m，其上发育有明显的擦痕及镜面，表面光滑；基岩段滑动面一般在基岩层面或基岩中某一软弱面上，整体较为平直，基岩滑动时，连同上覆地层一起顺层滑动，滑动面的倾角在基岩中与基岩产状是一致的，一般不超过$20°$。滑动面从剖面上看，总的形态是后部陡倾、中部、前部较平缓，黄土段与基岩段滑面在交界处以大角度弯折的形式过渡。黄土–基岩滑坡具有多期次滑动的特征，但其主滑面基本具有继承性，较新期次滑动往往是在以往主滑面基础上继承性自下而上扩展，故其在黄土段存在多个滑动面，受较新期次滑动推挤影响，滑面坡度由老到新逐渐变陡，呈现出多级旋转滑坡的特性，但黄土段多期次近圆弧状滑面下部均与基岩段主滑面相交，并一直延伸至滑坡堆积体前缘。在剪出口埋于Ⅱ级阶段阶面以下的滑坡中，靠近剪出口处基岩被剪切错断，滑床纵向呈现小角度陡坎。黄土段滑动面及基岩段滑动面为地下水向下排泄提供较为顺畅的通道，使得地下水直接贯穿滑面至滑坡体前缘以泉出露。

e. 失稳破坏特征

黄土–基岩滑坡滑动时具有规模大、滑速低、滑距短、多期次的滑动特点，主要表现在以下几个方面：①堆积体积方量都较大，一般几十至数百万立方，多数都属于大型滑坡；②滑坡堆积物结构清晰可辨；③滑坡稳定后滑前微地貌仍得以保存，如滑坡后部平台多为滑前的台面，同时，滑前台面的附着物仍完好，如水管所滑坡后部滑动前原台面上所垒土墙经历滑动后仍保存完整（照片7.24）；④滑动距离都不大，滑坡前缘最远的运移距离不超过30m，前缘建筑仅被错断破坏，未见解体破碎（照片7.25）；⑤滑坡经历两次或两次以上的多期次滑动，以往早期滑动的后壁及所形成的平台都保留较完整，仅在以往平台后部受后期滑动推挤形成多个反坡平台。综上，黄土–基岩滑坡滑动面一般顺层面或软弱结构面延伸到坡脚的Ⅱ级阶段阶面之下，滑动时前缘反翘，阻力较大，因而其滑速慢，滑程也相对较近。

照片 7.24　水管所滑体保留的原果园围墙

照片 7.25　黄茨滑坡 2006 年滑动损毁民房

7.1.2　灌溉诱发滑坡空间分布的控制因素

滑坡灾害形成主要受控于地形地貌、地层岩性、岩土体工程性质、地下水等孕灾地质环境条件，而在研究区孕灾条件较为相似的条件下，滑坡类型及发育特征不仅相同，其空间分布相应受控于斜坡几何特征、岩土工程性质及控滑结构面出露位置、地下水等孕灾条件的差异方面。

1. 斜坡几何特征与滑坡分布

1）斜坡坡型

研究区黄河四级阶地组成的黑方台台面与二级阶地直接以陡坡接触，两者之间高差为100~120m，台缘周边斜坡形态包括凸型、阶梯型、直线型和凹形四种类型。区内 35 处滑坡所处坡型之中，直线坡型 3 处，占滑坡总数的 8.6%；凸型 12 处，占滑坡总数的34.3%；凹形坡 13 处，占滑坡总数的 37.1%；阶梯型坡 7 处，占滑坡总数的 20%。12 处凸型坡段全部发育黄土滑坡，规模均为中小型；阶梯型坡中发育 5 处中小型黄土滑坡，两处大型黄土-基岩滑坡；直线坡型中发育 1 处中型黄土滑坡，两处大中型黄土-基岩滑坡；凹型坡中发育 6 处黄土滑坡，规模以小型为主，其余 7 处为黄土-基岩型滑坡，规模为大中型。综上，黄土滑坡多以凸型等正向类斜坡为主，规模多为中小型；而黄土-基岩滑坡多以阶梯型或凹形等负向类斜坡为主，规模多为大中型。究其原因，正向坡应力集中程度高，阶梯型或负向坡受斜坡走向应力支撑，应力集中程度减缓，加之，黄土较基岩抗剪强度弱，故其在应力集中程度高的正向类坡体更易发生中小型黄土滑坡，阶梯型及负向类发生黄土滑坡概率降低，应力积累过程中以孕育大中型黄土-基岩滑坡为主。

2）斜坡坡度

黑方台台缘周边斜坡坡度除虎狼沟、野狐沟和磨石沟等深切沟谷两侧沟缘线及侵蚀严重的焦家崖头一带坡度陡峻外，其余坡段坡度总体变化不大，多介于 20°~47°。与之相对应的是，原始斜坡坡度为 25°~35°共发育 24 处滑坡，占滑坡总数的 68.57%（图 7.3）。

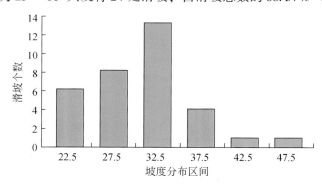

图 7.3　不同坡度区间滑坡数量分布图

按照台缘四周坡度特征大致分为焦家、焦家崖头、野狐沟口—虎狼沟口、方台南缘和磨石沟 5 个区段分别提取 DEM 坡度因子，经统计各坡度投影面积所占比例（图 7.4 和图 7.5），台缘周边平均坡度由大至小分别为焦家崖头、方台南缘、磨石沟、野狐沟—虎狼沟、焦家。焦家崖头一带斜坡坡度较大，坡度为 30°～50°的坡体占比达 69.06%，基岩及黄土段坡体坡度整体均较陡，因黄土滑坡剪出口出露位置高，黄土滑坡势能较大，高位高速滑动后借助气垫效应多产生飞行进入八盘峡库区激起涌浪；野狐沟—虎狼沟之间坡度在 20°～35°的坡体占比达 77.34%，因坡体结构为顺向坡段，规模较大的黄土–基岩滑坡多分布于此，均表现为低速近程滑动。扶河桥头—湟水河之间的焦家段坡度<30°的坡段占比达 74.78%，该段因频繁发生的滑坡仅致后壁更为陡峭，斜坡中下部基岩段坡体被多期滑体所覆盖，坡形趋于平缓，以<20°的开阔顺直缓坡为主，陡峻的上部坡体及较为开阔顺直的流通区为滑坡高速运行提供了便利条件，常致高位失稳的黄土滑坡产生加速运移，从而远程滑动，致灾范围更大。方台南缘和磨石沟坡度以 20°～40°为主，斜坡上部黄土段坡度总体与前述相近，下部基岩段坡体坡度介于前述之间。

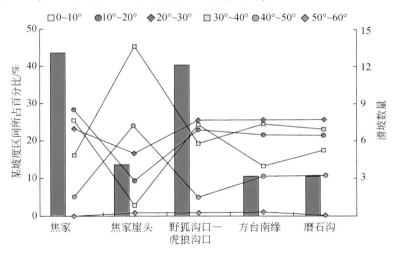

图 7.4　黑方台不同区段斜坡坡度与滑坡关系图

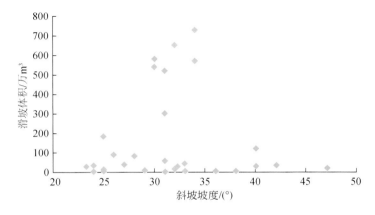

图 7.5　不同坡度区间的滑坡体积分布图

3) 斜坡坡向

区内斜坡坡体结构为上土下岩的双层至多层复合结构，坡向与下伏基岩产状决定了滑坡类型，当坡向与下伏基岩倾向接近呈顺向坡时，可能产生黄土–基岩顺层滑坡，反之，则表现为黄土滑坡。研究区台缘北缘坡向以 NNE 和 NNW 为主；滑坡发育密集的南缘坡向大致分为四段：湟水河到扶河桥头之间为 115°，扶河桥头至野狐沟口 135°，野狐沟口到虎狼沟口 170°~185°，方台南缘 120°。下伏白垩系河口群基岩倾向一般为 160°~190°，倾角为 10°~20°，这也就决定了黄土–基岩顺层滑坡主要集中在台缘南侧野狐沟口至虎狼沟口之间分布，该段斜坡呈坡向与基岩倾向接近的顺向坡，最典型、规模最大的当属水管所滑坡；其余坡段坡向与地层走向夹角多在 20° 以上，则多表现为黄土滑坡，如湟水河—野狐沟口之间的焦家 JH1#–JH17# 滑坡均属此类。

2. 岩土工程性质及控滑结构面出露位置与滑坡分布

黑方台地层自上而下依次为上更新统风积黄土、中更新统冲积物及白垩系河口群砂泥岩。其中，中更新统冲积粉质黏土层因区域隔水，从而导致上覆风积黄土底部饱水成为区内易滑地层，而粉质黏土层成为黄土滑坡的控滑结构面。此外，白垩系砂泥岩互层地层之中的泥岩软弱夹层，因灌溉水入渗软化泥化后成为黄土–基岩滑坡的控滑结构面。

因台缘周边基岩出露厚度一般为 60~70m，因出露位置总体较高，控制黄土滑坡的粉质黏土层出露位置也相应较高，黄土滑坡剪出口位置较高，滑坡高位滑动后一般具较大势能，加之斜坡中下部的基岩段多为坡度<30° 的顺直缓坡，故常产生高速远程滑动，如焦家 6#~12# 滑坡；扶河桥头至野狐沟口之间的焦家崖头一带斜坡下部基岩段陡峻近于直立，且坡脚直接与八盘峡库区相接，滑坡高位高速滑动后常因气垫效应飞行进入八盘峡库区激起涌浪，从而产生更大的危害，典型者如 "2012. 2. 7" JH13# 滑坡激起涌浪高达 6m，波及黄河南岸达 270m。河口群岩性为砂泥岩互层，其工程性质呈软硬相间互层状结构，所间夹的泥岩软弱夹层因灌溉水入渗软化泥化后成为黄土–基岩滑坡的控滑结构面。而黄土–基岩滑坡多为灌溉水入渗后沿泥岩软弱夹层产生软化泥化，进一步降低其岩土体强度，而控滑结构面长度较大，并延伸进入黄河二级阶地阶面之下，加之其泥岩具有典型的蠕变特性，故多形成低速短程黄土–基岩顺层滑坡，如黄茨滑坡、水管所滑坡。

3. 地下水与滑坡分布

与地质结构相对应，研究区地下水类型主要为松散岩类孔隙水及基岩裂隙水，按水力特征自上而下依次为黄土孔隙潜水、砂砾石孔隙层间无压水和基岩裂隙潜水等。但在不同的区段，地下水出露特征不尽相同，其对滑坡分布的控制作用也有所差异。

野狐沟以东地区及北部磨石沟地区，地下水排泄点相对较多，3 种地下水类型均有出露：黄土孔隙潜水沿粉质黏土层顶部呈线状溢出，流量多<0.5m³/h，但对黄土滑坡形成至关重要，因长期引水灌溉改变地下水均衡场，截至目前，地下水补给量较灌溉前增加 9.4 倍，排泄量增加 5.3 倍，造成地下水位升幅达 0.27m/a，地下水位上升过程中水敏性

黄土强度锐降，从而引发大量黄土滑坡，同时，因该层地下水溢出后长期浸润已发生滑坡的滑床处饱和状态，致黄土滑坡原位溯源后退式继承型扩展的同时，新发生黄土滑坡临灾时滑体冲击饱水滑床发生液化，产生所谓的"西瓜皮"效应，从而使滑体在剪出口处产生加速度或抛射，实现远程滑动；另有砂砾石层间无压水和白垩系基岩裂隙潜水出露，流量一般为 $1 \sim 2 m^3/h$，其对黄土滑坡形成贡献较小，仅在黄土滑坡发生后因滑体堵塞原有水流排泄通道，侵蚀切割堆积的滑体或浸润滑体使之产生间歇性黏性流动。值得指出的是，因砂砾石含水层与黄土含水层渗透能力存在数量级的差异，针对性提出采用揭穿两个含水层的混合孔利用两者之间的水头差快速疏排黄土层潜水，从而实现基于地下水位控制的滑坡风险减缓方案。

野狐沟至虎狼沟之间地段，无黄土孔隙潜水和砂砾石无压水出露，基岩裂隙水也较少出露，在黄茨、水管所、加油站后的坡脚处偶见以较小排泄量流出，因地下水渗流过程中致基岩中所夹泥岩软化泥化，从而诱发黄土-基岩滑坡。同时，因为滑坡的影响，泉点出露位置也常在滑动后发生较大的迁移。

综上，在粉质黏土层顶面黄土孔隙孔洞水集中排泄地区，较为集中地发育着高速远程且规模为中小型的黄土滑坡，而在少见或未见地下水排泄区段则以低速近程运移的大中型黄土-基岩滑坡为主，由此可见，地下水与黑方台地区滑坡形成有较为密切的关系。

7.1.3　灌溉渗透诱发型滑坡灾害运动特征

区内黄土滑坡多为高速远程滑坡，大部滑坡在滑动过程中或滑后一段时期内表现为滑体转化为黏性泥流继续流动，故该类滑坡虽规模一般较小，但相应的致灾范围也大。黄土-基岩滑坡以低速近程滑动为主，虽规模多为大型，但相应的威胁范围小。本节将分别用数理统计和数值模拟两个方面进行滑坡的运动学分析，研究区内滑坡的运动速度、滑距和致灾范围。

1. 基于数理统计的滑坡运动特征

1) 滑距预测概述

滑移距离和影响范围分别表示了滑坡的纵向运移距离和横向影响宽度，这与滑坡的破坏形式、规模、速度和运动时间等因素有关，是滑坡风险评价和管理的基础，现多以地貌法、体积改变法和几何法为主。包括：①地貌学方法，即通过图像解译和野外调查来确定滑坡堆积物范围，从而确定滑移距离，再经由工程地质类比法外推到其他相似滑坡；②变体积法（Fannin & Wise 2001），主要通过携带物的体积和沉积物的体积的平衡来估算，通过输入初始体积和区域的几何形状来建立变体积公式，从而预测滑移距离和影响范围；③几何学方法（图 7.6），即引用延伸角 α（reach angle）的概念，通过回归分析建立 α 角与滑坡体积的相关关系，从而依据可能的滑坡体积推测滑移距离，其回归方程为 $\lg(\tan\alpha) = A + B\lg V$，不同的学者研究不同地区的滑坡得到了相应的 A、B 值，建立起可供参考的预测模型。地貌学方法是纯经验的、主观的，此外，引发已有滑坡的斜坡几何形状和环境因素已经发生了改变，因此，该方法也具备了局限性；体积改变法主要基于物理模型建立方程来进行估算，模型的使用必须建立在可靠的滑坡成因机制、动力学过程的宏观判断，以及合理的计算参数选取的基础上，通过不同方法的对比研究才能获得相对可靠的结果。

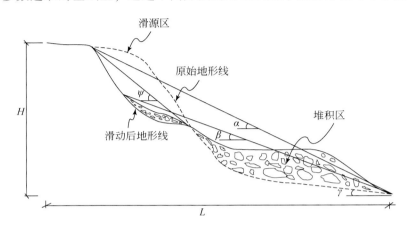

图 7.6　滑坡运动学几何变量示意图（据 Hungr et al.，2005 改绘）
垂直高度 H，滑移距离 L，延伸角 α，阴影角 β，塌落角 ψ，基底坡角 γ

因滑坡形成演化机理的复杂性，滑移距离和影响范围具极大的不确定性，滑距预测目前使用的都是经验统计公式，对其空间预测仍处于探索阶段。虽滑距预测受诸多因素制约或影响，但孕灾条件、触发因素及致灾特征类似的"同类"滑坡，可建立与其特征参数相关的统计预测模型，Scheidegger（1973）、森胁·宽（1989）、李保雄和王得楷（1998）、董书宁和李保雄（2000）、王念秦等（2003）、李同录等（2007）等曾通过滑坡几何特征、滑移轨迹以及滑移距离的统计分析建立了具区域规律性的滑坡空间预测模型。故本次在大比例尺野外调查的基础上，通过实测黑方台灌区滑坡几何参数，按不同的预测指标和影响因子进行统计，结合滑坡发育特征和运动过程的研究，建立滑坡强度预测模型，对滑坡运动距离及影响范围的空间预测难题进行一些探索，为区域防灾减灾提供有效的技术支持。

2）滑坡运动空间预测统计模型

利用几何学方法预测滑移距离，要求事先有较高质量的前期滑坡数据库，并包含有回归分析用的几何参数测量值。经对黑方台地区现有 35 处滑坡几何参数（表 7.1）采用几何学方法进行滑坡运动统计分析。

表 7.1　黑方台滑坡几何参数统计表

编号	黄土段坡度/(°)	基岩段坡度(°)	斜坡平均坡度 θ(°)	滑坡长度 L/m	滑坡宽度 B/m	体积 V/m³	延伸角 α/(°)	塌落角 ψ/(°)
JH1	50	25	37.5	82	150	31000	—	—
JH2	41	22	31.5	130	83	27000	—	32.4
JH3	43	20	31.5	105	105	44000	—	31.3
JH4	37	22	29.5	190	49	47000	—	27.1

续表

编号	黄土段坡度/(°)	基岩段坡度/(°)	斜坡平均坡度 θ/(°)	滑坡长度 L/m	滑坡宽度 B/m	体积 V/m³	延伸角 α/(°)	塌落角 ψ/(°)
JH5	40	17	28.5	475	230	870000	12	25.9
JH6	40	17	28.5	98	80	31000	—	28.8
JH7	42	10	26	275	195	320000	15.8	27.3
JH8	42	10	26	300	142	130000	14.4	29.6
JH9	40	20	30	580	306	1800000	14.1	25.2
JH10	40	48	44	450	160	290000	13.8	25.8
JH11	41	46	43.5	423	180	340000	—	26.4
JH12	41	33	37	270	131	260000	23	32.2
JH13	40	63	51.5	54	144	16000	—	29.7
JH14	41	63	52	—	99	—	—	28.6
JH15	40	48	44	—	60	—	—	35
JH16	41	48	44.5	—	155	—	—	28
JH17	47	45	46	200	70	170000	17	27.3
YH01	40	31.2	35.6	116	88	260000	30	—
YH02	47	34	40.5	134	128	34000	14.4	—
YH03	39	31	35	88	30	34000	—	—
HH01	39	26	32.5	162	52	150000	18	—
HH02	39	26	32.5	370	480	6500000	—	—
PH	40	26	33	370	420	5400000	—	—
JYH	40	32	36	270	78	420000	23	—
SH	40	31	35.5	330	490	5700000	16.2	—
SH1	39	30	34.5	370	450	5800000	15	—
SH2	40	31	35.5	440	550	7300000	14	—
DH1	42	28	35	180	69	43000	30	—
DH2	39	38	38.5	200	230	1200000	26	—
MH1	29	24	26.5	450	100	360000	—	—
MH3	32	26	29	360	160	800000	13	25.5
MH5	29	70	49.5	110	193	96000	31.5	—
FH1	40	28	34	380	315	3000000	24	—
FH2	41	26	33.5	340	480	5200000	17	—
FH3	40	28	34	260	230	540000	19	—

　　需要说明的是：①焦家崖头一带滑坡发生后，滑体全部冲入八盘峡库区，无法统计其滑移长度、体积及延伸角，无法利用几何学方法对其进行统计分析；②表中黑色字体为黄

土滑坡统计数据，红色字体为黄土-基岩滑坡的统计数据，可看出黄土滑坡数据较为全面，而基岩滑坡因规模较大，滑动距离小，且滑坡塌落角因剪出口均被滑坡体覆盖，难以直观量测；③区内斜坡出露黄土与基岩的厚度相差不大，为便于统计，斜坡的平均坡度为黄土段坡度与基岩段坡度的累加平均；④野外调查过程中结合挪威岩土工程研究院（NGI）对雪崩灾害预测预报研究成果，采用延伸角 α 来表征滑坡滑移距离。

由表 7.1 可知，黑方台滑坡体积变化较大，介于 $3.4 \times 10^4 \sim 730 \times 10^4 \, \mathrm{m}^3$，滑坡延伸角波动于 $12° \sim 31.5°$，塌落角分布于 $25.2° \sim 32.2°$。对滑坡按物质组成进行分类统计时，其特征几何参数具备一定的相关关系，分析原因，主要是由于黄土滑坡、黄土-基岩滑坡两者成灾机制不同、运动过程不同，导致滑坡发育特征不同。总体体现为黄土滑坡规模及延伸角较小，而黄土-基岩滑坡则较大。

滑坡强度主要影响因素为滑坡势能及滑移阻力，势能取决于滑坡发育高度及规模，黑方台地区滑坡发育高度差别不大，可认为滑坡规模是影响其势能的主要因素；而滑移阻力则主要取决于斜坡原始边坡的坡度，因此，本书预测模型主要采用规模参数及斜坡坡度参数作为自变量、延伸角为因变量进行统计分析。

a. 一元回归分析

对黑方台地区滑坡分别进行延伸角与滑坡特征参数的一元回归分析。

（1）黄土滑坡一元回归分析

①延伸角与体积关系

可统计回归的黄土滑坡体积介于 $1.3 \times 10^5 \sim 18 \times 10^5 \, \mathrm{m}^3$，体积取值以 $10^5 \, \mathrm{m}^3$ 为单位作自变量，延伸角 α 为因变量绘制于坐标轴上（图 7.7），其回归方程为

$$\alpha = 0.036V^2 - 0.801V + 16.81 \tag{7.1}$$

式中，V 为体积，单位为 $10^5 \, \mathrm{m}^3$；α 为延伸角，单位为度。

相关系数 $R = 0.87$。

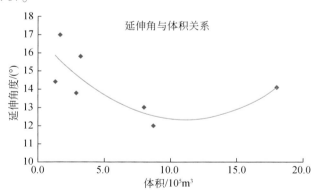

图 7.7　黄土滑坡延伸角与体积关系图

②延伸角与塌落角关系

实地调查中，仅黄土滑坡获得了塌落角参数，对延伸角与塌落角进行一元回归，以塌落角为自变量，延伸角为因变量绘制于坐标轴中（图 7.8），其回归方程为

$$\alpha = 1.194\varphi - 17.29 \tag{7.2}$$

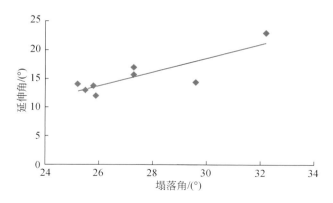

图 7.8　延伸角与塌落角（Ψ）的关系图

式中，φ 为塌落角，单位为度；α 为延伸角，单位为度。

相关系数 $R° = 0.94$。

③延伸角与坡度关系

延伸角与斜坡平均坡度回归方程为：$\alpha = 0.388\theta + 4.390$，其中，$\theta$ 为原始斜坡平均坡度，α 为延伸角，相关系数 $R = 0.47$（图 7.9）。

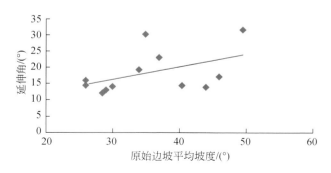

图 7.9　黄土滑坡原始边坡平均坡度与延伸角关系图

④延伸角与宽度关系

滑坡延伸角与滑体平均宽度 B 的关系式为：$\alpha = -6.639\ln B + 50.26$，相关系数 $R = 0.58$。

以上统计预测模型属单因素分析，对分布的不同规模、同发育类型的高速远程黄土滑坡空间预测简单实用，便于掌握。其中，黄土滑坡的体积、塌落角与延伸角具有较好的相关性，原始坡度及滑体平均宽度与延伸角关系较差。

（2）黄土–基岩滑坡一元回归分析

①延伸角与体积关系

黄土–基岩型滑坡规模较大，取体积对数值为自变量，延伸角正切值为因变量进行回归统计分析（图 7.10），其回归方程为

$$\tan\alpha = -0.149\lg V + 1.311 \tag{7.3}$$

式中，V 为黄土–基岩滑坡体积，单位为 10^5m^3；α 为延伸角，单位为度。相关系数 $R = 0.93$。

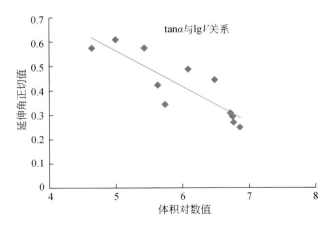

图 7.10　黄土-基岩滑坡延伸角正切值与体积对数值关系图

②延伸角与坡度关系

黄土-基岩滑坡延伸角不论是与黄土段原始坡度、基岩段原始坡度，还是原始边坡平均坡度，其相关性都较差，相关系数 R 均小于 0.45，不具备统计意义。

③延伸角与宽度关系

黄土-基岩滑坡滑体宽度分布于 52~550m，变化范围较大，取其对数值为自变量进行统计回归分析（图 7.11），回归方程为

$$\alpha = -0.9327(\ln B)^2 + 93.32\ln B - 204.4 \tag{7.4}$$

相关系数 $R = 0.95$。

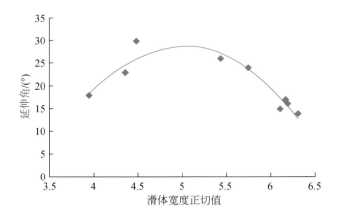

图 7.11　黄土-基岩滑坡延伸角与滑体平均宽度正切值关系图

综上所述，黄土-基岩滑坡滑移距离与滑坡体积及滑体平均宽度有较好的相关关系，在野外实地调查中可依据预估此类型滑坡体积及边坡后缘裂缝展布宽度来预测滑坡滑移距离。

结合野外调查情况，分析上述差异产生的原因可知：黑方台地区滑坡滑移距离主要由滑坡的物质组成及形成机制决定。对于原始斜坡坡度较大的黄土滑坡发育，滑床长度较

短，滑移阻力小；而原始边坡坡度较小的黄土滑坡，滑坡滑动时，因滑体冲击残留饱水滑床所产生的液化，不仅造成滑移阻力减少，也对滑坡运移起到一定的加速作用；黄土–基岩滑坡属切断下部基岩进行滑动，滑床阻力取决于切入基岩的深度及滑向，与原始边坡坡度关系不大。

b. 多元线性回归统计模型

（1）黄土滑坡多元线性回归模型

用多元线性回归的方法也可以求得滑移距离与各因素的相关方程，回归分析方法用最小二乘法，即偏差平方和最小的准则建立多元线性回归方程：

$$y = b + b_1 x_1 + \cdots + b_i x_i + \varepsilon, \quad \varepsilon \sim N(0, \sigma^2) \tag{7.5}$$

滑坡滑距预测中，α 为滑坡延伸角，x_i 为上述与滑坡滑移距离相关性较好的指标，由于黑方台地区滑坡坡高变化不大，模型中不再用滑坡坡高参数，模型考虑选用较容易获得的参数，结合实践经验，本模型选取原始边坡平均坡度 θ、滑坡体积 V、滑体平均宽度 B 和塌落角 ψ 四个与滑距相关关系好，并且易获取的参数作为自变量，采用 SPSS 数据分析软件进行多元线性回归分析，得到结果如下：

$$\alpha = 0.166\theta + 1.72 \times 10^{-6} V + 0.025B + 1.39\psi - 29.31 \tag{7.6}$$

相关系数 $R = 0.94$。

上述回归方程相关性非常好，可作为黑方台地区高速远程黄土滑坡滑距预测的多元线性经验回归方程，式中符号同前述模型，延伸角、平均坡度、塌落角单位都为度，滑坡体积单位为 m^3，滑体平均宽度单位为 m。

（2）黄土–基岩滑坡多元线性回归模型

依据黄土滑坡多元回归分析，对黄土–基岩型滑坡进行多元回归分析，其分析原理同黄土滑坡，由于黄土–基岩滑坡无塌落角参数，模型特征参数仅选取原始边坡平均坡度 θ、滑坡体积 V、滑体平均宽度 B 三个参数作为自变量，进行回归分析，得到结果如下：

$$\alpha = 0.608\theta - 4.1 \times 10^{-6} V + 0.043B - 1.54 \tag{7.7}$$

相关系数 $R = 0.92$。

上述模型中参数意义及单位同黄土滑坡，其相关性也非常好，对于预测黑方台地区黄土–基岩滑坡滑移距离可提供可靠依据。

2. 基于数值模拟的滑坡运动特征

选择典型滑坡，通过不同时期 DEM 数据恢复重建滑前原始地形，并与滑后地形进行对比，结合滑坡发生时的临灾调查，开展滑坡运动过程数值模拟。结合数值模型的适用条件，按照以往所发生滑坡滑速、滑距和致灾范围分别选择典型滑坡进行模拟，不仅验证各个模型的适用性，也为今后区内滑坡的风险评价提供科学依据。

1）黄土滑坡

a. 三维滑坡运动模型

滑坡的运动学模拟是滑坡研究的重要方面。现有的大部分运动学模型的基础是基于能量守恒定律的雪橇模型（Heim, 1932），该模型假定滑坡滑动过程中的能量损失是由摩擦引起的，忽略黏聚力和滑坡体内部变形及解体的能耗。按运动学原理，将滑坡体凝聚成一个具有理论质点（重心）的整体，设滑后所处的高度为0，滑前所处的高度为h，当滑动水平距离为x时，由摩擦引起的能量损失为

$$E_f = \int_0^x mg\cos\theta\tan\varphi_a \frac{\mathrm{d}x}{\cos\theta} = mgx\tan\varphi_a \tag{7.8}$$

式中，E_f 为摩擦作用引起的能量损失；m 为滑坡体的质量；g 为重力加速度；θ 为滑面倾角；$\tan\varphi_a$ 为动摩擦系数。

由雪橇模型概化图（图 7.12）可知，滑坡运动能量主要与滑坡运动过程中的下降高度有关，能量线表示滑坡在某个状态具有的势能与动能之和。动能等于能量线与滑体重心之间的高度差，动摩擦角 φ_a 对应的是能量线的坡度。因此，如果已知动摩擦角 φ_a，则从滑坡原始位置的重心向滑动方向画能量线，就可以估算出滑距和速度。

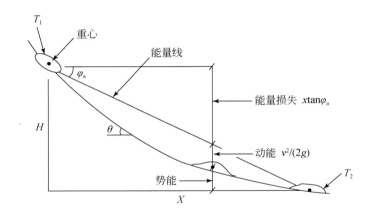

图 7.12　雪橇模型概化示意图

该模型的核心是确定动摩擦系数。在滑坡运动过程中，动摩擦系数只是一个综合参数，Scheidegger（1973）称之为平均摩擦系数，Hsu（1975）称之为等效摩擦系数，该摩擦系数难以实测，大多是根据已发生的滑坡反演得出。

针对雪橇模型中动摩擦系数难以实测的情况，日本学者 Sassa（1988）采用大型高速环剪试验确定动摩擦系数，并称之为视摩擦系数，其定义是

$$\tan\varphi_a = \frac{\sigma - u}{\sigma}\tan\varphi_s \tag{7.9}$$

式中，σ 为滑面正应力；u 为孔隙水压力；φ_s 为有效动摩擦角。

Sassa 对视摩擦系数的定义考虑了孔隙水压力的影响，显然随着孔隙水压力的增长，有效应力降低，视摩擦系数减小。有效动摩擦角通过固结排水环剪试验测得；利用速度控制饱和土的固结不排水环剪试验，测得剪切力稳定时的孔隙水压力和总应力，从而确定视摩擦系数。

在此基础上 Sassa 提出了一个滑坡运动学模型，模型假设运动中的滑坡为经典流体，且滑体密度不发生改变，以牛顿第二定律和质量守恒定律为基础建立滑动平面内的 3 个微

分方程，即滑面内两个正交方向的加速度方程和一个关于单元体体积的连续性方程，并写成差分形式。该模型的关键参数是滑带的视摩擦系数 $\tan\varphi_a$ 和滑体的侧压力系数 k，前者决定滑坡运动距离，后者决定滑坡堆积体的厚度和范围。Wang（2002）对视摩擦系数的取值做了修正，用该模型成功模拟了日本许多流动性滑坡的发生过程。该模型简洁实用，是目前为止较为可靠的方法，但岩土参数的取值较为困难。

Sassa 在其提出的三维滑坡运动模型的理论基础上开发了三维滑坡运动模拟差分程序 LS-RAPID，使用者只需在该程序中输入滑动前后的地形图和模型所需的土性参数即可完成滑坡滑动过程的模拟，并输出滑坡运动速度、滑距和扩展范围。

b. 典型滑坡运动过程模拟

（1）JH13 号滑坡概况

JH13 号滑坡位于研究区焦家崖头，该滑坡发生频次高，其于 1993 年、1994 年、1999 年曾先后数次发生滑动，于 2011 年 4 月 27 日下午 15 时左右发生最新一次滑动，系在以往滑动所形成圈椅状形态基础上发生的原位继发性滑坡。

滑坡所处斜坡高约 130m，坡体总体呈上凹下陡，上部黄土段坡度约 40°，因该坡段发生多次滑动，坡体呈明显的凹形，下部基岩段坡度约 63°。斜坡为黄土与基岩组成的双层结构斜坡，地层由上至下分别为：晚更新统风成黄土层（Q_3^{eol}）厚约 49m，呈淡黄色，砂粒含量高；中更新统冲积粉质黏土层（Q_2^{al}）厚约 2.2m，硬塑，可见明显波状层理。分两层，上部 1m 左右呈棕红色，下部 1.2m 左右为淡黄色，滑坡发生前可见粉质黏土层顶面有地下水呈线状渗出，浸润坡体并造成坡体产生溯源侵蚀后退；中更新统冲积砂砾石层（Q_2^{al}）厚约 3.4m，颗粒最大粒径约 25cm，泥质含量占 10% 左右，分选性和磨圆度均较好，处于密实状态；下白垩统河口群（K_1hk）为棕褐色、棕红色砂泥岩互层，产状为 295°∠8°，其垂直节理发育。

2011 年 4 月 27 日 15 时，该滑坡后壁发生滑动，掩埋盐兰公路长约 60m，部分滑体冲入八盘峡库区，幸未造成人员伤亡。据滑后野外调查，本次滑坡长约 75m，宽 50m（图 7.13），厚为 2~4m，体积约 $0.9\times10^4 m^3$。该滑坡滑向为 105°，为 JH13 号滑坡范围内产生的继发性滑坡，圈椅状形态明显，周界清晰（图 7.14）。2010 年 5 月调查该滑坡时，发现因地下水浸润滑体前缘，泻溜现象明显，因溯源侵蚀在滑体前缘形成 3 处高为 3~5m 的溜泥湾，并牵引后部滑体失稳，沿坡体中部发育两条宽约 1~3cm 的环状拉张裂缝，紧邻溜泥湾的 1 条裂缝张开为 2~3cm，下挫为 10~20cm。加之，去冬今春叠加冻融作用影响，在 2011 年 4 月 4 日 13 时孔隙水压力曾瞬间骤降 2.7kPa，初步分析认为在 4 月 4 日滑体整体曾有一次强烈变形，或前缘发生一次小规模滑坡致地下水排泄畅通致孔隙水压力快速消散，而后在 4 月 27 日 15 时左右临滑。滑动后，滑床上残存滑体不多，滑体多解体为散体粉状，很少看到 >10cm 的黄土块体。滑坡堆积体宽约 60m，厚为 2~3m，最厚处为 4m，压占公路并部分冲入八盘峡库区，可见堆积量约 3000m³。

（2）地形图数据处理

为了避免滑体触及计算边界造成计算不收敛，对公路外侧，包括黄河的区域进行人工勾画，然后通过 MapGIS 提取滑坡滑动前后地形图的高程点，并通过网格化-矩阵化处理，

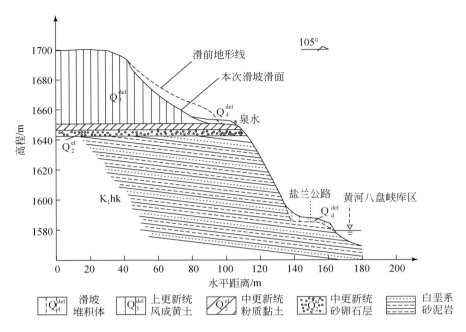

图 7.13　JH13 号 "4.27" 滑坡剖面示意图

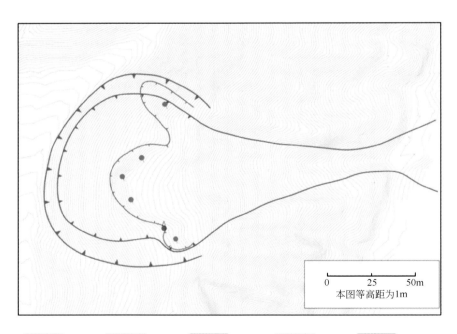

图 7.14　JH13 号 "4.27" 滑坡平面图

最终形成 76×34 个差分节点，这些节点将模型划分为 75×33 个网格，每个网格大小为 5m×5m（图 7.15）。JH13 号滑坡坡段紧邻黄河，每次滑坡滑体都会进入黄河中产生涌浪。由于本次滑坡规模相对较小，未激起明显的涌浪，加之计算软件不能模拟涌浪，故本次模拟未考虑滑坡可能引起的涌浪。

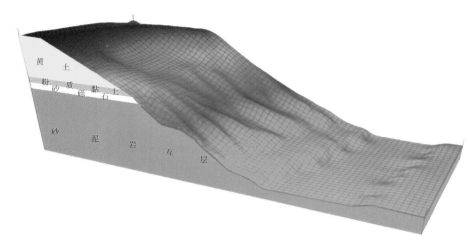

图 7.15　JH13 号 "4.27" 滑坡三维模型网格剖分图

（3）土性参数的选取

软件中需要输入的主要土性参数包括孔压系数 B_{ss}，侧压力系数 k，有效动摩擦系数 $\tan\varphi_s$，稳态残余抗剪强度 τ_{ss}，滑带黏聚力 c_{h2} 和滑体重度 γ。

国外已开展较多的环剪试验，但目前国内还缺乏必要的试验条件。因此，本次计算参考了研究区不同含水量黄土的残剪试验（陈春利等，2011）和同类滑坡的计算参数（张克亮，2011），综合考虑滑坡运动路径上地层结构、土体性质、饱和度、排水条件等因素，将滑坡路径分为黄土层内破裂面、基岩滑道和坡脚公路三部分，分别确定土性参数（表 7.2）。

表 7.2　JH13 号滑坡运动学模拟计算参数

位置	B_{ss}	k	$\varphi_s/(°)$	τ_{ss}/kPa	c_{h2}/kPa	$\gamma/(\mathrm{kN/m^3})$
黄土层内破裂面	1.0	0.7	12	1		
基岩滑道	0.95	0.7	25	8	0	18
坡脚公路	0.8	0.7	35	11		

（4）模拟结果分析

设置进行 5000 步迭代计算，每隔 100 步迭代输出一组数据。模拟结果表明，程序实际迭代 3514 步，滑坡运动了 27s 左右停止。图 7.16 和图 7.17 分别是滑坡启动后 12.4s 和 20.4s 的三维地形图。

图 7.18 是 JH13 号滑坡滑动停止时堆积的地形，滑坡在坡脚公路处堆积成扇形，部分滑体继续运动至黄河八盘峡库区内，故最终滑坡堆积体仅局部在坡脚的公路路面可见

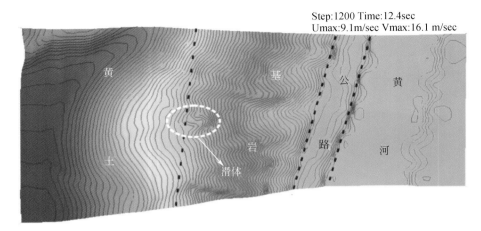

图 7.16　滑坡运动 12.4s 的运动距离模拟（等高距 2m，下同）

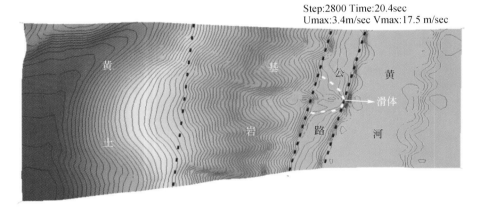

图 7.17　滑坡运动 20.4s 时的运动距离模拟

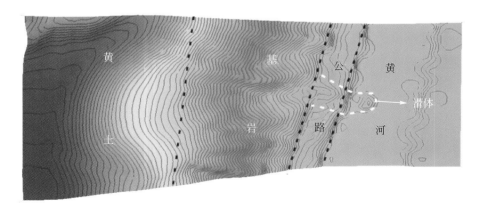

图 7.18　滑坡运动停止时的运动距离模拟

（图 7.19），且在公路靠近八盘峡一侧最宽，为 45m，比实测地形最宽处小 5m 左右；堆积体厚度介于 0～6m，与实测的 2～4m 基本相符。

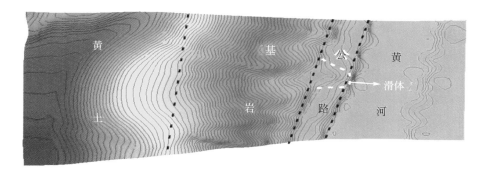

图 7.19　滑坡体最终堆积模拟

根据模拟所得结果绘制滑体内沿着滑坡滑向的最大速度变化曲线（图 7.20）。焦家 13 号滑坡从启动到最终停止的整个滑动过程历时约 27.3s，结合图 7.20 可大致将 JH13 号滑坡运动过程划分为 3 个阶段。

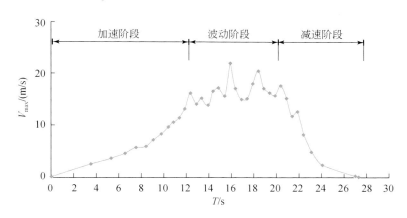

图 7.20　JH13 号滑坡运动速度历时曲线图

①0～12.4s 为加速阶段。其中，0～7.5s 为匀加速运动，加速度约为 0.75m/s^2；7.5～8.4 s 速度不变，随后直至 12.4 s 又变为匀加速运动，只是加速度值增大到了 2.58 m/s^2。

②12.4～20.4s 为波动阶段。滑体最大速度经历了若干次振荡，在 15.9s 和 18.4s 时速度达到极大值，分别为 21.9 m/s 和 20.4 m/s；而在 13.9 s、16.9 s 和 19.9 s 时速度达到极小值，分别为 13.7m/s、14.8 m/s 和 15.6 m/s。

③20.4～27.3s 为减速阶段。在 7s 左右时间内，滑体最大速度由 17.5 m/s 急剧减小到 0，平均加速度约为 2.5 m/s^2。

将速度分析结果与 12.4s 和 20.4s 的滑坡运动形态进行对比分析。在 12.4s 时，滑体质心刚好运动至剪出口位置，说明滑体脱离滑床前一直处于加速状态；20.4s 时滑体质心运行至坡脚，表明滑体在基岩破段的速度随着局部地形的变化有波动，但一直维持在高位匀速运动；之后滑体触及公路，发生碰撞后解体，前缘部分滑体落入水库中，中后部滑体运动速度骤减，并在坡脚地带堆积。

由滑坡运动全过程来看，整个滑动过程持续约 27s 后停止，滑动水平距离约 210m，落差 101m，滑距约为 233m，平均滑速为 8.6m/s，表现为高速远程滑动特征。

c. 讨论

上述模拟结果表明，滑坡的启动速度基本决定了滑坡的整体动能和破坏力，因此，准确确定启动速度具有重要实用价值。除了上述的数值模拟方法外，还有许多滑坡速度计算方法，比如潘家铮法、美国土木工程师协会推荐法、变分法等。

为了验证本次模拟，采用以上三种方法分别计算 JH13 号滑坡滑体质心运动至剪出口部位的滑动速度。由 JH13 号滑坡的试验参数结合经验值确定计算参数（表 7.3），计算结果见表 7.4。由表 7.4 可见，数值模拟所得速度比美国土木工程师协会推荐法结果大 1.2m/s，比变分法计算结果小 2m/s 左右，与潘家铮算法的下限值较接近。

表 7.3　JH13 号滑坡启动速度计算参数汇总表

参数	取值
滑面加权平均倾角 $\alpha/(°)$	25.7
滑体重心落差/m	20
滑体重心距水面高度/m	71
滑体体积 V/m^3	9000
经验系数 L_0	0.4 ~ 0.75
黏聚力 c/kPa	0
动摩擦角 $\varphi/(°)$	12

表 7.4　各种方法计算的 JH13 号滑坡启动速度计算成果表

方法	美国土木工程师协会推荐法	变分法	潘家铮算法	数值模拟
滑坡启动速度/(m/s)	14.9	18.04	14.9 ~ 28	16.1

这些算法都是基于能量守恒定律的，但考虑的因素各有不同。

（1）潘家铮法认为水库岸坡变形基本上属于垂直变形，按垂直变形计算滑落速度为

$$V = L_0 \sqrt{2gH} \tag{7.10}$$

式中，L_0 为与多因素有关的系数，一般为 0.4 ~ 0.75；H 为滑体重心距水面高度。

（2）美国土木工程师协会推荐法考虑滑动过程中动摩擦阻滑效应，计算滑落速度为

$$V_s = \sqrt{2gH\left(1 - \frac{f}{\tan\alpha}\right)} \tag{7.11}$$

式中，α 为滑面倾角；f 为滑面的滑动摩擦系数；H 为滑体重心落差。

（3）变分法在美国土木工程师协会推荐法基础上进一步考虑了滑动面上超孔隙水压力的润滑效应，计算滑落速度为

$$V_s = \sqrt{2gH\left(1 - \frac{f}{\tan\alpha}\right) + \frac{2ufH}{\sin\alpha}} \tag{7.12}$$

式中，u 为滑面孔隙水压力；f 为滑动摩擦系数，采用 Scheidegger 的统计公式计算：

$$\lg f_e = -0.1566\lg V + 0.62419 \tag{7.13}$$

（4）本书模拟采用的假设与变分法相同，但 JH13 号滑坡自王家鼎采用变分法所计算的 1989 年该滑坡滑动以来的近 20 年时间先后经历了数次滑动，滑坡区地形较 1989 年已发生了较大变化，主要体现在滑坡后缘的溯源侵蚀和滑坡平台的扩展，使得在黄土层内的滑面倾角变缓，故本次数值模拟所得的启动速度较变分法计算有所降低。

2）黄土–基岩滑坡

研究区内的黄土–基岩类滑坡均为低速蠕动型，上述的三维滑坡运动模型并不适用。张克亮等（2012）编制了二维滑坡运动学模拟程序，并对一低速蠕动黄土滑坡进行了模拟，效果较好。本次采用该程序对研究区的典型黄土–基岩滑坡进行模拟。

a. 二维滑坡运动模型

在滑坡主滑方向上，取宽 1m、长 dx 的土条进行受力分析（图 7.21），假设：①土条之间无剪力作用；②滑坡体在滑动过程中，运动速度和加速度的方向在任意时刻和任意一点都与滑面相切，即滑体在垂直滑面方向上所受的合力为 0，滑坡滑动的距离及范围只与滑体水平方向所受合力和水平速度有关。

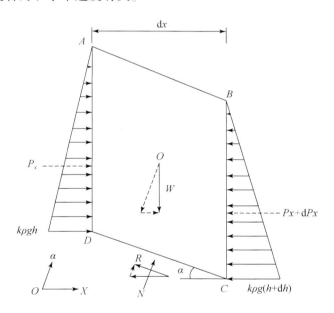

图 7.21　单宽土条受力示意图

由滑面法向静力平衡条件可得

$$N + R\tan\alpha - \frac{W}{\cos\alpha} = 0 \tag{7.14}$$

式中，W 为单元土体重量，$W = \rho gh\mathrm{d}x$；R 为土条滑面摩阻力，按摩尔–库仑定律计算

$$R = N\tan\phi_a + \frac{\mathrm{d}x}{\cos\alpha}c \tag{7.15}$$

式中，N 为土条滑面法向力；$\tan\phi_a$ 为视摩擦系数；c 为土条滑面黏聚力。联立式（7.14）和式（7.15），并令 $c = \rho gh_c$（h_c 为土条平均厚度），得

$$N = \frac{\rho gh \mathrm{d}x - \rho gh_c \mathrm{d}x \tan\alpha}{\cos\alpha + \tan\phi_a \sin\alpha} \tag{7.16}$$

$$R = \frac{\rho gh \mathrm{d}x \tan\phi_a + \rho gh_c \mathrm{d}x}{\cos\alpha + \tan\phi_a \sin\alpha} \tag{7.17}$$

由水平方向的牛顿第二定律得

$$ma_x = W\tan\alpha - \mathrm{d}P_x - \frac{R}{\cos\alpha} \tag{7.18}$$

式中，$\mathrm{d}P_x$ 为土条条间力矢量和，按静止土压力公式计算

$$\mathrm{d}P_x = \frac{1}{2}k\rho g\,(h+\mathrm{d}h)^2 - \frac{1}{2}k\rho gh = k\rho g\left(h\mathrm{d}h + \frac{\mathrm{d}h^2}{2}\right) \approx k\rho gh\mathrm{d}h \tag{7.19}$$

式中，静止土压力系数 $k = 1 - \sin\phi_m$，ϕ_m 是滑体土的内摩擦角。

假定滑体运动过程中满足牛顿流体特性，则

$$a_x = \frac{\partial u}{\partial t} + u\frac{\partial u}{\partial x} + w\frac{\partial u}{\partial z} \tag{7.20}$$

式中，u 是水平方向的速度；w 是滑面法向的速度。

土条在运动中沿主滑方向为平动，即 $\frac{\partial u}{\partial z} = 0$，代入式（7.20）得

$$a_x = \frac{\mathrm{d}u}{\mathrm{d}t} + u\frac{\mathrm{d}u}{\mathrm{d}x} \tag{7.21}$$

将式（7.17）、式（7.19）和式（7.21）代入式（7.18）得

$$\rho h\mathrm{d}x\left(\frac{\mathrm{d}u}{\mathrm{d}t} + u\frac{\mathrm{d}u}{\mathrm{d}x}\right) = \rho gh\mathrm{d}x\tan\alpha - k\rho gh\mathrm{d}h - \left[\frac{\rho gh\mathrm{d}x\tan\phi_a + \rho gh_c\mathrm{d}x}{\cos^2\alpha + \tan\phi_a\sin\alpha\cos\alpha}\right] \tag{7.22}$$

两边约去 $\rho \mathrm{d}x$ 后得

$$h\left(\frac{\mathrm{d}u}{\mathrm{d}t} + u\frac{\mathrm{d}u}{\mathrm{d}x}\right) = hg\tan\alpha - kgh\frac{\mathrm{d}h}{\mathrm{d}x} - g\left[\frac{h\tan\phi_a + h_c}{\cos^2\alpha + \tan\phi_a\sin\alpha\cos\alpha}\right] \tag{7.23}$$

假定滑体在滑动过程中的密度不变，定义 $M = uh$ 表示流经某个断面的流量，根据单元体体积连续性方程有

$$\frac{\mathrm{d}h}{\mathrm{d}t} + \frac{\mathrm{d}M}{\mathrm{d}x} = 0 \tag{7.24}$$

将 $M = uh$ 代入式（7.24）得

$$\frac{\mathrm{d}M}{\mathrm{d}t} + \frac{M}{h}\frac{\mathrm{d}M}{\mathrm{d}x} = hg\tan\alpha - kgh\frac{\mathrm{d}h}{\mathrm{d}x} - g\left[\frac{h\tan\phi_a + h_c}{q}\right] \tag{7.25}$$

式中，$q = \cos^2\alpha + \tan\phi_a\sin\alpha\cos\alpha$。

对于第 i 个土条，土条两边的节点编号分别为 $i-1$ 和 i，微分式（7.24）和式（7.25）

分别转化为以下差分公式

$$\frac{h_i^{k+1}-h_i^k}{\Delta t}+\frac{M_{i+1}^{k+1}-M_i^{k+1}}{\Delta x}=0 \tag{7.26}$$

$$\frac{M_i^{k+1}-M_i^k}{\Delta t}+\frac{1}{\Delta x}\left[\frac{1}{h_i^k}\left(\frac{M_{i+1}^k+M_i^k}{2}\right)^2-\frac{1}{h_{i-1}^k}\left(\frac{M_i^k+M_{i-1}^k}{2}\right)^2\right]$$

$$=g\left(\frac{h_{i-1}^k+h_i^k}{2}\right)TA_i-kg\frac{h_{i-1}^k+h_i^k}{2}\frac{h_i^k-h_{i-1}^k}{\Delta x}-g\left[\frac{h_{i-1}^k+h_i^k}{2q}\tan\phi_{ia}+\frac{h_{ci}}{q}\right] \tag{7.27}$$

式中，$SA_i=\dfrac{(z_{i-1}-z_i)\Delta x}{(z_{i-1}-z_i)^2+(\Delta x)^2}=\sin\alpha_i\cos\alpha_i$；

$$CA_i=\frac{(\Delta x)^2}{(z_{i-1}-z_i)^2+(\Delta x)^2}=\cos^2\alpha_i；$$

$$TA_i=\frac{z_{i-1}-z_i}{\Delta x}=\tan\alpha_i；$$

$$q=CA_i+SA_i\tan\phi_{ia}$$

基于上述差分公式编制程序，模拟滑坡运动时间、滑距等参数。程序的输入参数包括滑体密度、滑体内摩擦角、滑带视摩擦角和黏聚力，其中，滑体密度和内摩擦角对于整个滑坡取加权值，滑带的参数根据土条划分情况取相应节点数值。

b. 典型运动过程模拟

（1）黄茨滑坡概况

黄茨滑坡所处斜坡坡高约107m，平均坡度为32°，为凹形坡，上部黄土段坡度为39°，下部基岩段坡度为26°。斜坡为黄土与基岩组成的双层结构斜坡，地层由上至下分别为：晚更新统风成黄土（Q_3^{eol}）厚约40m，呈淡黄色，砂粒含量高；上更新统冲积粉质黏土层（Q_3^{al}）厚约6m，硬塑，可见明显波状层理；上更新统冲积砂砾石层（Q_3^{al}）厚约8m，颗粒最大粒径约30cm，泥质含量占20%左右，分选性和磨圆度均较好，处于密实状态；下白垩统河口群（K_1hk）为棕褐色、棕红色砂泥岩互层，产状为145°∠11°，节理裂隙较发育。该滑坡坡段可见黄土孔隙和基岩裂隙两类地下水，分别从右侧冲沟和坡脚的堆积体和基岩接触面出露。

该滑坡在历史上共发生三期大滑动（照片7.16），每期滑动体积均达百万方以上，滑向均为155°，滑动面均贯通上部黄土层和下部基岩顺层面，为黄土-基岩顺层滑坡。第一期滑动的年代久远，无文字记录，为古老滑坡，可能因强降水或其他自然因素诱发；20世纪60年代黑方台开始引水灌溉后，灌溉水入渗一方面在黄土层底部形成饱水层，降低了黄土强度，另一方面部分水沿着裂隙或其他优势通道继续入渗至基岩裂隙中，浸泡软化顺层结构面，降低斜坡整体稳定性，导致1995年1月30日凌晨发生第二期滑动（图7.22），滑动历时约90min，滑坡前缘滑动距离最大仅30m；之后大水漫灌方式有增无减，滑动迹象频繁出现，并于2006年5月14日中午发生再次滑动，从启动至停止历时达7个小时，滑坡前缘最大滑动距离约20m，并形成当前的多级旋转滑坡形态（图7.23）。

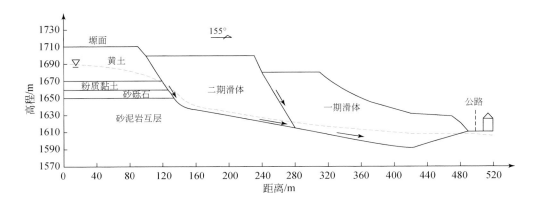

图 7.22 黄茨滑坡 1995 年滑动剖面示意图

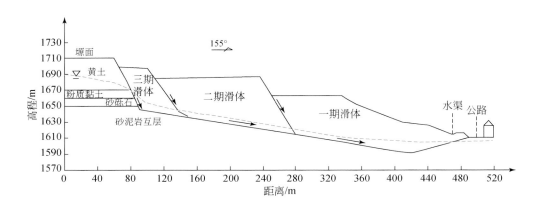

图 7.23 黄茨滑坡 2006 年滑动剖面示意图

每一期次滑体滑动后均停积在坡体中下部，这部分滑体起了压脚作用，加之黄土-基岩类滑坡抗滑阻力较大，故与研究区的黄土滑坡相比，这类滑坡的滑动速度很慢，滑距短，表现为低速蠕动特征。

（2）模型建立

本次拟对黄茨滑坡 2006 年的滑动进行运动学模拟。与黄土层和基岩地层相比，粉质黏土层和砂砾石层的厚度很小，在建模时将这两个地层并入基岩地层考虑。土条划分间隔为 10m，迭代时间间隔为 0.01s，不人为设定计算时步，直至收敛为止。

（3）参数选取

在各部分岩土体试验值的基础上取加权值作为滑体参数。2006 年的滑带由后部黄土层和部分基岩段的新生滑带和基岩段中前部的老滑带共同组成，两者应分别取峰值和残余抗剪强度参数，即新生滑带的视摩擦角取峰值摩擦角，老滑带则取残余摩擦角作为视摩擦角；滑动时滑带土的结构强度基本丧失，但考虑到饱水黄土和饱水泥岩也有一定的黏聚力，因此，黏聚力统一取 0.5kPa 计算。模拟所需的土性参数见表 7.5。

表 7.5　黄茨滑坡运动学模拟计算参数汇总表

状态	滑体加权重度 $\bar{\gamma}$ /(kN/m³)	滑体加权内摩擦角 $\bar{\varphi}_m$/(°)	滑带视摩擦角 φ_a/(°)	滑带黏聚力 C /kPa
天然黄土滑带	20	25	25	0.5
饱和黄土滑带			23	
新生泥岩滑带			19	
既有泥岩滑带			12	

（4）模拟结果

图 7.24 为本次模拟结果，模拟的滑动时间为 14.9s，滑距为 20m，平均速度为 1.34m/s。据调查，实际滑动持续时间为 7h，滑距约 25m，滑动后形成三级平台。可见模拟的时间误差很大，堆积体的具体形态差距也较大，但滑距预测是相对准确的。

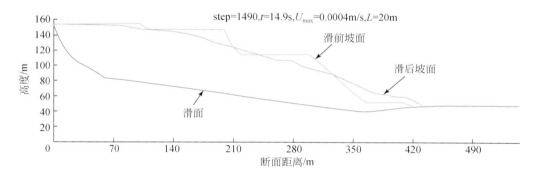

图 7.24　黄茨滑坡 2006 年滑动模拟结果

7.2　基于地貌重建的灌溉诱发滑坡时空演化特征

黑方台台缘周边滑坡发生频次高，滑坡多表现为溯源叠瓦后退式的滑动特征，同一个滑坡呈原位多期次滑动的相对独立的动态演化系统，其变形表现出复杂的非线性演化特征。基于滑坡变形演化方面的不确定性，通过三维激光扫描监测获取黑方台地区最新滑坡变形情况，而后结合多期次 DEM 数据进行地貌恢复重建，在 ArcGIS 平台下建立了基于多期 DEM 的滑坡变形分析模型，通过不同时期的格网 DEM 定量分析研究滑坡时空变形演化特征。

7.2.1　基于多期 DEM 的滑坡变形分析原理

数字高程模型（digital elevation model，DEM）是用一组有序数值阵列形式表示地面高程的一种实体地面模型，是对地貌形态的虚拟表示，可派生出坡度、坡向及坡度变化率等信息，用于与地形相关的分析应用，不同时期 DEM 的获取和应用可为斜坡变形演化分析提供快速、高效的技术支持。

　　基于多期 DEM 进行斜坡时空变形定量分析的思路是首先建立斜坡区不同时期的格网 DEM，通过不同时期 DEM 数据的计算来分析斜坡在此时间段内的变形情况。本次所描述的斜坡变形主要是指体积的变化量，下面仅对体积的计算原理加以介绍。

　　黑方台滑坡大多沿粉质黏土层顶面或基岩中的泥岩层面滑动，滑坡后壁高陡，滑面清晰可见，因此，滑坡体积的变化可依据地表的变形量来计算。假设滑前初始地形曲面为 $H_T = f(x, y)$，滑坡发生后地形曲面为 $H_L = g(x, y)$，在滑坡区域 L 内，原始地形曲面 H_T 和滑坡发生后地形曲面 H_L 之间的体积 V 为

$$V = \iint\limits_{L} [f(x, y) - g(x, y)] \mathrm{d}x\mathrm{d}y \tag{7.28}$$

　　体积计算有正有负，取决于原始地形曲面与滑动后地形曲面的位置关系。当滑动后地形曲面高于原始地形曲面时，体积为负，表示滑坡堆积区，反之当滑动后地形曲面低于原始地形曲面时，体积为正，表示滑坡下滑区（图 7.25）。一个滑坡范围内的所有下滑区、堆积区各自求和，即得该滑坡的总的下滑体积和堆积体积。

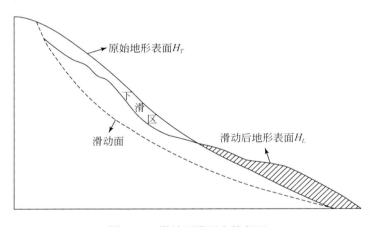

原始地形表面 H_T

下滑区

滑动面

滑动后地形表面 H_L

图 7.25　滑坡下滑区和堆积区

　　基于格网 DEM 计算滑坡体积是将滑坡区域划分成等间距 g（本书为 5m）的 $m \times n$ 个格网（图 7.26），当格网间距比较小时，可认为格网单元为一平面。设 (i, j) 格网处的原始地表高程为 $H_t(i, j)$，滑坡发生后的地表高程为 $H_l(i, j)$，则两者的高差为

$$\delta H_{i,j} = H_t(i,j) - H_l(i,j) \tag{7.29}$$

　　若 $\delta H_{i,j} > 0$，则该格网点为下滑区，反之为堆积区；按下列公式计算格网点的体积（图 7.27）：

　　当 (i, j) 为角点时，$V_{i,j} = \dfrac{1}{4}g^2 \delta H_{i,j}$； $\tag{7.30}$

　　当 (i, j) 为边点时，$V_{i,j} = \dfrac{2}{4}g^2 \delta H_{i,j}$； $\tag{7.31}$

　　当 (i, j) 为拐点时，$V_{i,j} = \dfrac{3}{4}g^2 \delta H_{i,j}$； $\tag{7.32}$

当 (i, j) 为中点时，$V_{i,j} = \dfrac{4}{4} g^2 \delta H_{i,j}$。　　　　　　　　　　　　　　　　　　　　（7.33）

最后将相邻区域上相同符号的格网点体积相加，得到整个滑坡区域上下滑区和堆积区的体积。

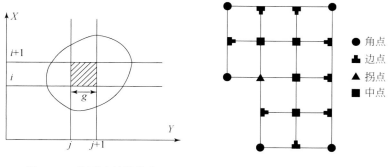

图 7.26　格网法计算体积　　　　　　　　图 7.27　DEM 体积计算原理

7.2.2　黄河沿岸滑坡变形分析

1. 数据来源及精度

本次研究数据采用甘肃省测绘局 1977 年 4 月、1997 年 7 月、2001 年 7 月三期 1:10000 地形图，以及中国地质调查局西安地质调查中心 2010 年 4 月三维激光扫描所得 1:1000 地形图为数据源。首先在 ArcGIS 中用矢量化得到的研究区等高线和高程点数据建立不规则三角网（triangulated irregular network，TIN）（图 7.28），然后把 TIN 转换成格网 DEM（图 7.29）。其中，将前三期 1:10000 数据划分成 5m×5m 的格网，将 2010 年数据划分成 0.7m×0.7m 的格网。在体积的计算过程中，所有数据采用相同的格网间距（5m）。

利用以上建立的不同时期的 DEM 数据，以 ArcGIS 为平台，对黑方台南缘的黄河沿岸一带滑坡群中的每个滑坡从 1977～2010 年的变形情况分阶段进行分析计算。

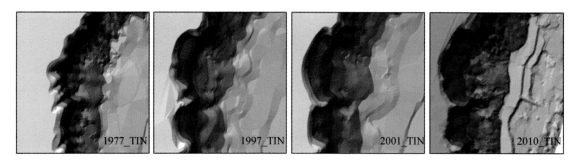

图 7.28　黑方台焦家 JH9# 滑坡不同时期 TIN 数据

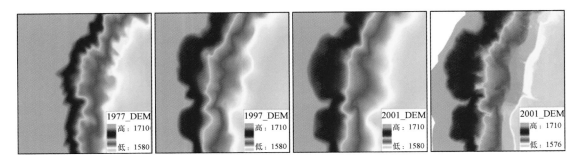

图 7.29　黑方台焦家 JH9# 滑坡不同时期格网 DEM 数据

2. 滑坡高差计算

用研究区每个滑坡 1977 年的格网 DEM 数据减去 1997 年的格网 DEM 数据，得到该滑坡体从 1977～1997 年的高差变化值（图 7.30），其中，正值表示高程减小，为滑坡的下滑区，负值表示高程增大，为滑坡的堆积区。从 1977～1997 年的 20 年间，滑坡高程最大下降值为 69.06m。同理，将黑方台地区每个滑坡 1997 年和 2001 年的格网 DEM 数据进行相减，得到滑坡在此期间的高差值（图 7.31），从 1997～2001 年的 4 年间，滑坡高程最大下降值为 54.84m。将黑方台滑坡 2001～2010 年的格网 DEM 数据进行相减，得到滑坡在此期间的高差值（图 7.32），从 2001～2010 年的 9 年间，滑坡高程最大下降值为 48.57m。

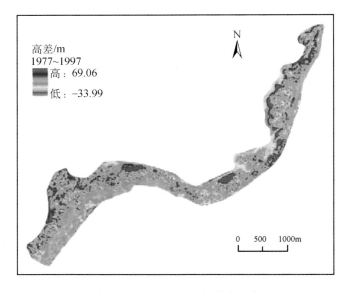

图 7.30　1977～1997 年的高差值

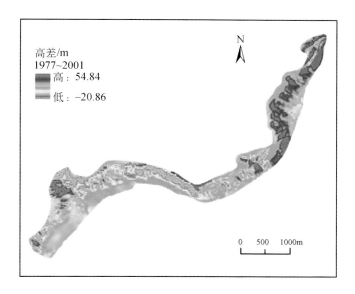

图 7.31　1997~2001 年的高差值

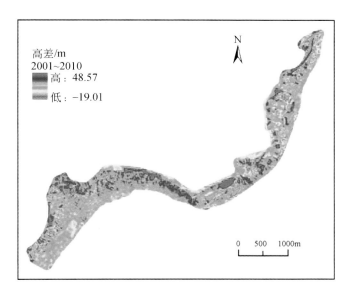

图 7.32　2001~2010 年的高差值

3. 滑坡体积计算

对于每个滑坡体积在某一时期内的变化，首先根据三维地形进行滑坡边界的人工勾画，在边界以内的区域根据体积计算公式在 ArcGIS 平台下计算滑坡的体积变化情况。计算结果分为正负两种情形，体积为正表示体积有损失，为滑坡下滑部分，体积为负表示体

积得到增加，为滑坡堆积部分。本次研究对黑方台台塬周边典型的 32 处滑坡从 1977 ~
1997 年、1997 ~ 2001 年、2001 ~ 2010 年 3 个时间段的体积变化情况分别进行分析计算，
得到各滑坡体在各时间段内的下滑体积和堆积体积（图 7.33、图 7.34、图 7.35），计算结
果见表 7.6。

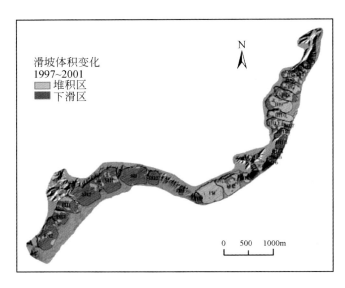

图 7.33　1977 ~ 1997 年体积变化

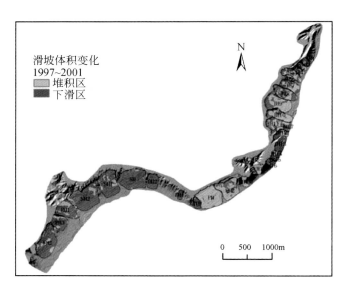

图 7.34　1997 ~ 2001 年体积变化

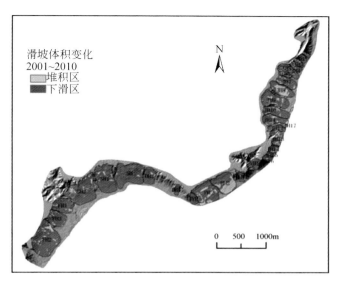

图 7.35　2001～2010 年体积变化

表 7.6　黑方台地区基于多期 DEM 的滑坡体积演化表

滑坡名	1977～1997 年		1997～2001 年		2001～2010 年	
	下滑体积/m³	堆积体积/m³	下滑体积/m³	堆积体积/m³	下滑体积/m³	堆积体积/m³
JH1	441487.50	−4544.24	53275.81	−1656.01	16071.70	−13192.88
JH2	335847.97	−11774.96	79300.41	−5371.18	73557.66	−4608.25
JH3	433748.58	0	55093.82	−9676.43	39711.93	−8462.48
JH4	480159.91	0	46882.53	−7878.95	80849.16	−7032.14
JH5	1037765.53	−15143.59	113571.17	−90792.15	227033.71	−7380.47
JH6	695176.03	0	54748.23	−21014.36	47325.26	−8929.44
JH7	1557451.37	0	96812.89	−61668.88	136589.33	−18192.09
JH8	1427637.01	−406.49	112047.99	−47150.04	394876.67	−145377.24
JH9	2516665.63	−722.83	267733.06	−328878.64	493895.02	−5846.82
JH10	1644688.48	−13.20	107067.75	−133970.57	248081.08	−11255.99
JH11	1682298.25	−773.23	110727.55	−69000.19	184194.23	−24830.42
JH12	931814.57	−9011.60	176031.69	−17184.88	113489.54	−10717.95
JH13	1842715.04	−12150.35	319965.28	−6128.37	127382.16	−24504.32
JH14	802113.96	0	82770.66	−9859.29	61780.76	−14883.13
JH15	474401.71	0	63243.70	−1927.33	44864.77	−6192.37
JH16	843399.12	0	130852.83	−2444.06	129167.85	−9295.98

续表

滑坡名	1977～1997 年		1997～2001 年		2001～2010 年	
	下滑体积/m³	堆积体积/m³	下滑体积/m³	堆积体积/m³	下滑体积/m³	堆积体积/m³
JH17	593798.23	-1844.82	64543.53	-44117.57	102414.92	-12138.65
YH1	159788.25	-314678.10	529.60	-183225.12	192753.32	-1337.29
YH2	255857.13	-5507.25	7690.81	-10904.99	48639.52	-1030.86
YH3	41031.42	0	828.91	-7576.36	11540.26	-49.89
HH1	206021.75	-7504.58	5875.61	-98861.76	96483.78	-3308.48
HH2	141164.51	-385891.16	141164.51	-385891.16	874703.41	-417758.19
PH	2472410.74	-87500.04	7766.92	-737565.23	417660.54	-7242.35
JYH	198622.44	-56768.66	391411.28	-2287.07	115793.37	-256.71
DH1	2771.79	-128788.30	385730.83	0	126237.93	-9.99
DH2	1287438.77	-68.42	1403466.30	0	504532.54	-9681.31
SH	2415447.07	-38118.21	3848076.56	-55844.27	1246231.73	-8642.67
SH1	1927888.49	-177007.38	1926882.42	-148768.08	855545.31	-34759.18
SH2	3198417.77	-136494.22	3017146.68	-142069.66	914014.38	-41262.95
FH1	1069770.13	-138131.36	533861.97	-207929.80	372526.75	-10072.42
FH2	1094677.73	-91773.51	1526427.85	-89694.58	1012812.59	-52491.98
FH3	658442.95	-65300.68	561917.93	-85751.53	300751.01	-9810.17

　　计算所得滑坡的下滑体积和堆积体积并不一致，这是因为：①黑方台滑坡焦家崖头一带滑坡为高位滑坡，滑体部分滑动后进入黄河八盘峡库区；②滑坡发生前后黄土的密实度产生变化；③体积的计算是在人工勾画的滑坡边界之内进行的，勾画边界不同，体积的计算也将不同。其中，从 1977～1997 年的 20 年间，由于相隔时间较长，滑坡每年都下滑流动，整个黑方台塬边滑坡以下滑为主，堆积很少，1997～2001 年和 2001～2010 年的两个时间段内，滑坡有部分堆积，但下滑体积总体大于堆积体积。

4. 滑坡后壁后移侵蚀速率计算

　　在一定时间间隔内的滑坡滑移位移可通过连续的航卫片（或 DEM）来获得，然后用总位移除以时间段即为滑坡的滑移速率。这种方法可以有效地评估中长期内滑坡的平均滑移速率。

　　黑方台滑坡滑动后滑体产生液化流滑，滑坡堆积体前缘延伸到黄河二级阶地中部，甚至进入黄河，故难以用滑坡前缘或滑体上的某一标志物来表征滑坡的滑移速率。本次采用滑坡后壁的后移侵蚀速率来表征滑坡的变形速率，图 7.36 为黑方台焦家 9# 滑坡 1977 年、1997 年、2001 年和 2010 年 4 个时期沿主滑方向的剖面。滑坡后壁的后移距离除以历时即为滑坡壁后移侵蚀速率，计算结果见表 7.7。同时，用黑方台台塬滑坡下滑体积之和除以历时表示黑方台滑坡整体变形速率（表 7.8）。

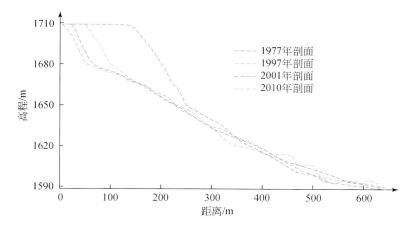

图 7.36　JH9#滑坡不同时期主滑方向后移侵蚀变形示意图

表 7.7　黑方台地区滑坡后移侵蚀速率计算表

年份	后移距离/m		平均后移侵蚀速率/（m/a）
	最大值	平均值	
1977 ~ 1997	136.75	89.34	4.47
1997 ~ 2001	47.43	13.82	3.46
2001 ~ 2010	35.92	9.91	1.10

表 7.8　黑方台滑坡整体变形速率计算表

年份	总的下滑体积/m³	整体变形速率/（m³/a）
1977 ~ 1997	32870919.83	1643545.99
1997 ~ 2001	15693447.08	3923361.77
2001 ~ 2010	9611512.19	1067945.79
平均		2211617.85

7.3　灌溉条件下地下水系统演化对斜坡稳定性的影响

长达 40 余年的引水灌溉改变了受水区原生水文地质条件，长期的地下水正均衡引起地下水位大幅抬升，同时，水敏性黄土因灌溉入渗的水岩作用产生显著的灌溉效应，尤其是强度劣化锐降，故灌溉是灌区斜坡失稳的最主要、最积极的触发因素。开展黄土含水系统渗流场与斜坡稳定性耦合分析是揭示灌溉作用下滑坡机理的重要途径，也是后续建立基于地下水位控制的滑坡风险管理模型的前提。

7.3.1　潜水渗流场与斜坡稳定性耦合模型建立

在上述第 3.3 和第 3.4 节黄土含水系统地下水动力场演化与发展趋势预测结果的基础上，将不同时期地下水位数据经差值处理后导入斜坡稳定性模型中，构建形成空间地下水面，综合考虑渗流场及水岩作用导致岩土物理力学参数变化的双重作用下，在 FLAC³ᴰ 软件中采用摩尔–库伦本构模型进行计算，分析台缘斜坡位移变化规律和变形区分布情况。

1. 区域斜坡稳定性模型建立

联合采用 ArcGIS 与可视化 Surfer 软件对黑台 DEM 数据进行三维信息可视化提取，应用 FLAC³ᴰ 内置的 FISH 语言对初始单元模型开展前处理，最终构建形成区域稳定性模型。图 7.37 为区域有限差分计算模型，模型垂向（Z 方向）上由上至下依次考虑了黄土层、粉质黏土层、砂卵砾石层及白垩系砂泥岩层。

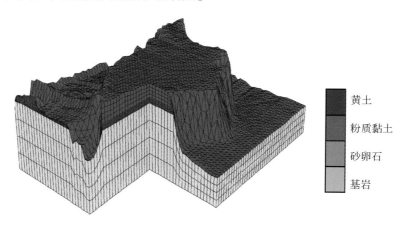

右侧图例：
黄土
粉质黏土
砂卵石
基岩

图 7.37　黑台区域稳定性模型剖分图

据钻孔揭露和野外地层露头精细测绘绘制形成的各地层等厚度图，将模型中黄土层平均厚度概化为 11.5 m，粉质黏土层平均厚度概化为 3.4 m，砂卵砾石层平均厚度概化为 2.1 m，白垩系砂泥岩层平均厚度概化为 124 m。模型剖分的有限元网格共有节点 52479 个，计算单元 95232 个，每个单元的尺寸为 100 m×100 m。根据黑台地质环境条件的实际情况，在软件中将计算模型底部处理为固定边界，模型四周为单向边界，台缘斜坡坡面为自由边界。

2. 计算参数选取

结合原位直接剪切实验、室内测试结果，并参考岩土参数经验值，将计算模型范围内的天然黄土、饱和黄土、粉质黏土、砂卵砾石、砂泥岩的物理力学参数取值列于表 7.9 中。

表 7.9　岩土物理力学计算参数统计表

土体类型	体积模量/Pa	剪切模量/Pa	黏聚力 c/kPa	内摩擦角 Φ/(°)	剪胀角/(°)	密度/(kg/m³)
天然黄土	4×10^6	8×10^6	20.8	30.67	30	1481
饱和黄土	2.5×10^6	4×10^6	15	28.23	28.2	1581
粉质黏土	3×10^6	5×10^6	40	10	10	1960
砂卵石	4×10^7	5×10^7	1	45	45	2050
砂泥岩	2.3×10^9	8.83×10^8	41.3	18	18	2067

3. 渗流场与斜坡稳定性耦合模型

地下水流数值模型的计算结果为斜坡稳定性模拟提供了地下水位条件，两者采用的计算区范围一致，但模型剖分精度不同（地下水流数值模型中每个剖分单元的尺寸为 25 m×25 m，斜坡稳定性模型中剖分单元的尺寸为 100 m×100 m）。因此，将上述地下水位计算结果导入 FLAC³ᴰ进行斜坡稳定性计算前，需要对其进行差值处理。

将经过差值处理后的地下水位数据（包括 2010 年、2013 年、2015 年及 2020 年的地下水位）导入模型中，构建形成空间地下水面（图 7.38）。在 FLAC³ᴰ软件中计算时采用摩尔–库伦本构模型，分析综合考虑地下水位以及水岩作用导致岩土物理力学参数变化的双重作用下，台缘边坡位移变化规律和变形区分布情况。

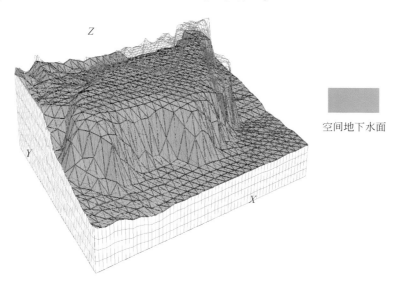

空间地下水面

图 7.38　导入地下水位数据后的台塬斜坡稳定性模型图

7.3.2　地下水渗流场与斜坡稳定性耦合分析

1. 地下水渗流场与斜坡稳定性恢复

由模拟结果可知，灌溉前区内地下水极为贫乏，黄土层潜水不连续，台塬西侧几乎无地下水分布，东侧也仅分布为极薄的一层地下水，斜坡整体处于稳定状态。以目前活动强烈的焦家崖头 13 号滑坡为例，考虑其仅在重力作用下计算得斜坡安全系数为 1.25。图 7.39 为灌溉前焦家崖头 13 号斜坡的位移云图，整体位移较小，位移最大值为 0.52 m，斜坡整体趋于稳定。

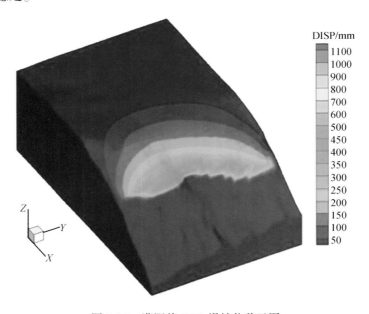

图 7.39　灌溉前 JH13 滑坡位移云图

灌溉以来，地下水位呈现逐年上升的趋势。随着灌溉时间的增长和地下水位的上升，对应的台塬周边不稳定区域的范围明显增大，位移较大处均沿台塬周边分布，台塬南侧边坡的整体位移普遍大于北侧（图 7.40），这与野外调查的实际情况相符合。变形以焦家崖头附近斜坡最为显著，1990 年、2000 年和 2010 年最大位移分别增大至 0.85m、1.19m 和 1.80m。

图 7.41 为 2010 年和 2012 年焦家崖头 13 号滑坡的位移云图。2010 年，斜坡处潜水含水层厚约 20m，在较高的地下水位和地下水浸润范围内岩土抗剪强度的双重作用下，大位移分布区范围明显，最大位移达 1.05 m，局部发生破坏（图 7.41（a））；2012 年，地下水位继续上升，斜坡后壁大位移分布区急剧增多，并向两侧扩散，最大位移增加至 1.17m，破坏程度进一步加剧（图 7.41（b））。2010 年、2012 年斜坡安全系数分别为

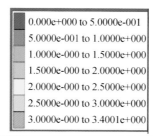

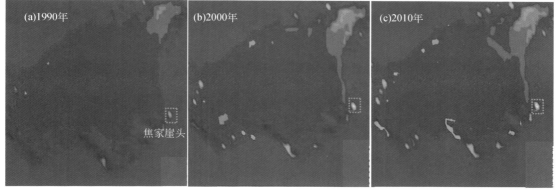

图 7.40　灌溉后不同时期黑台台缘位移云图

1.05 和 1.01，稳定性较灌溉前明显降低。斜坡变形破坏包括剪切屈服和张拉屈服两种，其中，剪切屈服区主要分布于斜坡后缘，面积较大，张拉屈服区分布于斜坡右侧前缘，范围较小，斜坡变形破坏以剪切屈服为主（图 7.42）。与灌溉前相比，2012 年张拉塑性区体积增加了 $58.73 \times 10^4 \mathrm{m}^3$，增加了近 1.81 倍，剪切塑性区体积增加了 $280.87 \times 10^4 \mathrm{m}^3$，增加了近 8.85 倍（表 7.10）。

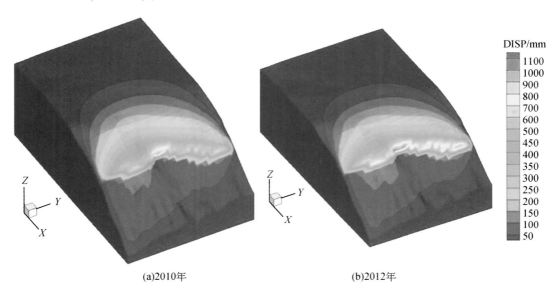

图 7.41　灌溉以来 JH13 滑坡位移云图

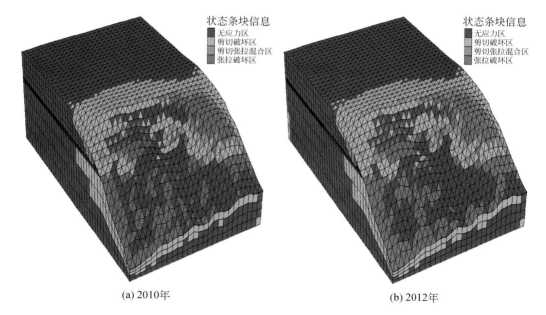

(a) 2010年   (b) 2012年

图 7.42 　灌溉以来 JH13 滑坡塑性区分布图

表 7.10　JH13 号滑坡剪切及拉张塑性区体积变化表

项目	灌溉前	2011 年	2012 年
剪切塑性屈服区体积/万 m³	31.72	308.15	312.59
张拉塑性屈服区体积/万 m³	32.52	89.31	91.25

2. 地下水渗流场与斜坡稳定性预测

　　地下水数值模拟结果表明，在维持现有灌溉模式和灌溉量的情况下，至 2020 年地下水位仍将呈现持续上升的趋势，上升速率约为 0.1m/a。在地下水位持续上升的条件下，应用耦合模型对台塬变形的塑性屈服区体积进行计算，得到不同时期台塬剪切塑性屈服区与张拉塑性屈服区的体积变化（表 7.11）。由计算结果可知，随着地下水位的升高，台塬的剪切塑性区体积及张拉屈服区的体积均在逐年增加，其中，2015 年和 2020 年台塬剪切塑性区体积较 2010 年分别增加了 42.46% 和 67.36%，张拉塑性区体积较 2010 年分别增加了 107.11% 和 121.11%。特别是在 2015 年以后，台塬塑性屈服区体积急剧增大。但总体来看，剪切塑性区体积总是占绝大部分，未来斜坡变形仍将以剪切破坏为主。

表 7.11　台塬剪切及拉张塑性区体积变化表

项目	2010 年	2015 年	2020 年
剪切塑性屈服区体积/万 m³	7.23E+04	1.03E+05	1.21E+05
张拉塑性屈服区体积/万 m³	4.50E+03	9.32E+03	9.95E+03

7.4　灌溉诱发型黄土滑坡形成机理

黑方台地区黄土滑坡灾害是在特定的孕灾地质环境背景下，受灌溉和冻融双重驱动因素的共同作用，经历了长期变形破坏引发滑坡致灾的地质过程。基于非饱和土理论来探讨黄土滑坡的形成机理，大致概括为以下几个过程。

7.4.1　灌溉引起地下水位抬升，造成饱和带厚度增大和非饱和带增湿

黑方台自 1968 年开始灌溉以来，已是累计灌溉达 40 余年的成熟灌区，长期沿袭粗放的大水漫灌方式，加之，黄土以具有大孔结构和垂直裂隙发育为典型特征，灌溉水流常在灌渠和田间冲蚀形成落水洞，故灌溉渗透除了台面中部的活塞流缓慢入渗之外，渠系沿线和台缘周边多沿黄土大孔隙、裂隙、垂直节理和落水洞等快速通道的优势流快速入渗，水体入渗至粉质黏土层顶面时因其相对隔水而在黄土孔隙孔洞中蓄存转化为地下水。因黑方台大面积的持续超灌改变了原生水文地质条件，使地下水长期处于正均衡状态，且入渗补给量远远大于泉水排泄量，造成地下水位逐年上升，多年平均升幅为 0.3 ~ 0.4m/a，截至目前仍处升势。地下水位之下的黄土呈饱和状态，随着地下水位的上升，饱和黄土层的厚度也渐趋增厚，同时，其上包气带因常年灌溉增湿发生含水量重分布，不仅黄土渗透性发生变化，表现为含水量和时间的函数关系，同时，非饱和带水势场与饱和带孔隙水压力场相应发生变化，进而改变斜坡体的渗流场。

为了直观地表述灌溉对包气带水势场和饱和带渗流的影响，选择最具代表性的焦家崖头段斜坡分别建立了斜坡的二维和三维数值模型，采用 MIDAS GTS 软件的非饱和渗流分析模块反演灌溉对斜坡区非饱和带和饱和带渗流的影响。

首先，依据三维激光扫描所得的点云数据分别进行二维和三维建模，综合考虑计算速度及精度的要求，对黄土层及粉质黏土层网格适当加密，有限元网格划分见图 7.43。二维模型（图 7.43（a））共 2223 个节点 2122 个单元，三维模型（图 7.43（b））共 22178 个节点 111583 个单元。数值模型中的地下水位按照地下水渗流场演化发展过程分别设置为海拔 1665m、1670m、1675m、1680m、1685m、1690m。在不考虑降水入渗情况下，将坡体两侧地下水位以下部分设置为定水头边界，坡底设置为不透水边界，利用稳态渗流分析不同灌溉强度下地下水位上升过程中斜坡地带非饱和带水势和饱和带孔隙水压力演化过程。

由稳态分析可知，随着地下水位的升高，饱和区域逐渐扩大，非饱和区域体积含水量逐渐增大（图 7.44）和基质吸力降低（图 7.45 和图 7.46），基质吸力的变化引起黄土力学性质相应发生变化，从某种意义上说，基质吸力的变化决定了斜坡的稳定程度。

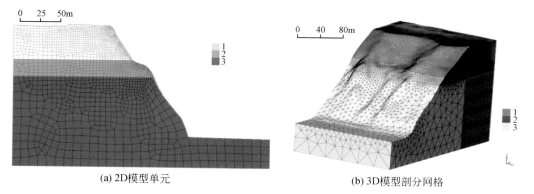

(a) 2D模型单元　　　　　　　　　　(b) 3D模型剖分网格

图 7.43　数值计算模型

1. 黄土层；2. 黏土层；3. 砂泥岩互层

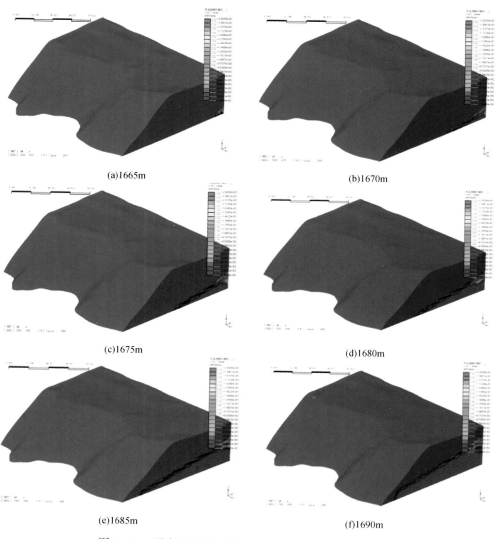

(a)1665m　　　　　　　　　　(b)1670m

(c)1675m　　　　　　　　　　(d)1680m

(e)1685m　　　　　　　　　　(f)1690m

图 7.44　不同地下水位条件下黄土内部体积含水量分布

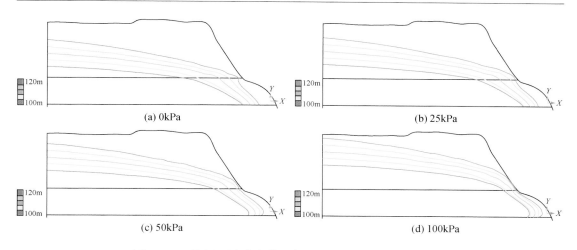

图 7.45　不同地下水位条件下斜坡内部基质吸力分布（2D）

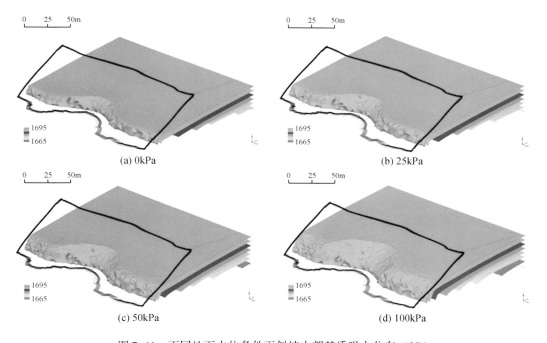

图 7.46　不同地下水位条件下斜坡内部基质吸力分布（3D）

　　由稳态分析得到的斜坡孔隙水压力分布（图 7.47）可以看出，随着坡体内部地下水位的上升，饱和区域孔隙水压力不断上升，且逐渐向上及外部扩展，当地下水位达到标高 1690m 时，饱和区域已接近坡脚，水位上升过程中，坡体内外存在水位差，浸润线略呈上凸形，水力坡降在坡体内部相对较缓，在坡脚地带增大。随着正孔压范围的增大，坡体内部渗透力相应增加，从而增大了斜坡下滑力。

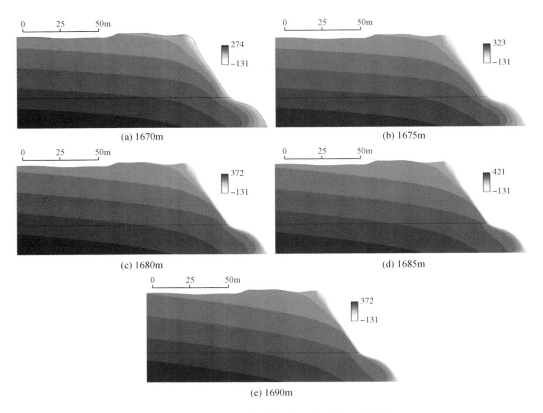

图 7.47　不同地下水位条件下孔隙水压力分布

7.4.2　水岩作用产生岩土强度"劣化弱化"效应

伴随着地下水位的上升，饱和带厚度的增大和非饱和带增湿过程中的水岩作用引起黄土强度呈现出显著的"劣化弱化"效应。灌溉之前，在自重或附加荷载作用下，黄土以弹性压缩变形为主，土体具较高的抗剪强度。随着灌溉入渗，土体含水量及基质吸力产生重分布，黄土饱和度增加，基质吸力减小，土体结构中可溶盐淋溶后大大削弱了土体的黏聚力，土颗粒间的联结强度大幅降低，抗剪强度劣化弱化，尤其是饱和黄土在极小的剪切力作用下也容易产生强度的完全丧失。为此，将上述数值分析模型结果导入 FLAC^{3D} 中，利用最小二乘法对非饱和蠕变试验得到的基质吸力与非饱和土抗剪强度进行拟合，并以此为依据分析地下水位上升条件下各单元黄土抗剪强度的变化（图 7.48 和图 7.49）。

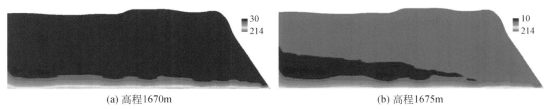

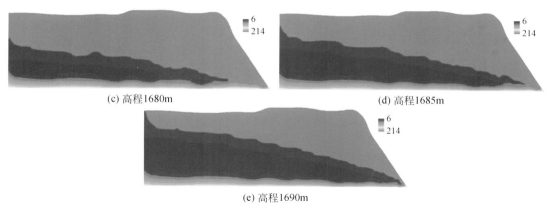

(c) 高程1680m　　　　　　　　　　　　　(d) 高程1685m

(e) 高程1690m

图 7.48　不同地下水位条件下黄土黏聚力分布

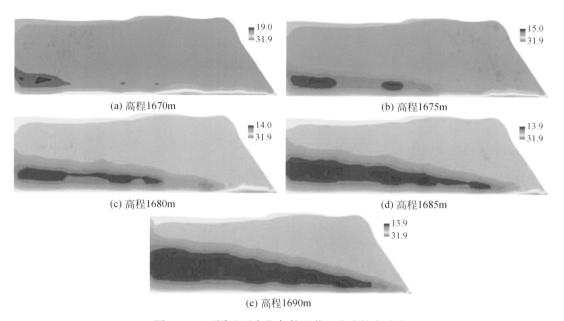

(a) 高程1670m　　　　　　　　　　　　　(b) 高程1675m

(c) 高程1680m　　　　　　　　　　　　　(d) 高程1685m

(e) 高程1690m

图 7.49　不同地下水位条件下黄土内摩擦角分布

　　我们可以用扩展摩尔-库仑抗剪强度公式和含水率对非饱和土应变的影响来解释这种岩土强度"劣化弱化"效应。

1. 用扩展摩尔-库仑抗剪强度公式解释

　　从第 4.3 节非饱和三轴试验数据得到黑方台地区非饱和黄土抗剪强度式为

$$\tau_{ff} = 19.2 + (\sigma - u_a)_f \tan 17.2° + (u_a - u_w)_f \tan 15.6° \tag{7.34}$$

　　由上式可看出，天然黄土孔隙气压力 u_a 为大气压力，不发生改变，灌溉使得地下水位上升，部分非饱和带变为饱和土层，基质吸力为零，饱和土层厚度增大，抗剪强度降低，而这也必然会引起非饱和带含水量的变化，使得非饱和带基质吸力重新分布，非饱和带总体含水量增大，基质吸力减小，含水量越大，基质吸力越小，抗剪强度值越小，所以灌溉增湿造成黄土抗剪强度劣化弱化。

2. 用含水量对非饱和土应变的影响解释

1）基质吸力变化引起的应变

在饱和土力学中，根据广义的 Hook 定律，使用有效应力变量（$\sigma - u_w$），可写出土体结构的本构关系。对于各向同性和线弹性的土结构，其 x、y 和 z 方向上的本构关系如下形式：

$$\varepsilon_x = \frac{\sigma_x - u_w}{E} - \frac{\mu}{E}(\sigma_y + \sigma_z - 2u_w) \tag{7.35}$$

$$\varepsilon_y = \frac{(\sigma_y - u_w)}{E} - \frac{\mu}{E}(\sigma_x + \sigma_z - 2u_w) \tag{7.36}$$

$$\varepsilon_z = \frac{(\sigma_z - u_w)}{E} - \frac{\mu}{E}(\sigma_x + \sigma_y - 2u_w) \tag{7.37}$$

式中，σ_x 为 x 方向上的总法向应力；σ_y 为 y 方向上的总法向应力；σ_z 为 z 方向上的总法向应力；E 为土结构的弹性或杨氏模量；μ 为泊松比。

法向应变 ε_x、ε_y 和 ε_z 之和构成体积应变 ε_v。对于饱和土来说，由于土颗粒具有不可压缩性，土的总体积变化等于水的体积变化。

Frdeulnd 提出的线弹性本构模型中，使用适当的应力状态变量，非饱和土的本构关系可由饱和土的本构方程引申得到。假定土是各向同性的，线弹性的材料，那么可由应力状态变量（$\sigma - u_a$）和（$u_a - u_w$）表示的如下本构关系，土结构在 x、y 和 z 方向上与法向应变有关的本构关系如下：

$$\varepsilon_x = \frac{(\sigma_x - u_a)}{E} - \frac{\mu}{E}(\sigma_y + \sigma_z - 2u_a) + \frac{(u_a - u_w)}{H} \tag{7.38}$$

$$\varepsilon_y = \frac{(\sigma_y - u_a)}{E} - \frac{\mu}{E}(\sigma_x + \sigma_z - 2u_a) + \frac{(u_a - u_w)}{H} \tag{7.39}$$

$$\varepsilon_z = \frac{(\sigma_z - u_a)}{E} - \frac{\mu}{E}(\sigma_x + \sigma_y - 2u_a) + \frac{(u_a - u_w)}{H} \tag{7.40}$$

式中，H 为与基质吸力（$u_a - u_w$）变化有关的土结构弹性模量。

法向应变 ε_x、ε_y 和 ε_z 之和构成体积应变 ε_v：

$$\varepsilon_v = 3\left(\frac{1-2\mu}{E}\right)\left(\frac{\sigma_x + \sigma_y + \sigma_z}{3} - u_a\right) + \frac{3}{H}(u_a - u_w) \tag{7.41}$$

忽略液相和气相的体积变化，基质吸力引起的非饱和土体积变形 $\varepsilon_v^{(u_a - u_w)}$ 为

$$\varepsilon_v^{(u_a - u_w)} = \frac{3}{H}(u_a - u_w) \tag{7.42}$$

从式（7.41）和式（7.42）看出，土体的应变由两部分组成：一部分是由应力的变化造成的；另一部分则是由基质吸力的变化引起的，该部分应变对于研究灌溉过程中的斜

坡位移变化机制至关重要。

2）含水量变化引起的应变

含水量变化与非饱和土应变之间的关系表达式是由本构模型、土水特征曲线数学模型的形式来决定的。

在第 4.3 节中我们采用 Gardner 公式、Van Genuchten 公式和 Fredlund and Xing 公式对实测的数据进行拟合，确定了黑方台黄土的土水特征曲线数学模型。以 Van Genuchten 模型为例，含水量和基质吸力的关系由式 4.7 得出，同时，式（4.7）可转化为

$$(u_a - u_w) = a \cdot \left[\left(\frac{\theta_w - \theta_r}{\theta_s - \theta_r} \right)^{-\frac{1}{c}} - 1 \right]^{\frac{1}{b}} \tag{7.43}$$

将式（7.43）代入式（7.42）可得

$$\varepsilon_v^{(u_a - u_w)} = \frac{3}{H} a \cdot \left[\left(\frac{\theta_w - \theta_r}{\theta_s - \theta_r} \right)^{-\frac{1}{c}} - 1 \right]^{\frac{1}{b}} \tag{7.44}$$

式（7.44）中与基质吸力有关的体积应变 $\varepsilon_v^{(u_a - u_w)}$ 与含水量变量 θ_w 之间为幂函数关系。Van Genuchten 模型中，其拟合参数 a 为 40kPa，b 为 3.2，c 为 0.45，均为正值。从式中可知，当含水量增大，基质吸力降低，体积应变增量变大，土体剪切强度呈现明显的"软化弱化"现象。

7.4.3　滑坡形成与启动

长期引水灌溉引起地下水位上升，伴随地下水位上升，坡体应力场相应发生变化（图 7.50 和图 7.51），尤其是坡体外侧应力变化尤为明显，在地下水位达到 1685m 和 1690m 时出现明显的应力集中现象。

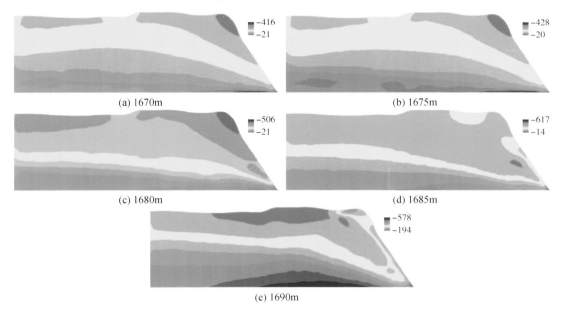

图 7.50　不同地下水位条件下黄土内部 x 方向应力分布

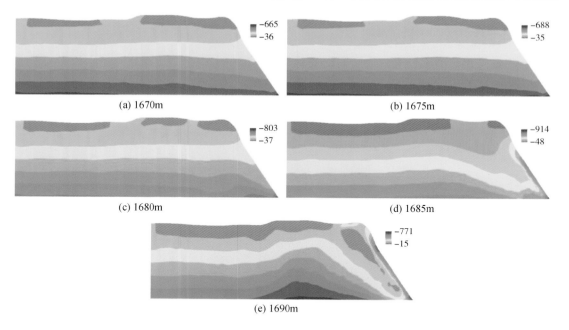

图 7.51　不同地下水位条件下黄土内部主应力分布

　　伴随地下水位上升，坡体下部饱和带厚度逐渐增大，上部非饱和带土体的含水量增高，基质吸力下降，导致整个斜坡的土体抗剪强度降低，坡体在自重作用下开始向临空方向蠕动，滑坡前缘坡脚地带具有高渗透水力坡降，前缘土颗粒发生潜蚀，同时应力相对集中，土体受到蠕动剪切力作用，土颗粒产生滑移，土骨架破坏，产生变形，最早出现塑性区。随着饱和带厚度的增大，塑性区范围也不断向上和坡体外部扩展（图 7.52）。塑性区是斜坡稳定性判别的重要标志，代表着斜坡土体的应力应变状态，往往可通过塑性区贯通与否判别斜坡的整体稳定性。当地下水位达到 1670m 时，开始在坡脚地带应力集中带出现局部小范围的塑性区，分布不连续，斜坡处于稳定状态；当地下水位升至 1680m 时，坡体内部塑性区逐渐贯通，但由于塑性区域的角度很小，斜坡仍然处于整体稳定状态；当地下水位升至 1690m 时，坡脚处出现了剪切塑性区，坡顶也出现了拉张塑性区，表明在自重应力场作用下，斜坡坡脚土体以剪切破坏为主，坡顶土体则以拉张破坏为主，斜坡开始出现变形失稳，进一步发展则可能形成整体滑动。

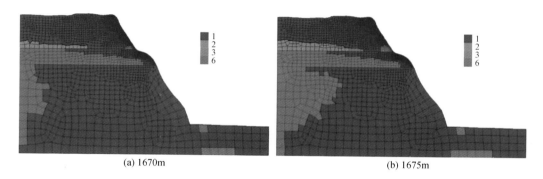

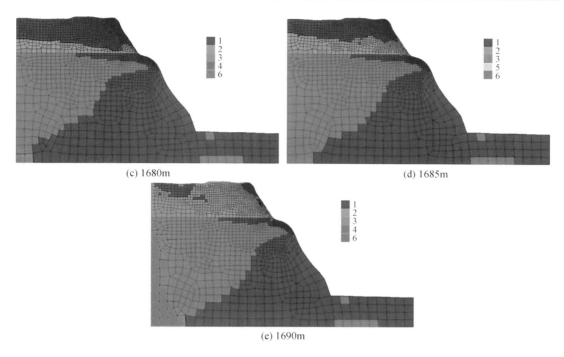

(c) 1680m　　　　　　　　　　　　　　　　　　(d) 1685m

(e) 1690m

图 7.52　不同地下水位条件下塑性区分布

1. 未出现塑性区；2. shear-n shear-p；3. shear-p 过去为剪切破坏塑性区，现在又回到弹性范围内；4. tension-n tension-p；5. shear-p tension-p；6. tension-p 过去为受拉破坏塑性区，现在又回到弹性范围内；

　　时效变形作用对斜坡变形破坏具有显著的促滑效应，加速了塑性区的发展及贯通，尤其是饱和黄土与黏土接触面处，蠕变尤为明显，这种变形加速了滑带的形成。随着坡体内部塑性区自下而上由内向外扩展，坡顶的拉张裂缝也不断扩展、加深，坡体内部软弱带全面贯通后滑坡即可启动。剪应变增量带代表了斜坡内部最薄弱的部位，其位置、形态、厚度及发展趋势等在一定程度上决定着所形成滑坡的发育特征。从不同地下水位条件下剪应变增量云图（图 7.53）可以看出：剪应变增量带在坡脚附近接近水平，与滑坡剪出口附近的滑面形态基本一致；剪应变增量由坡脚至坡顶呈弧形带状分布，条带两侧向中间应变增量逐渐放大，峰值应变增量在坡脚集中；随着水位上升，剪应变增量放大，增量带逐渐向坡顶延伸、贯通，厚度不断增大，中部逐渐出现应变峰值集中，剪应变增量带向临空方向略微发生倾斜。

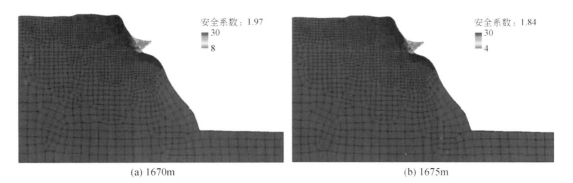

(a) 1670m　　　　　　　　　　　　　　　　　　(b) 1675m

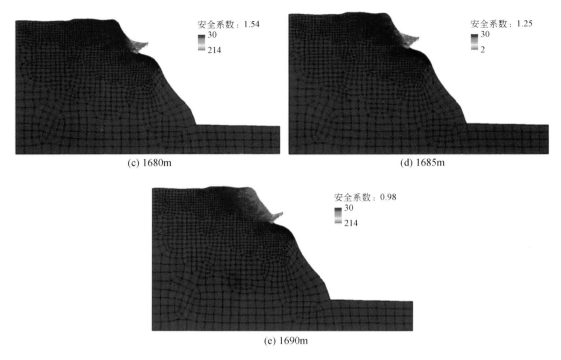

图 7.53　不同地下水位条件下斜坡稳定性与剪应变增量云图

水平位移云图可直观地反映斜坡土体单元的运动情况，是判别滑坡是否形成及刻画滑动特征的重要标志。结合塑性区及剪应变增量云图，从不同水位条件下水的平位移云图（图 7.54）可以看出，斜坡水平位移云图形态及发展趋势与塑性区及剪应变增量带变化规律基本吻合，随着地下水位的上升，斜坡由内至外位移量逐渐增大，当地下水位升到 1685m 时，斜坡开始出现微弱位移，当地下水位上升至 1690m 时，斜坡整体启动滑移。

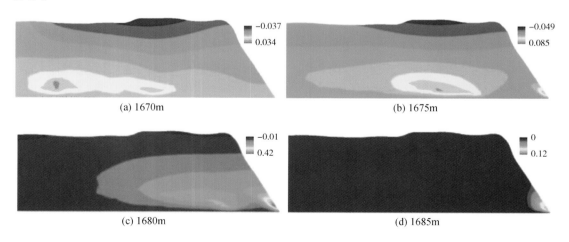

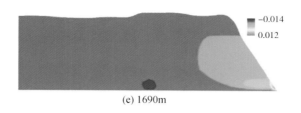

(e) 1690m

图 7.54　不同灌溉强度下水平方向位移

从以上数值分析结果可直观看出，地下水位的上升对斜坡稳定性影响显著，换言之，滑坡灾害由灌溉水渗透所致。引灌初期，地下水位埋藏较深时，斜坡稳定性较好；随着灌溉时间的延续，地下水位持续上升，斜坡内部饱和土体范围扩大，非饱和区增湿造成基质吸力降低，土体强度劣化，从而引发斜坡失稳滑动。从形成滑坡过程中斜坡塑性区、剪应变增量、水平位移特征因素的变化规律可以看出，灌溉触发型黄土滑坡是剪出口近水平的牵引式滑坡，因剪出口位置较高，高位滑动后具较大势能，常发生高速远程运移。

7.4.4　滑坡原位溯源扩展再次滑动

当一次完整的黄土滑坡由孕育—启动—运动—堆积的完整变形过程终止之后，滑动后圈椅状地形缩短了地下水排泄距离，利于局部地下水的汇集，同时，滑动时剪切带破裂扩容停止而短暂下降的地下水位因排泄不畅而逐渐恢复，斜坡前缘仍具有高渗透水力坡降，坡体内孔隙水压力重新回升，岩土强度由滑动失稳阶段的短暂强化随之复归劣化弱化。随着时间的推移，前缘土颗粒发生潜蚀的范围逐渐扩大，土颗粒改变排列状态，产生滑移，土骨架破坏，产生变形。在地下水及重力共同作用下塑性区不断扩展，剪应力集中直至滑带逐渐贯通，产生滑动-破坏，从而在原位溯源后退扩展再次形成高速滑坡。灌溉渗透诱发黄土滑坡演化过程概况为：灌溉→地下水位上升→饱和土层形成→非饱和带含水量增大（基质吸力降低）→土体"软化弱化"→饱和带软化塑性区形成→滑体蠕动→高渗透水力坡降→前缘土颗粒潜蚀形成临空面→后缘形成拉张裂缝→坡体中部软弱带贯→滑面雏形形成→滑体蠕动加剧→形成初始滑坡→水位上升→坡脚土颗粒潜蚀范围增大形成临空面→高渗透水力坡降→前缘土颗粒潜蚀→后缘形成拉张裂缝→滑体蠕动加剧→滑面再次形成→再次滑动→再次形成滑坡。

自 1968 年以来，黑方台地区累计发生滑坡百余次，大多数表现为原溯源后退式位继承性滑坡。结合地下水位演化过程与历史滑坡统计结果可知（图 7.55），从 1968～1980年，地下水位上升 9m，至 2012 年，升幅达 20m，地下水位的上升与滑坡数量的增加具明显的正相关关系，1968 年之前滑坡很少发生，20 世纪 80 年代滑坡频率约 1 次/a，90 年代滑坡增至 2～3 次/a，2000 年至今，滑坡频率增大至 3～4 次/a，其中，2007 年滑坡数量高达 7 次。与之相反，滑坡年平均滑动方量随着地下水位的上升呈下降趋势，20 世纪 80 年代，年平均滑坡体积约为 $90 \times 10^4 \mathrm{m}^3/\mathrm{a}$，2000 年平均滑坡体积减小 $50 \times 10^4 \mathrm{m}^3/\mathrm{a}$，2010 年以后，滑坡体积减小为 $28 \times 10^4 \mathrm{m}^3$。造成上述现象的原因为地下水位的上升使斜坡的稳定性降低，滑坡发生的频率增大，而滑坡以原位溯源后退扩展式滑动，每次滑动后使地形变缓，斜坡的潜在滑面逐渐向上推移，从而滑面愈来愈陡，滑动规模随之降低。

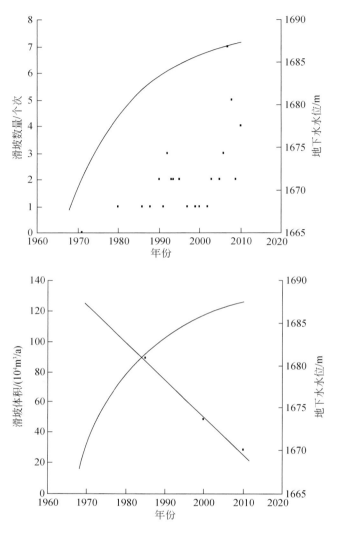

图7.55　地下水位与滑坡历史数据统计图

　　以 JH9 号滑坡为例，采用 Geoslope 计算其在不同时期地下水位情况下的稳定性，计算方法采用摩根斯坦法，模型计算见图7.56，计算结果见图7.57。表明 JH9 号滑坡呈现多期原位溯源扩展后退的滑动特征，稳定性影响具有周期性演化，第一期（1968～1983年）：随着1968年开始灌溉，地下水位上升，滑坡稳定性逐渐降低，稳定系数从天然条件下的1.3逐渐降低，到20世纪80年代初，稳定性系数降至1.0附近，斜坡失稳；第二期（1983～1996年）：斜坡失稳后，坡形变缓，地下水位调整，斜坡稳定性迅速增大，但随着灌溉时间的增长，地下水位继续上升，至80年代末斜坡稳定性又开始减小至再次失稳滑动，由于前次滑动，斜坡后缘陡峭，坡脚较缓，潜在滑动面上移；第三期（1997～2005年）及第四期（2006～2012年）：滑动面继续后移，地下水位上升使斜坡稳定性减小促发再次滑坡。从时间周期上看，后期滑动周期逐渐减小，滑坡频率增大。滑坡滑动面第一期距离台塬沟缘线约 18m，滑坡体积为 $72.43 \times 10^4 m^3/a$，第二期滑坡后壁后退 15m，滑坡体积为 $54.15 \times 10^4 m^3/a$，第三期滑坡后壁后退 13m，滑坡体积为 $26.37 \times 10^4 m^3/a$，第四期滑坡后壁后退 9m，滑坡体积为 $12.68 \times 10^4 m^3/a$。从滑动面及滑坡体积上看，潜在滑动面逐渐向上移动，使单次滑坡的体积逐渐减小。

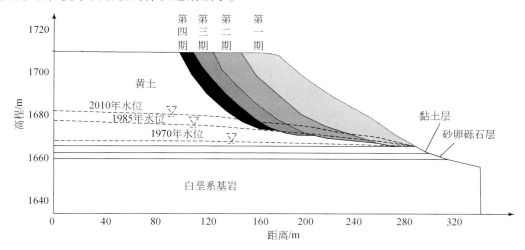

图 7.56　基于地下水位变化的 JH9 滑坡稳定性计算示意图

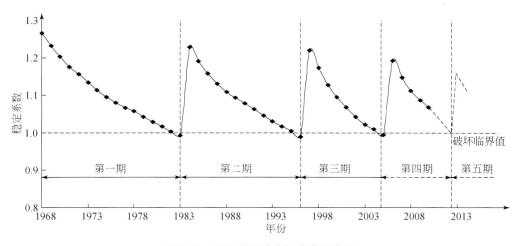

图 7.57　JH9 滑坡稳定性演化变化图

7.5　基于离心模拟的灌溉诱发型黄土滑坡机理研究

黑方台地区黄土滑坡灌溉诱发机制已被业界公认，但滑坡孕灾—致灾过程中，斜坡体内部土压力和孔隙水压力的增长模式不够清晰，坡体应力场变化、变形过程、破坏机制仍缺乏本质认识。采用大型离心机物理模拟，能够克服模型试验的尺寸效应和材料效应，使模型与滑坡实体原型保持相同的应力状态，重现灌溉条件下斜坡体土压力、孔隙水压力响应规律，以及滑坡变形状态与破坏过程，直观揭示斜坡失稳破坏本质。

7.5.1　大型离心物理模拟试验方案

1. 土工离心模拟基本原理

大型离心模型试验的基本原理是采用相似工程材料按照边坡原型制作 $1/n$ 比尺试验模型置于高速旋转的离心机中，让模型承受大于重力加速度的离心加速度的作用，补偿因模型缩尺带来的滑坡原型自重的损失。离心试验模型以恒定角速度（w）绕轴转动，所提供的离心加速度等于 rw^2（r 为模型中任意一点距转动中心的距离），当离心加速度为 n 倍的重力加速度时（$ng=rw^2$），模型深度 h_m 处土体将与原型深度 $h_p=rw^2$ 处土体具有基本相同的竖向应力：$\sigma_m=\sigma_p$，这就是离心模拟最基本的相似比原理：即按照原型尺寸缩小 n 倍的土工模型承受 n 倍的重力加速度时，模型土体达到与滑坡原型相同的应力水平，这样就可在模型中再现滑坡原型的真实应力状态。由于离心惯性力与重力绝对等效，而且高离心力场使模型增重的同时不会改变工程材料的性质，从而使模型和原型保持相等的应力状态，其应变也应相等，所产生的变形相似、塑性区发展和破坏过程相似。最后，通过 PIV 技术记录或直观获取滑坡原型性状下的变形状态和破坏过程，分析滑坡形成机理。

2. 大型离心模拟试验方案

1）试验目的

本次以焦家崖头 JH13# 滑坡为地质原型，采用离心模拟技术再现灌溉诱发型黄土滑坡变形破坏全过程，分析灌溉条件下土体中土压力、孔隙水压力随着离心加速度和时间增加的增长或消散规律，以及与滑坡原型相同的应力状态下滑坡变形过程与破坏特征，深化灌溉渗透诱发型黄土滑坡灾害机理研究。

2）试验原则

（1）针对大尺寸试验原型进行离心物理模型比尺相似验证，以满足离心机容量限制的前提下制作接近原型的试验模型，使模型与原型保持较好的相似性。

（2）以相似定律为基础，选取原位采集的黄土、粉质黏土进行土体相似配比试验，使得物理模型中的相似材料尽可能与原型中黄土、粉质黏土的结构性、水敏性、湿陷性、易损性等特性保持一致，最大限度地减小相似材料及材料"粒径效应"对试验的影响。

（3）减缓"模型箱边界效应"，使得有限尺寸的物理模拟尽量满足半无限空间模拟的要求；探索模型与原型之间灌溉强度和持时的比尺，使得原型与模型的地下水渗流保持一致。

（4）尽可能以同一物理模型为基础，再现一定灌溉条件下黄土滑坡多期滑动的演化过程，对每期变形破坏的全过程进行监测及分析（应力、位移、视频等），查明滑坡启动机制、致灾范围。

（5）对滑坡体内部采用土压力传感器等监测仪器进行应力监测，查明灌溉条件下滑坡体内部应力–应变响应特征；采用位移传感器、PIV 对滑坡体进行监测，分析滑坡滑动过程中位移场、速度场的演化趋势。

（6）采用微型孔隙水压力传感器对坡体内部不同位置孔隙水压力进行全过程实时监测，探索孔隙水压力增长模式与滑坡形成机制之间的关系。

3）试验设备与参数

试验采用成都理工大学地质灾害防治与地质环境保护国家重点试验室与中国工程物理研究院总体工程研究所联合研制的 TLJ-500 型土工离心试验机（照片 7.26 ~ 照片 7.28）。土工离心试验机由离心机主机、数据采集传输系统、拖动系统、监视系统、数据处理系统和模型箱与机械手系统组成，离心机主要参数如下。

照片 7.26　TLJ-500 土工离心机

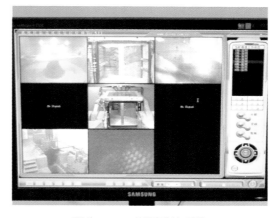

照片 7.27　视频监控系统

照片 7.28　上仪器舱

照片 7.29　现场原位采集试样

a. 离心机主机

离心机主机由主传动系统、仪器舱、吊斗、转臂、配重系统和集流环等组成，采用单吊斗和不对称转臂结构，主要技术参数如下。

最大容量：500g. t；

最大加速度：250g，转动过程中稳定度为 0.5%/F·S12h；

有效旋转半径：4.5m；

有效半径：载荷（模型箱+模型）重心至主轴中心距离为4m；

最大载荷（模型箱+模型）：在 100g 下最大有效荷重为 5t；在 250g 下最大有效荷重 2t；

吊斗设计空间大小：长 1.5m×宽 1.3m×高 1.5m。

b. 数据采集及传输系统

采集系统包括动态采集系统和静态采集系统，其中，动态32通道，静态80通道。

静态信号主要采集和测量应力、应变和位移数据；

动态信号主要采集和测量除了静态信号的数据外，还有离心加速度、应变和位移的监测数据；

采集数据方式为静态和动态相结合的方式，共112通道，数据采集频率最小时间间隔不小于1s。

c. 监视系统

采用数字监视系统对离心机试验运转整个过程进行实时监测，共设有 8 个分辨率在600ppi 以上的数字摄像机，分布在模型箱、吊篮、离心机转臂、上仪器舱、离心机主机以及地下室，同时监测着离心试验过程中各个部分的运转情况。

d. 拖动系统

拖动系统是以全数字直流调速器为基础核心，并使用电机驱动式直流拖动系统，外环以离心机转速作为反馈标准，内环以电流大小作为反馈标准，同时组成双闭环控制系统。

e. 数据处理系统

基于 Windows XP 操作系统的后处理软件可对传感器监测的实时数据和监视图像数据进行数据处理和编辑。

f. 模型箱

模型箱内壁长 1.0m，宽 0.6m，高 1.0m，为铝合金拼装式模型箱，具重量轻、强度高及耐腐蚀的优点，侧面采用强度高、透明的有机玻璃制成，可清晰地看到模型侧面变化全过程。

4）模型设计

a. 模型比尺选择

为真实反映滑坡原型的性状特征，模型尺寸及主要物理量均采用滑坡原型尺寸及相关参数物理量按照一定的比尺保持相似关系。通过滑坡尺寸和模型箱大小计算，按照 1∶200相似比进行缩放，重力比尺按照 $N=a/g$（离心机加速度/重力加速度）计算采用200g，相关物理量根据 Bockingham π 定理，结合力学相似规律和量纲分析法推导出相应的相似关系，离心试验的相似关系见表 7.12。

表 7.12　离心模型试验相似关系（原型/模型）

试验参数		相似比尺	试验参数	相似比尺
基本几何量	加速度	1：200	密度	1：1
	线性尺寸	200：1	容重	1：200
	面积	200^2：1	含水率	1
	体积	200^3：1	内摩擦角	1
	坡度	1：1	剪切模量	1
材料性质	颗粒尺寸	1：1	应力	1
	质量	200^3：1	应变	1
外部条件	集中力	200^2：1	变形	200：1
	均布荷载	1：1	基质吸力	1：1
	能量力矩	200^2：1	毛细水上升高度	200：1
	抗弯矩	200^3：1	渗透系数	1：200
	频率	1：200	固结度	1：1

（性状反应 为第3、4行合并列；渗流参数 为后4行合并列）

b. 模型尺寸

本次离心模拟模型按照模型箱尺寸及滑坡原型采用的模型比尺 $n=200$，选定的滑坡体原型长×宽×高 $=140\text{m}×150\text{m}×100\text{m}$，室内模型尺寸为长×宽×高 $=0.7\text{m}×0.6\text{m}×0.5\text{m}$（图 7.58）。

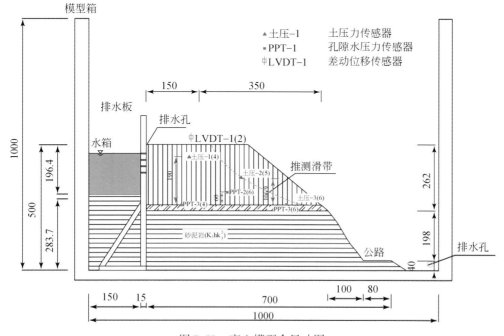

图 7.58　离心模型全尺寸图

c. 模型材料及主要参数

模型材料采用 JH13 号滑坡原位采集（照片 7.29）。黄土层段模型分别采用重塑样和原状样，重塑样以所采集的黄土扰动样按照一定粒径、干密度、含水率配制而成，原状样以原位刻槽采集的 I 级试样制备，原状黄土试样的物理力学参数指标见表 7.13。

表 7.13　原状黄土试样物理力学指标表

天然密度 $\rho/(\mathrm{g/cm^3})$	1.47	干密度 $\rho_d/(\mathrm{g/cm^3})$	1.44	土粒相对密度 G_s	2.65
含水率 $\omega/\%$	2.01	液限 $\omega_L/\%$	28.10	塑限 $\omega_P/\%$	17.40
孔隙比 e	0.91	液性指数 I_L	−1.44	塑性指数 I_p	10.70
黏粒含量/%	11.21	粉粒含量/%	74.60	砂粒含量/%	14.19
c/kPa	26.90	$\varphi/(°)$	24.29	渗透系数/(cm/s)	4.09×10^{-5}

制成后黄土段模型高 0.20～0.24m，坡度为 35°，上界面坡顶削平，长度为 0.15m，与粉质黏土层接触下界面长度 0.50m。

粉质黏土层段模型采用焦家崖头所采集粉质黏土配比制成（照片 7.30）。模型高度为 0.02m，长度为 0.52m，坡向与倾向一致，倾角为 5°。

砂泥岩互层段模型是用红砖、水泥、石膏和砂子堆砌而成（照片 7.31）。模型高度 0.28m，坡度 70°，底界面长度 0.70m。

d. 地下水模拟供水装置

为了模拟地下水渗流作用效果，在坡体模型后部设置了临时水箱（图 7.59）和挡水板（图 7.60），在挡水板的上部设置 5 排直径为 2.5mm 的排水孔，在离心试验过程中，水由此通道渗流到土体中，用来模拟灌溉水入渗的效果。试验前在水箱里按照不同的灌溉量预加相应高度的水位模拟不同灌溉量下对应的地下水位高度。

照片 7.30　粉质黏土层模型

照片 7.31　基岩段模型

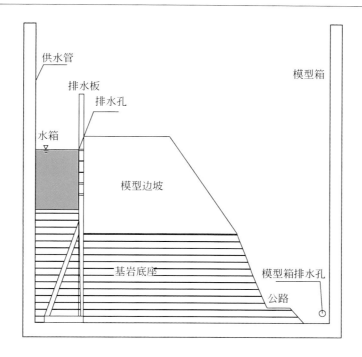

图 7.59　地下水施加系统布置图（单位：mm）

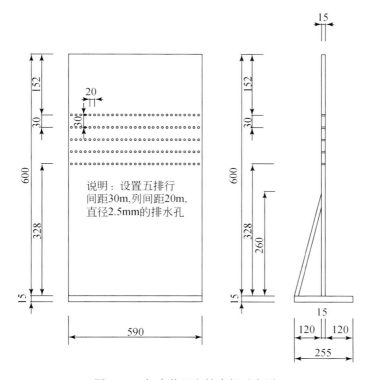

图 7.60　加水装置之挡水板示意图

e. 量测传感器布置

本次离心试验采用的传感器有：孔隙水压力传感器、土压力计和差动位移传感器（LVDT）。离心模型制作过程中，在相应位置共埋设了 14 个传感器，其中，6 个孔隙水压力传感器、6 个土压力计和 2 个差动位移传感器（图 7.61 和图 7.62）。安装传感器时，为了避免不同传感器之间相互影响和扰动，传感器和传感器之间至少保持了 6R 的距离。另外，为了减小误差，本次试验的传感器全部布置在中轴线两侧完全对称的两个剖面上，两条剖面上传感器布置位置也完全相同。

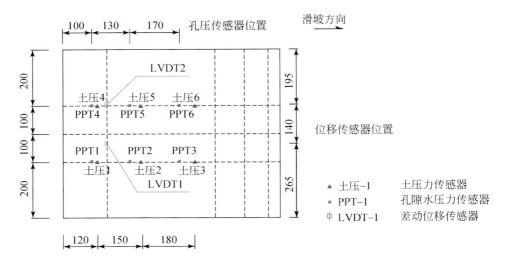

图 7.61　离心试验模型传感器布置平面图

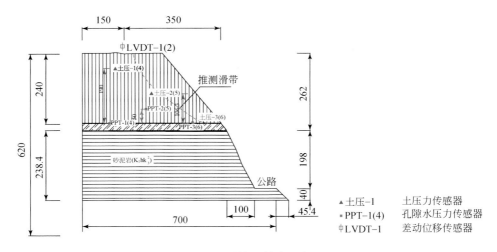

图 7.62　离心试验模型传感器布置立面图

（1）孔隙水压力传感器

孔隙水压力传感器主要布置在黄土层底面，主要是为了分析地下水渗流运动特征及孔隙水压力增长模式。为了监测滑坡破坏过程中孔隙水压力变化，传感器的位置也做了特殊的布置，中间一组传感器为了监测滑面附近孔隙水压力变化，特别装在了较高的位置，另外，在前缘坡脚位置安装的两个孔隙水压力传感器，是用来看滑坡滑动过程中底部黄土层中孔隙水压力的变化规律。孔隙水压力传感器为国家工程物理研究院生产（照片 7.32），主要技术参数：直径为 8mm，测量精度为 ±1% FS，最大量程为 0.5MPa，输入电压为 6 ~ 12VDC，输出电压为 0 ~ 2VDC，温度范围为 0 ~ 45℃。

（2）土压力传感器

土压力传感器布置在坡体内部推测滑坡滑动面附近，其作用主要是监测坡体破坏前后滑坡体内部关键部位的应力情况，进而找到坡体的先期变形规律及应力应变的响应规律。土压力传感器由国家工程物理研究院生产（照片 7.33），直径分别为 8mm 和 9mm，测量精度为 ±1% FS，最大量程分别为 0.5MPa 和 1MPa，输入电压为 6 ~ 12VDC，输出电压为 0 ~ 2VDC，温度范围为 0 ~ 45℃。

照片 7.32　孔隙水压力计

照片 7.33　土压力传感器

（3）差动位移传感器

差动位移传感器布置在坡顶表面，结合离心加速度、孔压增长变化、斜坡内应力变化，可以从定量的角度分析斜坡的破坏过程，进而分析滑坡的变形破坏机理。差动位移传感器采用国家工程物理研究院产 CW120 型接触式差动位移传感器（照片 7.34），测量精度为 ±1% FS，最大量程为为 ±120mm，输入电压为 6 ~ 12VDC，输出电压为 0 ~ 2VDC，温度范围为 0 ~ 45℃。

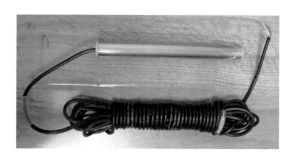

照片 7.34　CW120 型差动位移传感器

f. 模型制作及安装

离心模型制样及安装流程如下。

（1）首先用起重机吊开模型箱的玻璃侧面，严格按照离心模型的尺寸在模型箱的侧壁上划上边界外廓辅助线。

（2）在模型箱的后侧放置挡水板做成水箱，用玻璃胶涂抹模型箱与挡水板之间的裂隙进行隔水，土样与挡水板之间加土工布防止土体颗粒堵塞透水孔。

（3）根据所画的模型箱上的轮廓尺寸线，使用红砖、水泥、石膏和砂浆等材料在挡水板的两侧堆砌制作基岩层段模型。

（4）充分养护基岩层段模型至硬化之后，用水泥砂浆抹平顶部，然后在其上部均匀涂抹一层堵漏剂，起到隔水防漏作用。等堵漏剂干燥之后，在堵漏剂与挡水板、模型箱的接触部位用玻璃胶涂抹；采用现场取回的粉质黏土样在基岩段模型之上制作厚2cm的粉质黏土层。

（5）将现场采集的70cm×60cm×60cm规格原状黄土试样削成50cm×60cm×60cm的立方体试样，然后小心地放置到光滑木板之上，再用塑料薄膜和胶带将试样包裹好。

（6）在粉质黏土层之上铺垫薄层黄土，以便粉质黏土层与上部黄土层之间保持良好的接触，然后在薄层黄土之上放置孔隙水压力传感器，再在其上放置一张相应大小的光滑铁皮。

（7）将包裹好的原状黄土试样放置到光滑铁皮之上的相应位置，原状黄土试样与模型箱和挡水板之间预留1cm的间隙，放置好土样之后，小心将铁皮抽出，然后拆掉试样包裹的塑料薄膜和胶带。

（8）用含水率10%、干密度1.45g/cm³的重塑土充填原状黄土试样与挡水板、模型箱之间的间隙，以便使试样与模型箱之间保持充分接触，避免试验过程中出现裂隙漏水现象。

（9）按照滑坡原型的原始坡形尺寸将原状试样削好，用电钻在坡顶的位置打孔放置孔压和土压力传感器（照片7.35），顶部安装垂直位移传感器。待传感器安装完成之后，在试样的侧面标示网格标志线和标志点，随后在安装玻璃的侧面上均匀涂上玻璃胶用于隔水，然后安装有机玻璃侧板。

照片7.35　离心试验模型制样过程

（10）安装好有机玻璃侧板之后，在基岩段上部用水泥砂浆抹平，再均匀涂上 1cm 厚度的堵漏剂，在水箱与四周接触处的裂隙采用玻璃胶涂抹，然后在挡水板排水孔的一侧放置两块透水石，用于控制离心试验过程中水的均匀入渗，制作好的原状黄土试样模型见照片 7.36。

照片 7.36　离心试验模型制成效果图

g. 模型箱及相关仪器的安装

当试验模型的制备达到相关要求以后，要尽快进行模型箱的吊装（照片 7.37），离心机试验时需要保持离心机动静段的力矩平衡，模型箱吊装之前应该对模型箱的总重量进行称重，根据模型的重心位置进行离心机的配重，然后将模型箱和配重吊至离心机的相应位置。在靠近吊篮的转臂的一端安装高速摄像机，以及在模型靠近有机玻璃的一侧安装高速照相机和摄像机（照片 7.38），摄像机、照相机以每秒 5 帧的速度采集数据，由后经 PIV 处理技术显示模型侧面和顶端的变形状态与破坏过程。

照片 7.37　模型箱吊装　　　　　　　　　　照片 7.38　模型安装完成

5）试验加载方案

本次试验设计的加速度峰值为200g，试验过程分为两个阶段（图7.63），加载方案如下。

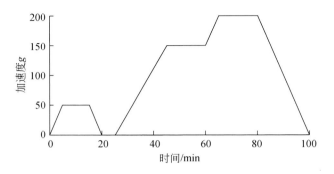

图 7.63　分级加载方案预计加载历时曲线

a. 不加水固结阶段

加载方式：试样经过5min达到50g，当顶部位移传感器监测到的变形值趋于稳定后停机（预计10min）。

目的：一是为了让原装黄土和下部粉质黏土层充分接触，减小两者间的微小缝隙，二是让原状黄土产生固结。

b. 加水试验阶段

（1）试验前在水槽内加满水。

（2）模型经过15min达到150g，所有孔压传感器的监测值都趋于稳定后（预计5min）进入下一步。

（3）在经过5min离心加速度加到200g，再进行一次固结，待位移传感器监测数据稳定后（预计15min）进入下一步。

（4）如果模型发生破坏，则在其破坏状态不随时间变化后再停机；若模型达到稳定状态且未发生破坏则停机。重新加水之后进行试验。

7.5.2　大型离心模拟试验分析

1. 坡体应力变化特征分析

本次试验共在两条剖面上布置了6个土传感器，由于4#和5#传感器在高速转动过程中出现异常，未能采集到数据，所以本节只能对仅有的4个传感器进行分析，其中，1#、2#、3#在靠近玻璃侧的同一条剖面上，而6#位于靠内的另一条剖面上。图7.64中三根黑色的点划线代表侧面玻璃上看到的三次主要滑动的时间点。由于3#和6#传感器位于最前端，埋置深度也最深，所以监测到的土压力最大，变化幅度也较大。从图中可以看出在第一次滑动之前，坡体的前缘3#和6#传感器的监测数据在900s加速度刚刚达到150g的时候都有一次明显的下降过程，说明之前坡脚已经发生了一次变形，在 1100s 发生第一大滑动的时候，3#、6#传感器又有一次明显降低过程，说明是整个坡体前缘发生的滑动。第二次大的滑动发生在 150g 到 200g 加速过程中，滑动范围是顶部一大块黄土体崩解下来，2#、3#、6#土压力均有明显的升高，特别是中部的 2#传感器数值突然升高。第三次大的滑动发生在加速度恒定 200g 的时候，是中部滑坡堆积物沿圆弧面向下滑动，在这个过程中，中间的土压力减小，底部前缘土压力上升，这也就是 2# 和 3# 点监测到的过程。由于 1#传感器埋置在坡体后部，该部位并未发生滑动，所以整个滑动过程中数值除了随加速度成比例升降外，并无起伏，也说明这部分未破坏。

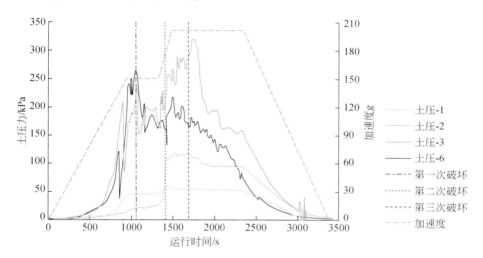

图 7.64　离心试验时土压力随时间及加速度变化曲线

通过这个过程我们也不难看出整个滑坡的滑动过程，首先发生变形的是坡脚部分，然后坡体前缘发生第一次滑动，紧接着滑坡后缘拉裂缝出现，滑坡上部一大块崩滑下来，然后是形成贯通的圆弧形画面，崩滑下来的土块沿画面滑动下去，后缘形成陡壁状。

试验结束后选取下部近饱和状态的两组未滑动部分土样做直剪试验，试验数据见表 7.14。

表 7.14　试验后饱和黄土层力学参数

分组	含水率	c/kPa	φ/(°)
1#	20.4%	17.3	15.1
2#	20.7%	16.8	14.7

2. 孔隙水压力变化特征分析

本次试验一共布置了 6 个孔隙水压力计，其中，1#、4#传感器位于后部的底面，3#、6#位于前缘底部，而 2#、5#位于滑坡体中部，距离底面 5cm 处。随着加速度从 0～150g，所有传感器监测到的孔隙水压力值均随之不断升高，当加速度稳定在 150g 的时候，中后部的两组传感器均有稳定的下降（图7.65），这是由于离心机转动过程中，地下水只能提前加到水箱中，无法实现补给，无法达到模拟稳定地下水位的要求，所以随着水不断向前部渗流，后部的孔隙水压力是逐渐降低的。而前端3#、6#传感器，在达到150g的时候，3#、6#孔压值随时间不断上升，说明渗流还未形成稳定水位面，水还在不断地向前渗流。在达到200g的时候，已经形成了稳定的渗流面，随着时间增长，所有位置孔隙水压力均有稳定的降低，说明随着水不断从前缘流出，坡体内的水位线不断降低。

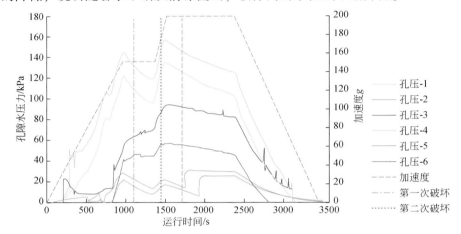

图7.65　离心试验孔隙水压力随时间及加速度变化曲线

前两次发生破坏的过程中，对应的孔压传感器并没有明显变化。第三次大的滑动后，中部的2#、5#孔压值均有明显的升高，也可以印证滑坡中部发生了滑动。

3. 变形破坏过程分析

离心试验后的试样模型破坏见照片7.39和照片7.40，通过侧面安装的监控摄像头监测到的破坏过程见照片7.41，从监测画面中可以看出，整个试验过程中分别于12：19：17、12：25：07和12：29：39发生了三次较大规模的滑动。

照片7.39　破坏后模型正面照片

照片7.40　破坏后模型侧面照片

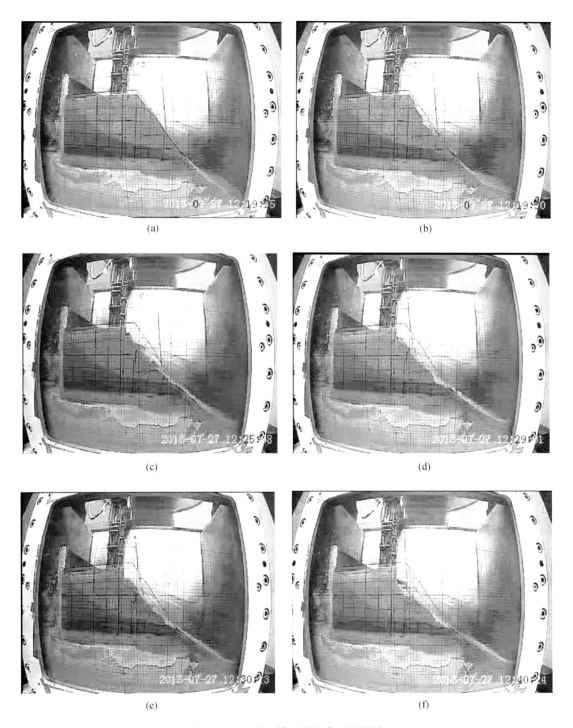

照片 7.41　离心模型破坏全过程照片

4. 变形特征分析

1）坡顶垂向沉降分析

此次试验中，由于模型箱内部空间所限，只在坡顶位置安置了位移传感器，均布置在坡顶位置，两个传感器布置在一条轴线上，传感器距左右两侧的距离分别为 215mm 和 195mm 处（图 7.61 和图 7.62）。通过位移传感器检测到了坡顶的沉降过程，根据试验数据绘制了坡顶垂向沉降位移变化图（图 7.66）。

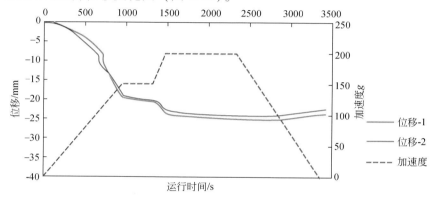

图 7.66　坡顶沉降随试验时间及加速度变化图

从图 7.66 中可以看出，坡顶沉降随着加速度的增加，沉降速度不断增加，两个传感器检测到的位移变化基本上是同步的，说明坡体沉降比较均匀。在 150g 和 200g 加速度稳定的条件下坡体仍然有比较稳定的沉降，位移慢慢增长。其中，坡顶的最大垂向沉降为 25mm，停机之后降到了 23mm。

2）坡脚位移特征分析

由于模型箱空间局限，未能在坡脚处安装水平的接触式差动位移传感器。不过从侧面实时高速摄像监测视频上仍然可以看出，破坏首先是从坡脚处开始的。在地下水的作用下，坡脚土体中的土颗粒被冲蚀，形成临空面，相邻部分的前缘坡体在自重作用下开始向临空方向滑动，这样就形成了第一次滑动过程。随着水对饱和黄土层进一步的浸润软化和冲蚀，前缘形成了更大的临空条件，坡体产生更大范围的蠕动，当拉应力超过后缘坡体抗拉强度时便产生了拉裂缝，随着后缘拉裂缝的不断扩展，坡脚前缘的第二次滑动形成。

3）宏观变形特征

本次离心模拟采用 PIV（粒子图像测速）技术进行模型变形测量，不仅具有较高的单点测量精度，也可直观显示模型结构图像与瞬态图像，量化边坡整体宏观位移与变形。

PIV 技术最早应用于流体力学领域，通过记录流体中所掺入的示踪粒子在不同时刻不同积分格的变形移动图像，采用互相关运算计算得到流体的运动矢量场，包括位移矢量图和速度矢量图。PIV 技术应用于土工离心模型领域的基本原理与方法就是，离心模型成型后，将模型箱观察侧面的土体剖分成若干个积分格单元，设定若干个变性标志点（照片 7.42 和图 7.67），每个标志点的颜色、阴影和亮度等特征参数采用矩阵进行描述，根据不同时间土体单元的特征参数的矩阵变化追踪模型单元的位置变化轨迹，进而量化模型的位移与变形。

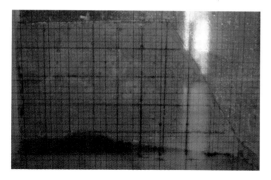

照片 7.42　试验模型宏观变形标志点布置图

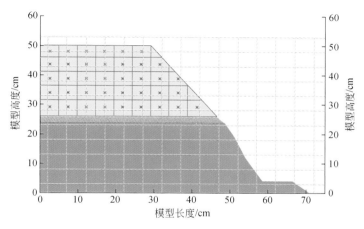

图 7.67　离心试验标志点布置图

本次离心试验所采集的整体宏观图像数据，采用 PIV. exe 流速测量系统软件进行数据处理，分别得到模型土体单元的不同加速度位移矢量图（图 7.68 和图 7.69）及试验结束时的位移轨迹图（图 7.70）。

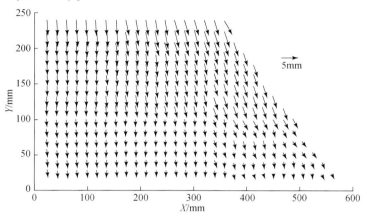

图 7.68　$50g$ 加速度时原状黄土模型位移矢量图

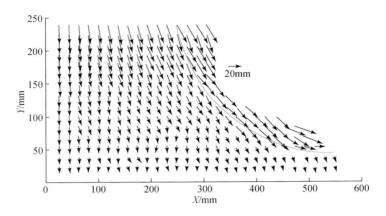

图 7.69　200g 加速度时原状黄土模型位移矢量图

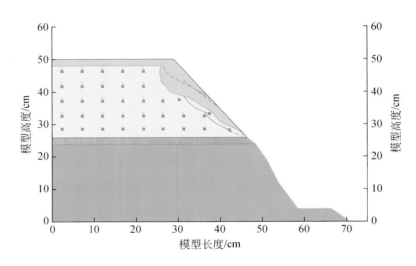

图 7.70　离心试验结束后标志点位移轨迹图

　　由图 7.68、图 7.69、图 7.70 可知，当加速度增加到 50g 时，在离心力作用下，模型以垂向固结沉降为主，最大垂向沉降均出现在坡顶，最大达 5mm。随着坡体深度的增加，沉降位移逐渐减小。在模型相同深度处，各积分格单元越近坡面，其水平位移矢量越大。随着水入渗时间的延续，地下水位逐渐升高，土体中饱和区域的范围不断扩大，非饱和区土体含水量相应增加，在高离心力作用下模型土体进一步变形直至达到破坏。由 200g 匀速加速度下，坡顶位移表现为以沉降变形为主，从坡顶到坡底垂向位移量逐渐减小，坡体的变形主要集中在近表面部位，坡体中部的位移矢量与坡面基本上相互平行，主要以剪切为主，坡脚出现滑动破坏，坡体最大位移矢量位置出现在坡脚位置，达 46mm，水平位移分量为 31.20mm，竖直位移分量为 33.80mm。根据图像分析和各积分格单元位移矢量梯度差和位移轨迹的变化可得到准确的滑动面位置。另外，可以看出未发生滑动破坏部分坡体以竖向变形为主，水平变形很小。

5. 离心模型破坏后宏观变形特征分析

离心试验过程中，模型发生了明显的滑动破坏，滑坡主要受黄土层底部饱和带及上部黄土层中垂直节理控制，滑动破坏后的宏观形态特征见图 7.71。结合变形过程及破坏后的形态分析其宏观变形特征如下。

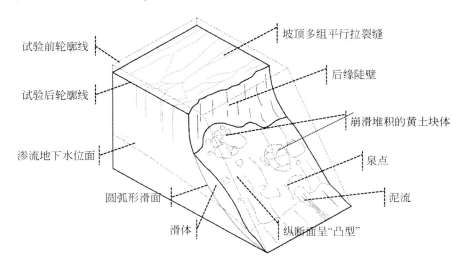

图 7.71　离心模型破坏后宏观变形特征素描图

1) 垂直高陡后壁

模型滑动破坏后，在滑坡坡顶可见多条平行拉张裂缝，平行于临空面发育。临滑前滑体沿后缘拉张裂缝出现垂直陡峭的滑坡后壁。这些拉张裂缝距离越靠近台缘边缘，拉裂缝越密集，张开宽度也越大。

2) 高位剪出

灌溉形成的地下水在坡体前缘渗出后，在粉质黏土层之上形成一条地下水溢出带，常伴有泉点出露。滑坡的剪出口位于粉质黏土层顶面，由于剪出口位置较高，临空条件好，滑坡在滑动时，往往瞬间即可完成，形成高速远程滑动。高位剪出的滑体具有较高的启动速度，脱离剪出口的瞬间产生抛射，规模较小时直接掩埋坡下通过的公路，规模较大时飞行抛入库区形成涌浪。

3) 坡顶部滑塌

前缘坡体中前部滑动后，形成更大的临空条件，坡顶后部黄土块体在自重应力作用和拉张裂隙的控制下常常形成滑塌，滑塌下来的黄土碎块常常堆积于中下部滑体之上，所以在滑体之上可以看到整块未解体的黄土块体。

4) 圆弧形滑面

上部滑体滑动后，在坡体深处则进一步形成贯通滑动面，滑带呈圆弧状，滑带光滑。滑动后部分残留滑体堆积在坡体中下部，使得从纵断面看形成"上凹下凸型"

坡面。

5）多次溯源滑动

滑坡第一次滑动后，所形成的滑坡后壁陡立，加之灌溉的持续，剪出口仍继续有地下水渗出，使滑坡不断向坡体内部侵蚀，形成多次溯源滑动。

7.5.3　基于离心模拟的滑坡形成机理

1. 灌溉诱发型黄土滑坡形成演化过程

表 7.15 显示了灌溉条件下黄土滑坡形成演化过程及主要的宏观变形破坏现象，归纳之后，黄土滑坡形成演化过程大致划分为以下 4 个阶段。

表 7.15　灌溉诱发型黄土滑坡形成演化过程与宏观变形现象表

形成演化过程示意图	宏观变形破坏现象
	地下水渗入到坡脚处后，坡脚前断表层开始产生裂缝
	坡脚首先产生滑动，破坏后形成个更大的临空条件，后缘在自重作用下开始产生拉张裂隙
	随着后缘拉张裂缝的进一步扩展，形成贯通的剪切破坏面，滑坡产生第一次主要滑动

形成演化过程示意图	宏观变形破坏现象
	第一次滑动过后，随着地下水的渗流，顶部的多条拉张裂缝进一步扩展
	顶部坡体在自重作用及后缘拉裂缝的控制下，产生崩滑，形成第二次滑动
	坡体中部开始产生拉裂缝
	中部及后缘拉裂缝进一步扩展，顶部产生明显竖向位移
	形成贯通的滑动面，滑坡产生第三次主要滑动

　　阶段 I：在地下水到达坡脚之前，黄土固结过程中位移主要以竖向变形为主，仅在坡面有轻微的水平变形，坡体呈稳定状态。

阶段Ⅱ：地下水在坡脚渗出一段时间后，破坏首先在坡脚处产生，黄土层底部在地下水的作用下被饱和软化。另外，黄土在遇水产生湿陷的情况下开始不均匀沉降，顶部产生多条拉张裂隙。

阶段Ⅲ：在下部饱和黄土层的载扶作用下坡体整体向外移动，在坡体上形成更多的拉张裂隙，随着裂隙的不断发展、扩张，形成拉裂缝。在黄土自重应力作用下，裂缝进一步扩张形成贯通的滑移面，开始产生崩滑。在坡体上部主要表现为块状的滑塌，而在深处则形成圆弧状的转动型滑动。

阶段Ⅳ：滑坡的不断发展，进一步形成新的临空条件，滑坡开始向更内侧发展，形成叠瓦式溯源滑动。

2. 灌溉诱发型黄土滑坡失稳破坏机制分析

综合试验过程中坡体应力和孔隙水压力变化特征以及滑坡失稳时的宏观变形，对滑坡的运动全过程进行分析，进而总结得出黄土边坡在灌溉水作用下的失稳破坏机制。

1）饱和软化

由于黄土层下存在一层不透水的黏土层，在灌溉作用下黄土层的底部形成一层饱和带，黄土遇水产生自重失陷，造成坡体内产生沉陷裂缝，底部饱和黄土层强度急剧降低，黄土呈饱水软塑状态。同时在水的渗流过程中，黄土的细颗粒物质被水流带出，坡脚处的土体就会被掏空，上部土体在缺乏支撑力的情况下就会发生蠕滑变形。这点在 3# 、6# 土压传感器监测数据上可以得到验证，在 870～900s 这一阶段时，有一个明显的应力降低过程。

2）多次滑动

随着前缘土体蠕滑变形的不断增加，土体受到蠕动剪切作用力，坡体的中后部形成拉张裂隙，当中部的土体不能抵抗不断增大的下滑力时，就会突然发生破坏。这就是第一次看到的滑动破坏的缘故，这部分土体滑移之后就会形成新的临空条件。此时在地下水作用下，坡脚处继续发生新蠕变，转为第一阶段，呈现周期性溯源累进性滑塌。斜坡后缘将会形成新的拉裂缝，然后出现第二次滑动和第三次滑动。这种破坏模式是首先坡表前缘发生蠕滑，坡体向下变形，后缘产生拉应力，后产生后缘拉裂，当下滑力超过剪切面抗剪强度时，突然启动发生滑动破坏。

由于黄土中发育有丰富的垂直节理，湿陷沉降过程中也产生了沉降裂缝，另外，滑动过程中产生的拉应力，这三者的共同作用使得坡体顶部发育有多条下挫的平行裂隙，这样黄土边坡在滑动后仍然会形成高陡的后壁，在坡脚地下水浸润下产生累进性溯源破坏。

7.6　灌溉诱发高位黄土滑坡的涌浪分析

滑坡激发的涌浪是滑坡灾害链的重要部分，涌浪造成的灾情甚至比滑坡灾害本身还要严重得多。自 20 世纪 80 年代以来，黑方台焦家崖头一带发生了十余次高位剪出的高速黄土滑坡，频繁发生的滑坡不仅常造成重大人身伤亡及交通中断，且多次飞行冲入黄河八盘峡库区激起涌浪，危及库区的安全运营。例如，2012 年 2 月 7 日 JH13 号滑坡再次滑动不仅造成 3 死 1 失踪的重大人身伤亡，同时，滑体飞行进入库区激起 6m 高涌浪波及对岸达 270m。

7.6.1　JH13 号"2.7"滑坡及涌浪特征

2012 年 2 月 7 日下午 16 时 30 分，JH13 号滑坡再次发生高位失稳滑动，滑体长 120m，宽 100m，平均厚度为 10m，体积约 $12×10^4m^3$，滑向为 105°，滑坡后壁圈椅状形态明显，周界清晰（图 7.72 和照片 7.43）。滑动后，滑床上残存滑体很少，滑体多解体为散体粉状。滑体到达坡脚后，体积约 $1×10^4m^3$ 的少量滑体堆积于坡脚盐兰公路处，并将公路上两辆正常行驶的汽车推入库区，造成 1 死 3 失踪的重大人员伤亡，同时，体积约 $11×10^4m^3$ 的大部分滑体飞行进入黄河八盘峡库区激起涌浪。据实地调查，涌浪将库区南岸碗口粗的树木连根拔起，掀翻岸边单间房屋的铁皮顶盖（照片 7.44），在库区对岸果园的最大爬高达 6m（照片 7.45），涌浪沿着对岸地势低洼的池塘上行，将池塘中厚度达 30cm 的冰层击碎（照片 7.46），影响范围直至距离库岸达 270m 远处（图 7.73）。

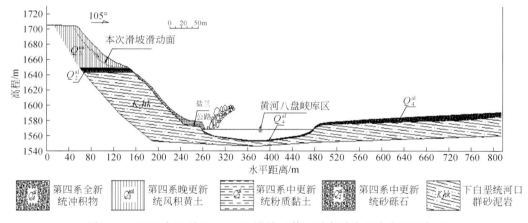

图 7.72　2012 年 2 月 7 日 JH13 滑坡及黄河对岸涌浪影响范围示意图

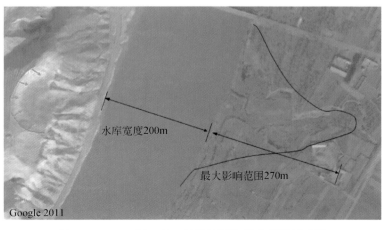

图 7.73　2012 年 2 月 7 日滑坡涌浪影响范围示意图

2012年2月7日，V=120 000m³

照片 7.43　JH13 "2012.2.7" 滑坡全貌

涌浪拍击对岸的残迹

照片 7.44　滑坡涌浪侵袭后对岸

库区

最大涌浪爬高6m

照片 7.45　JH13 滑坡涌浪最大爬高

厚约30cm的碎冰块

照片 7.46　JH13 滑坡涌浪击碎的冰层

7.6.2　滑坡涌浪经验公式计算成果

　　涌浪的计算方法包括解析法、数值模拟法、物理模拟法、原型资料校正法和经验公式法五类：解析法理论严谨，但计算繁琐且适用性差；数值模拟法可以快速地计算涌浪的特征参数，但迄今商业化的软件很少，不便应用；物理模拟法主要指基于相似原理的室内模型试验，试验结论的参考价值高，但花费昂贵；数值模拟和室内模型试验均存在参数取值和模型边界确定等难点，且受缩尺效应的制约，模拟结论与实际会有所出入；经验公式法是利用原型观测资料来校正计算公式，从而类比预测同类型的滑坡涌浪。经验公式法是在对一类问题的理论和试验研究基础上总结出的带有一定普遍意义的数学表达，简单实用，是宜优先考虑的一种快捷评价方法。

1. 滑坡涌浪影响因素

　　滑坡涌浪特征的影响因素包括滑坡因素、水文因素和地形因素三大方面：滑坡因素指滑坡的长、宽、厚等规模特征，滑体的物质组成及形态，滑坡与水体的相对位置关系，滑坡的运动模式和轨迹特点等，主要影响涌浪的强度和形态；水文因素指涌浪产生水域的水深、水面宽度、水流速度等，主要影响涌浪的传播衰减规律及形态；地形因素指岸坡坡角、走向及近岸地形等。

2. 涌浪计算模型选取

滑坡入水速度是涌浪计算的前提参数之一。滑坡入水速度的计算主要有潘家铮法、美国土木工程师协会推荐法、变分法，以及基于 Sassa 三维滑坡运动模型的数值模拟法，这些算法均基于能量守恒定律，但考虑了不同的假设条件。上一节计算表明，JH13 号"2011.4.27"滑坡高位剪出后以平抛运动方式坠入黄河与公路交界处。因此，若确定了滑体脱离剪出口的运动速度，则可根据平抛运动公式计算滑体入水速度。

本次选择以下 9 个常用的涌浪模型进行计算，每个模型的算式及要点汇总于表 7.16 中，模型中的通用参数符号见表 7.17。

表 7.16　常用的涌浪经验模型汇总表

算法	计算公式及要点
美国土木工程师协会推荐法	据 $V^* = \dfrac{V_2}{\sqrt{gH_w}}$ 和 $\dfrac{H_s}{H_w}$ 查图，确定波浪分区和 $\dfrac{h_{(0,t)\max}}{H_s}$，确定入水点最大波高为 $h_{(0,t)\max}$； 由 W_w 和 H_w 计算 $X^* = \dfrac{W_w}{H_w}$，查图求取离入水点不同距离的浪高 $h_{(x)\max}$
潘家铮算法	据 $\dfrac{V}{\sqrt{gH_w}}$ 查图求取 $\dfrac{\zeta_0}{H_w}$，确定初始浪高 ζ_0； 据 $c = \sqrt{gh}\sqrt{1+1.5\dfrac{\zeta_0}{h}+0.5\dfrac{\zeta_0^2}{h^2}}$ 求取波浪传播速度，确定传播时间； 据 $\zeta_{\max} = \dfrac{2\zeta_0}{\pi}(1+k)\displaystyle\sum_{n=1,3,5,\cdots}^{n}\left[k^{2(n-1)}\ln\left\{\dfrac{l}{(2n-1)B}+\sqrt{1+\left(\dfrac{l}{(2n-1)B}\right)^2}\right\}\right]$ 计算对岸最高涌浪
水科院算法	据 $\eta_{\max} = k\dfrac{u^{1.85}}{2g}V^{0.5}$ 计算入水点最大涌浪高度。k 为综合影响系数；u 为入水速度（m/s）； 据 $\eta = k_1\dfrac{u^n}{2g}V^{0.5}$ 计算距滑坡入水点 X 处的涌浪高度，k_1 为与 X 有关的系数
Huber 和 Hager 模型	据 $H_{\max} = 0.88\sin\alpha\,(\rho_s/\rho)^{0.25}(V/W)^{0.5}(H_w/x)^{0.25}$ 计算最大波高，ρ 为水的密度，X 为滑动距离（m）
Noda 模型	据 $\eta = \dfrac{V_2}{\sqrt{gH_w}}H_s$ 计算入水点涌浪高度
R. L. Slingerland and B. Voight 模型	据 $\lg(\eta_{\max}/d) = a+b\lg(0.5(L\cdot H_s\cdot W/H_w^3)(\rho_s/\rho)(V_2^2/g\cdot H_s))$ 计算入水点浪高，其中，a 和 b 均为经验系数
Synolakis 模型	据 $R/H_w = 2.831\,(\cot\beta)^{0.5}\cdot(H/H_w)^{1.25}$ 计算对岸涌浪爬高，R 为对岸涌浪爬高
Hall 和 Watts 模型	据 $R/H_w = 3.1\,(H/H_w)^{1.15}$ 计算对岸爬高
Chow 模型	据 $h = \dfrac{V_2^2}{2g}$ 计算对岸爬高

表 7.17　常用涌浪经验模型的通用参数符号

滑体体积 $V/10^4 m^3$	滑体质心落差 H/m
长 L/m	滑面加权平均倾角 $\alpha/(°)$
宽 W/m	水深 H_w/m
厚 H_s/m	水面宽度 W_w/m
滑体密度 $\rho_s/(g/m^3)$	对岸坡角 $\beta/(°)$

3. 模型参数的确定

本次滑坡和涌浪计算所需参数汇总于表7.18。

表 7.18　涌浪计算参数

剪出口速度 $V_1/(m/s)$	潘家铮算法	14.9 ~ 28
	美国土木工程师协会推荐法	14.9
	变分法	18.04
	数值模拟	16.1
平抛运动质心距水面落差 H/m		80
滑体在剪出口处的切线倾角 $\theta/(°)$		0
滑体长度 L/m		120
滑体宽度 W/m		100
滑体平均厚度 H_s/m		10
滑体体积 $V/10^4 m^3$		12
滑体密度 $\rho_s/(g/m^3)$		1.8
水深 H_w/m		20
水面宽度 W_w/m		200
滑面加权平均倾角 $\alpha/(°)$		25.7
对岸坡角 $\beta/(°)$		35
水科院算法入水点浪高综合影响系数 k		0.12
水科院算法距入水点 X 处的浪高系数 k_1		0.1
R. L. Slingerland　and　B. Voight 模型系数 a		−1.25
R. L. Slingerland　and　B. Voight 模型系数 b		0.71

4. 滑坡入水速度计算

采用式（7.45）~式（7.47）计算滑坡平抛运动的时间 t、水平距离 S 和入水速度 V_2 等滑坡运动参数，计算结果见表7.19。

$$t = \frac{V_1 \cdot \sin\theta + \sqrt{V_1^2 \cdot \sin^2\theta + 2gH}}{g} \tag{7.45}$$

$$S = V_1 \cdot \cos\theta \cdot t \tag{7.46}$$

$$V_2 = \sqrt{V_1^2 - 2g\sin\theta V_1 t + g^2 t^2} \tag{7.47}$$

表 7.19　滑体平抛运动运动学参数对比表

算法	t/s	S/m	$V_2/(m/s)$
潘家铮算法	4.04	60.20 ~ 113.12	42.30 ~ 48.49
美国土木工程师协会推荐法	4.04	60.21	42.31
变分法	4.04	72.89	40.32
数值模拟	4.04	65.05	42.75

表 7.19 表明，剪出口到黄河与公路交界处的水平距离与变分法计算得到的滑体水平运动距离十分接近，而潘家铮算法的上下限跨度太大，美国土木工程师协会推荐法和数值模拟法相应的距离均偏小，滑体平抛触地点在坡脚，不足以诱发巨大的涌浪。综合上述解法，确定变分法的计算结果与实际接近，滑体入水点处于公路和黄河的交界点，入水速度为 40.32m/s。

5. 滑坡涌浪计算

分别采用上述 9 种经验模型计算得到 JH13 号滑坡 "2012.2.7" 滑动涌浪特征参数如表 7.20 所示。同时根据调查结果，选取对岸爬高作为校正点，求取各种算法的原型校正系数。

表 7.20　各种算法涌浪特征参数汇总表

算法	滑坡入水点涌浪高度/m	对岸爬高/m	实测对岸爬高/m	校正系数
美国土木工程师协会推荐法	10	2.8		2.14
水科院算法	19.8	3.13		1.92
Chow 模型	—	82.94		0.07
Noda 模型	28.8	—		—
R. L. Slingerland and B. Voight 模型	163.32	—	6	—
Huber and Hager 模型	12.28	10		0.60
Synolakis 模型	—	36.76		0.16
Hall and Watts 模型	—	35.37		0.17
潘家铮算法	20	9.06		0.66

由表 7.20 可知，各种方法求得的涌浪高度差别巨大。将滑坡入水点正对岸爬高作为对比点，调查所得高度为 6m，上述结果中，Chow 模型、Noda 模型、R. L. Slingerland and B. Voight 模型、Synolakis 模型，以及 Hall and Watts 模型计算所得滑坡入水点浪高和对岸爬高均太大，与实际情况差别较大。美国土木工程师协会推荐法、水科院算法、Huber and Hager 模型法，以及潘家铮算法则与调查结果很接近，其校正系数分别为 2.14、1.92、0.6 和 0.66。

6. 计算结果讨论

上述不同模型计算结果的差异明显，原因在于有不同的假设条件。由于将涌浪对岸爬高作为校正点，Noda 模型和 R. L. Slingerland and B. Voight 模型并未提供对岸爬高公式，因此，仅对其他模型进行讨论。

Chow 模型的涌浪对岸爬高公式为

$$h = \frac{V_2^2}{2g} \tag{7.48}$$

式（7.48）表明 Chow 模型完全基于动能势能转化关系，一方面假设波浪在水面运移中没有能量损失；另一方面假设波浪触岸后的水体动能全部立即转化为势能，水体立即停止。根据调查资料，波浪爬高后还继续向外扩展了 270m，具有很大的动能，因此，计算所得的对岸爬高误差巨大，对于涌浪对岸爬高的计算是不合适的。

Synolakis 模型和 Hall and Watts 模型的对岸涌浪爬高公式分别为

$$h/H_w = 2.831(\cot\beta)^{0.5} \cdot (H_b/H_w)^{1.25} \tag{7.49}$$

$$h/H_w = 3.1(H_b/H_w)^{1.15} \tag{7.50}$$

式中，H_b 为波高。

由于两个模型基于各自的模型试验得出的经验系数，与焦家崖头的滑坡及涌浪要素相差较大，两者得出了过高的爬高值。

相较而言，美国土木工程师协会推荐法、水科院算法、Huber and Hager 模型，以及潘家铮算法计算所得对岸爬高值与实际较接近，这反映了焦家崖头滑坡及涌浪与这些经验算法的假设条件相适宜，也证实了这些算法的广泛适用性。为使今后采用公式法预测黄河三峡库区的孕灾条件与发育特征类似的滑坡涌浪既有一定的安全度，又不过高估计涌浪风险，推荐采用潘家铮算法计算。

7.7　灌溉诱发黄土滑坡的风险评估

地质灾害风险管理是国际上倡导和推广主动减灾防灾的理念和模式，也是近年来地质灾害研究的热点问题。地质灾害风险评估指地质灾害对生命、健康、财产或环境产生不利影响的概率和严重程度的量值，是地质灾害风险管理的基础，目前国际上较为通用的地质灾害风险评估方法是 2005 年 Rell 等提出的计算公式：$R = P_{(L)} \times P_{(T:L)} \times P_{(S:T)} \times V \times E$，其中，$P_{(L)}$ 为地质灾害频率，$P_{(T:L)}$ 为地质灾害到达承灾体的概率，$P_{(S:T)}$ 为承灾体的时空概率，V 为承灾体易损性，E 为承灾体价值。但在实际分析评估过程中，$P_{(T:L)}$ 和 $P_{(S:T)}$ 很难准确地获得。因此，对该公式进行分解组合，其中 $P_{(L)} \times P_{(T:L)} \times P_{(S:T)}$ 相当于地质灾害危险性，$V \times E$ 相当于危害性，则 $R =$ 危险性×危害性。从以上地质灾害风险计算公式可以看出，地质灾害风险评估的关键是定量评估地质灾害的危险性，而地质灾害危险性是某一地区某一时间段内一定规模的地质灾害发生的可能性，是空间位置、规模和运动速度、发生频率的一个综合概念。

地质灾害危险性评估是对地质灾害的空间位置、规模和运动速度、发生频率等作出客观、合理、可信的估计，评估方法主要依赖于孕灾地质环境条件、地质灾害特征、诱发因素和所掌握的资料，危险性定量评估是地质灾害风险评估中的关键和难点，也是当前国际风险管理研究中的热点问题。本次结合黑方台地区黄土滑坡灾害发育特征和所掌握的资料，提出一种依据多期三维数字高程模型（DEM），基于强度概念的地质灾害危险性定量评估技术方法。将地质灾害危险性定义为黄土滑坡灾害频率和灾害强度的乘积，而灾害强度可通过灾害体积与速度的乘积计算得到，因此，本次对危险性的评估体现了地质灾害的空间位置、规模、速度及频率等因素。同时结合易损性评估，对黑方台南缘 32 处典型滑坡灾害进行了风险评估。通过本次研究，探索建立了一种基于多期 DEM 和黄土滑坡灾害强度的地质灾害风险评估技术方法，为地质灾害风险评估研究提供一种新思路。

7.7.1　基于地质灾害强度的风险评估技术方法

根据黑方台地区黄土滑坡灾害形成时代新、发生频次高、坡体变形严重等特点，因地制宜，将地质灾害危险性定义为灾害频率和灾害强度的乘积。在此基础上，以黑方台地区多期地形图为数据源，通过变形量与变形速率的计算，探索地质灾害强度分析评估的原理，进而初步建立基于灾害强度指标的危险性和风险评估技术方法。

1. 地质灾害强度的确定

地质灾害强度分析评估一直是地质灾害研究中的难点，如何进行强度评估，至今世界上还没有形成共识。然而地质灾害的强度信息是进行危险性评估的一个重要因素，从物理学的基本定义分析，地质灾害强度是指地质灾害事件发生过程中释放的能量的大小。我们进行地质灾害强度分析的目的是评估灾害的风险，因此，可认为灾害强度是灾害的破坏能力，其指标因子主要包括数量、频率、体积、密度、速度、距离等。地质灾害与地震等自然灾害不同，活动强度的测算方法有多种。Cardinali 等认为滑坡强度是滑坡体积与速度的函数。吴树仁等提出滑坡强度主要包括滑坡活动的频率（数量）、规模和运动速度，是活动频率、规模和速度的乘积。

本次采用滑坡体积与速度的乘积表示单体滑坡强度，即

$$I = V \times S \tag{7.51}$$

式中，I 为滑坡的强度；V 为滑坡的体积；S 为滑坡速度。

2. 基于地质灾害强度的风险评估技术方法

本次研究以黑方台地区多期 1 : 1000 ~ 1 : 10000 地形图为数据源，建立 DEM，通过 ArcGIS 的空间分析功能计算滑坡在不同时期的变形量与变形速率，评估其强度及危险性，最后结合承灾体及其易损性进行风险评估。

这种方法包含以下步骤：研究区范围的确定→滑坡（斜坡单元）识别→编制多期滑坡分布图→计算滑坡发生频率→计算滑坡变形量及变形速率→计算滑坡强度→危险性定量评

估→承灾体及其易损性评估→风险评估。评估方法流程详见图 7.74。

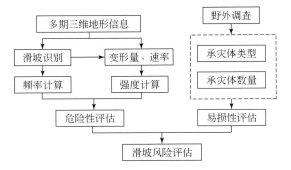

图 7.74　基于地质灾害强度的风险评估方法流程图

7.7.2　不同时期滑坡灾害空间分布

黑方台地区滑坡在时间上和空间上均表现出频发性,掌握不同时期滑坡的时间和空间位置变化是预测未来滑坡发生的关键。本次研究借助 1977 年、1997 年和 2001 年 3 期 1：10000 地形数据,以及 2010 年三维激光扫描所获 1：1000 地形数据,通过多期三维地形信息的解译和野外调查来确定滑坡(或斜坡单元)在各个时期内的空间分布。

首先对 1977～2010 年的地形数据进行三维可视化,然后在三维地形图上识别滑坡(或具备滑坡发生的相似斜坡单元)。图 7.75(a)为 1977 年识别的滑坡或斜坡单元,到 1997 年,滑坡壁向后侵蚀,图 7.75(b)为 1997 年得到的新的滑坡边界,再到 2001 年,滑坡壁继续后退侵蚀,图 7.75(c)为 2001 年得到的滑坡识别图。2010 年,通过野外调查和地形数据的解译,获得最新的滑坡分布(图 7.75(d))。最后以 GIS 为平台,将以上 4 期通过野外调查和地形解译获得的滑坡信息转化为统一比例尺(1：10000),并进行合并得到一张滑坡不同时期边界对比图(图 7.76)。这个过程需要投影变换并进行校准以消除空间位置上的微小误差。

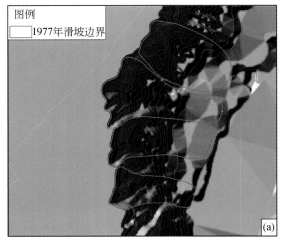

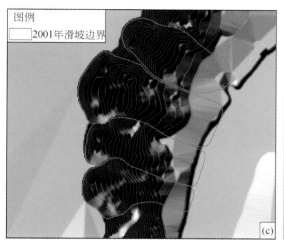
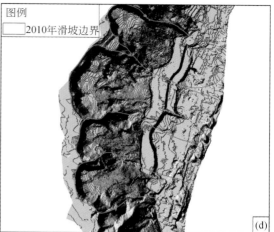

图 7.75　黑方台南缘典型地段滑坡分布图

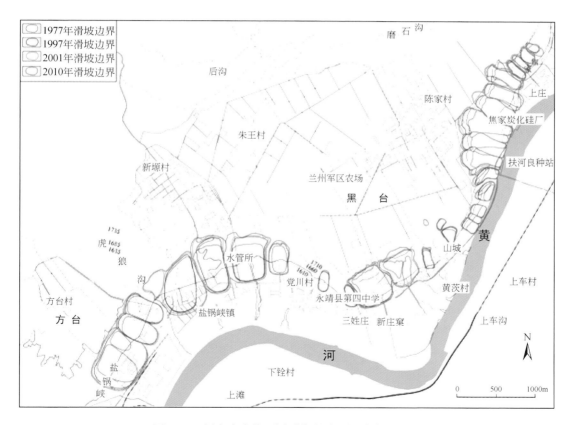

图 7.76　黑方台南缘不同时期滑坡空间分布对比图

表 7.21　黑方台南缘黄河沿岸滑坡体积及后壁后移侵蚀率计算表

滑坡编号	1977~1997 年			1997~2001 年			2001~2010 年			1977~2010 年				
	体积/m³	后移距离/m	后移侵蚀率/(m/a)	体积/m³	后移距离/m	后移侵蚀率/(m/a)	体积/m³	后移距离/m	后移侵蚀率/(m/a)	总体积/m³	体积指标	总体后移侵蚀率/(m/a)	速率指标	强度指标
JH1	441487.5	44.0	2.2	53275.8	10.5	2.6	16071.7	9.4	1.0	510835.0	0.0613	1.5	0.2825	0.0173
JH2	335848.0	0.0	0.0	79300.4	12.5	3.1	73557.7	11.1	1.2	488706.0	0.0584	0.9	0.1648	0.0096
JH3	433748.6	38.7	1.9	55093.8	27.3	6.8	39711.9	10.7	1.2	528554.3	0.0637	1.5	0.2878	0.0183
JH4	480159.9	23.5	1.2	46882.5	25.0	6.3	80849.2	9.8	1.1	607891.6	0.0744	1.2	0.2237	0.0166
JH5	1037765.5	94.5	4.7	113571.2	7.2	1.8	227033.7	8.4	0.9	1378370.4	0.1777	3.4	0.6627	0.1178
JH6	695176.0	24.0	1.2	54748.2	7.8	2.0	47325.3	15.8	1.8	797249.5	0.0998	5.0	0.9816	0.0979
JH7	1557451.4	78.6	3.9	96812.9	13.9	3.5	136589.3	6.9	0.8	1790853.6	0.2330	2.4	0.4631	0.1079
JH8	1427637.0	99.5	5.0	112048.0	21.4	5.4	394876.7	59.0	6.6	1934561.7	0.2523	5.1	1.0000	0.2523
JH9	2516665.6	88.4	4.4	267733.1	8.1	2.0	493895.0	14.8	1.6	3278293.7	0.4325	4.0	0.7751	0.3352
JH10	1644688.5	107.9	5.4	107067.8	3.4	0.9	248081.1	8.7	1.0	1999837.3	0.2610	3.0	0.5827	0.1521
JH11	1682298.3	98.2	4.9	110727.6	0.0	0.0	184194.2	10.0	1.1	1977220.0	0.2580	3.0	0.5934	0.1531
JH12	931814.6	7.8	0.4	176031.7	4.7	1.2	113489.5	17.0	1.9	1221335.8	0.1566	3.0	0.5906	0.0925
JH13	1842715.0	44.0	2.2	319965.3	13.4	3.4	127382.2	9.0	1.0	2290062.5	0.3000	3.2	0.6137	0.1841
JH14	802114.0	105.0	5.3	82770.7	9.3	2.3	61780.8	5.2	0.6	946665.4	0.1198	2.5	0.4919	0.0589
JH15	474401.7	72.5	3.6	63243.7	8.0	2.0	44864.8	4.3	0.5	582510.2	0.0710	2.0	0.3867	0.0274
JH16	843399.1	71.5	3.6	130852.8	7.2	1.8	129167.9	8.0	0.9	1103419.8	0.1408	2.6	0.5127	0.0722

续表

滑坡编号	1977~1997 年			1997~2001 年			2001~2010 年			1977~2010 年				
	体积/m³	后移距离/m	后移侵蚀率/(m/a)	体积/m³	后移距离/m	后移侵蚀率/(m/a)	体积/m³	后移距离/m	后移侵蚀率/(m/a)	总体积/m³	体积指标	总体后移侵蚀率/(m/a)	速率指标	强度指标
JH17	593798.2	58.6	2.9	64543.5	7.0	1.8	102414.9	9.7	1.1	760756.7	0.0949	3.1	0.6075	0.0576
YH1	159788.3	24.0	1.2	529.6	9.5	2.4	192753.3	7.5	0.8	353071.2	0.0402	1.4	0.2534	0.0102
YH2	255857.1	0.0	0.0	7690.8	33.0	8.3	48639.5	3.8	0.4	312187.5	0.0347	0.4	0.0672	0.0023
YH3	41031.4	0.0	0.0	828.9	10.5	2.6	11540.3	2.4	0.3	53400.6	0.0000	0.1	0.0000	0.0000
HH1	206021.8	14.7	0.7	5875.6	11.0	2.8	96483.8	16.0	1.8	308381.1	0.0342	1.2	0.2286	0.0078
HH2	141164.5	90.6	4.5	141164.5	24.5	6.1	874703.4	42.7	4.7	1157032.4	0.1480	4.2	0.8258	0.1222
PH	2472410.7	33.2	1.7	7766.9	11.4	2.9	417660.5	11.5	1.3	2897838.2	0.3815	1.8	0.3339	0.1274
JYH	198622.4	0.0	0.0	391411.3	10.5	2.6	115793.4	6.2	0.7	705827.1	0.0875	0.9	0.1619	0.0142
DH1	2771.8	0.0	0.0	385730.8	12.5	3.1	126237.9	13.4	1.5	514740.6	0.0619	1.1	0.2020	0.0125
DH2	1287438.8	22.3	1.1	1403466.3	27.3	6.8	504532.5	25.0	2.8	3195437.6	0.4214	1.9	0.3593	0.1514
SH	2415447.1	92.4	4.6	3848076.6	25.0	6.3	1246231.7	25.3	2.8	7509755.4	1.0000	3.3	0.6375	0.6375
SH1	1927888.5	76.5	3.8	1926882.4	7.2	1.8	855545.3	16.5	1.8	4710316.2	0.6246	4.6	0.9116	0.5694
SH2	3198417.8	20.4	1.0	3017146.7	7.8	2.0	914014.4	12.1	1.3	7129578.8	0.9490	1.7	0.3156	0.2995
FH1	1069770.1	24.0	1.2	533862.0	13.9	3.5	372526.8	11.4	1.3	1976158.9	0.2579	1.7	0.3308	0.0853
FH2	1094677.7	18.5	0.9	1526427.9	21.4	5.4	1012812.6	13.5	1.5	3633918.2	0.4802	2.9	0.5536	0.2658
FH3	658443.0	53.0	2.7	561917.9	8.1	2.0	300751.0	10.3	1.1	1521111.9	0.1968	2.2	0.4262	0.0839

具体校准方法为：①将各个时期测制的地形图均转化为 1980 西安坐标系；②选取相对固定的位置（如在 1977 年、1997 年和 2001 年三期地形图上均有显示的居民房的角点、黄河大桥特征点、铁路沿线特征点、测量控制点等）作为控制点，共选取控制点 8 个；③以2010 年地形数据和 8 个控制点为基准，对 1977 年、1997 年和 2001 年三期地形图进行校准；④进行误差分析，由多期地形数据叠加产生的平面位置误差小于 0.5m，对滑坡体积估算结果的影响较小。

7.7.3　滑坡灾害强度评估

滑坡灾害强度 $I = V \times S$，而在实际测量分析评估过程中，V 和 S 这两个参数不易快速测定，需要寻找相关的替代参数来近似评估。滑坡体积可通过不同时期的 DEM 来计算；速度可用滑坡后壁后移侵蚀速率来表示，滑坡后壁后移侵蚀速率=后移距离/年，单位为 m/a，计算结果见表 7.21。

由于滑坡规模（体积）和速度（滑坡后壁后移侵蚀率）存在数量级上的差别，因此，需对其进行归一化处理，以达到计算结果的真实可靠性。经归一化处理之后所计算的滑坡体积指标、速率指标和强度指标见表 7.21。

为方便起见，我们将滑坡强度分为以下四级：强度很高、强度高、强度中和强度低（表 7.22）。图 7.77 为黑方台南缘 1977～2010 年滑坡总体强度分布图。

表 7.22　黑方台南缘滑坡强度分级表

强度分级	强度很高	强度高	强度中	强度低
强度指标	$I \geqslant 0.2$	$0.1 \leqslant I < 0.2$	$0.05 \leqslant I < 0.1$	$I < 0.05$

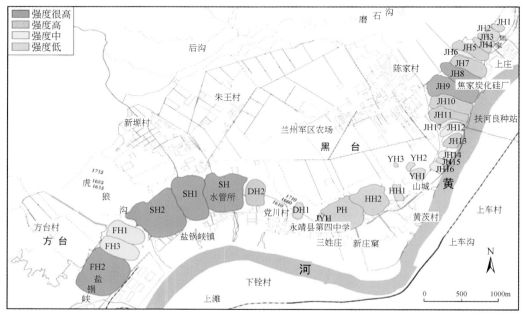

图 7.77　黑方台南缘滑坡强度分布图

7.7.4　滑坡灾害危险性评估

滑坡危险性是某一地区某一时间段内一定规模的滑坡发生的可能性，是空间位置、规模（强度）、发生频率的一个综合概念。理论上，滑坡危险性图可表述为某一地区一定规模的滑坡的空间位置和发生概率。因此，为了评估滑坡的危险性，首先需要进行滑坡发生频率的评估。

1. 滑坡灾害频率估算

频率是滑坡灾害的发生率或活动率，它可以是整体的，也可以是局部的，可通过对历史数据的分析来获得。一般而言，单个滑坡或斜坡单元的完整活动记录是很难得到的。滑坡活动频率可分为绝对频率和相对频率。绝对频率可表示为同一地点或适当地形单元（如斜坡）内观测的滑坡事件数量，它既包括滑坡的首次发生，也包括滑坡的复活和局部活动，单位为滑坡数/年、复活数/年。相对频率是指发生在不同大小地带单元里的滑坡数量，可表示为所观测滑坡事件的数量与单元面积的比值，单位：滑坡数/年/单位面积。本次研究中滑坡频率采用相对频率。

由于缺少整个黑方台地区的完整数据，因此，仅对黑方台南缘 32 处典型滑坡或斜坡单元进行分析研究。另外，由于大多数滑坡发生的时间信息是无法准确获得的，因此，本次通过对不同时期滑坡空间位置对比图的分析来确定滑坡频率，频率观测期从 1977～2010 年，共 33 年。单个滑坡的活动频率通过观测期内识别出的滑坡的发生数量或活动数量（局部地形信息的改变）来确定。

每个滑坡或斜坡在多期滑坡分布图上每发生 1 次整体或局部的活动即表示发生 1 次滑坡，评估地形单元以 2010 年识别的滑坡或斜坡单元为基准。滑坡频率 F 可用下式来计算：

$$F = \frac{N}{T \times A} \tag{7.52}$$

式中，F 为滑坡发生或活动的频率（单位：滑坡数/($a \cdot km^2$)）；N 为滑坡发生或活动的数量；T 为观测期（单位：a）；A 为评估单元面积（单位：km^2）。计算结果见表 7.23。

表 7.23　黑方台南缘滑坡频率及危险性计算表

滑坡编号	滑坡数量	面积/km²	频率（滑坡数/($a \cdot km^2$)）	强度指标	危险性	滑坡编号	滑坡数量	面积/km²	频率（滑坡数/($a \cdot km^2$)）	强度指标	危险性
JH1	4	0.0157	7.74	0.0173	0.1341	JH6	3	0.0164	5.55	0.0979	0.5435
JH2	3	0.0285	3.19	0.0096	0.0307	JH7	4	0.0937	1.29	0.1079	0.1397
JH3	4	0.0264	4.60	0.0183	0.0844	JH8	4	0.1168	1.04	0.2523	0.2618
JH4	4	0.0286	4.25	0.0166	0.0706	JH9	4	0.1759	0.69	0.3352	0.2310
JH5	4	0.0765	1.58	0.1178	0.1865	JH10	4	0.1092	1.11	0.1521	0.1688

滑坡编号	滑坡数量	面积/km²	频率（滑坡数/（a·km²））	强度指标	危险性	滑坡编号	滑坡数量	面积/km²	频率（滑坡数/（a·km²））	强度指标	危险性
JH11	4	0.0908	1.33	0.1531	0.2043	HH2	5	0.1692	0.90	0.1222	0.1094
JH12	4	0.0421	2.88	0.0925	0.2661	PH	4	0.2160	0.56	0.1274	0.0715
JH13	5	0.0413	3.67	0.1841	0.6750	JYH	3	0.0326	2.79	0.0142	0.0395
JH14	4	0.0247	4.90	0.0589	0.2887	DH1	3	0.0303	3.00	0.0125	0.0375
JH15	4	0.0137	8.83	0.0274	0.2424	DH2	4	0.0949	1.28	0.1514	0.1934
JH16	4	0.0278	4.36	0.0722	0.3149	SH	4	0.2923	0.41	0.6375	0.2644
JH17	4	0.0202	6.00	0.0576	0.3459	SH1	4	0.2656	0.46	0.5694	0.2599
YH1	4	0.0313	3.87	0.0102	0.0394	SH2	5	0.3815	0.40	0.2995	0.1189
YH2	3	0.0111	8.16	0.0023	0.0190	FH1	4	0.1267	0.96	0.0853	0.0816
YH3	2	0.0035	17.55	0.0000	0.0000	FH2	5	0.3751	0.40	0.2658	0.1074
HH1	4	0.0284	4.27	0.0078	0.0334	FH3	4	0.1314	0.92	0.0839	0.0774

　　由于频率的空间分布特性，定量危险性评估较强的依赖于滑坡规模与频率间关系的有效性。如果可引起灾难性结果的潜在滑坡事件发生的概率非常低，其威胁的区域可归为低危险性；另外，可将频繁发生小规模滑坡的区域分为中或高危险性。这些关系可用滑坡累积（或非累积）频率–规模曲线表示。

　　通过对黑方台南塬黄河岸边 32 处滑坡的统计分析得到滑坡规模–频率关系（图 7.78），规模相对滑坡数量的频率呈幂律分布，表达式为

$$F = 0.1589A^{-0.8938} \qquad (7.53)$$

$$R^2 = 0.9819$$

式中，F 为规模等于或大于 A 的滑坡事件的频率；A 为滑坡规模（面积：km²）。

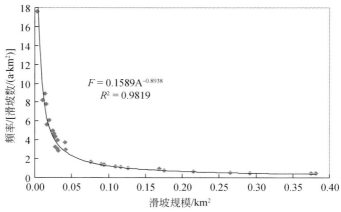

图 7.78　滑坡规模–频率关系图

2. 滑坡灾害危险性评估

前面已对滑坡的活动频率和强度进行了评估，单体滑坡或斜坡单元的危险性取决于滑坡频率和滑坡强度，是滑坡频率和强度的乘积。即

$$H = F \times I \tag{7.54}$$

式中，H 为滑坡的危险性；F 为滑坡频率；I 为滑坡强度。

黑方台南缘滑坡危险性计算结果见表 7.23，将滑坡危险性分为以下四级：危险性很高、危险性高、危险性中和危险性低（表 7.24）。图 7.79 为黑方台南缘滑坡危险性评估图。

表 7.24　黑方台南缘滑坡危险性分级表

危险性分级	危险性很高	危险性高	危险性中	危险性低
危险性	$H \geqslant 0.25$	$0.15 \leqslant H < 0.25$	$0.05 \leqslant H < 0.15$	$H < 0.05$

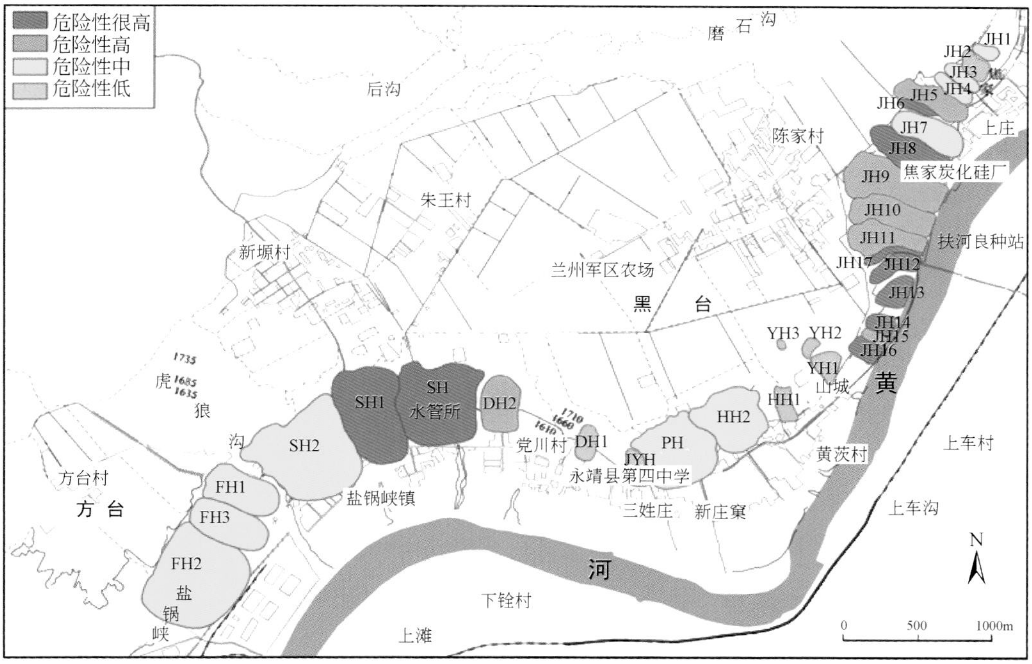

图 7.79　黑方台南缘滑坡危险性评估图

7.7.5　滑坡灾害风险评估

1. 滑坡危害性评估

承灾体的易损性主要由滑坡灾害的强度和承灾体的物质结构所决定，而灾害强度由

体积和速度决定。根据野外调查和以往经验，给出一般情况下黑方台地区各类承灾体的类型及其在相应滑坡强度下的易损性（表7.25）。承灾体分为建筑物和基础设施以及人员两大类，建筑物和基础设施包含居民楼、居民房、工厂、变电站、公路（G309国道）、通信电缆、输电线路、水库（八盘峡库区）、灌溉水渠、耕地、泵站、采石场和寺庙等；人员包含直接人员、间接人员和流动人员，直接人员是指滑坡发生时可直接造成本区居民或工作人员的伤亡，间接人员是指滑坡损坏居民区或基础设施而对人员造成的间接伤害，流动人员是指滑坡发生时对途径该区的人员造成的伤害。承灾体易损性从0到1，0代表没有损失，1代表完全损坏。为方便起见，我们将易损性（V）分为以下四级。当$0<V\leqslant0.3$时，表示承灾体为轻度损坏；

当$0.3<V\leqslant0.6$时，表示承灾体为中度损坏；

当$0.6<V\leqslant0.9$时，表示承灾体为高度损坏；

当$0.9<V\leqslant1.0$时，表示承灾体为完全损坏。

表7.25　黑方台地区承灾体分类及其易损性一览表

滑坡强度	承灾体															
	建筑物和基础设施													人员		
	居民楼	居民房	工厂	变电站	公路	通信电缆	输电线路	水库	灌渠	耕地	泵站	采石场	寺庙	直接人员	间接人员	流动人员
很高	0.9	1.0	1.0	1.0	1.0	1.0	1.0	1.0	1.0	0.8	1.0	0.9	1.0	1.0	0.7	0.6
高	0.6	0.8	0.7	0.8	0.8	0.8	0.8	0.7	0.7	0.5	0.8	0.6	0.7	0.8	0.5	0.4
中	0.3	0.6	0.5	0.6	0.6	0.6	0.6	0.5	0.5	0.2	0.6	0.3	0.5	0.6	0.3	0.2
低	0.1	0.3	0.2	0.3	0.3	0.3	0.3	0.2	0.2	0.0	0.3	0.1	0.2	0.3	0.1	0.0

2. 滑坡灾害风险评估

灾害风险是斜坡失稳的经济和社会维度，指滑坡灾害发生造成人员伤亡或经济财产损失的可能性。然而预知性的、严格意义上的风险评估很难做到，因为危险性和危害性是不能准确地评估的，而滑坡风险取决于"自然状况"（滑坡危险性）和期望损失（危害性）。将滑坡风险定义为滑坡发生时承灾体遭受损害的可能性，即灾害风险是危险性与危害性的函数。

$$R=f(H, D) \tag{7.55}$$

式中，R为灾害风险；H为灾害的危险性；D为危害性。

危险性如前所述，可分为危险性很高、高、中和低4个等级。危害性可表述为承灾体（人口数量或经济价值）和易损性的函数，其值为人口数量或经济价值与易损性的乘积。

按照滑坡强度及其对应的易损性将危害性分为以下四级。

一般级：$D\leqslant3$人或$D\leqslant10$万元；

较大级：3 人<D≤10 人或 10 万元<D≤50 万元；

重大级：10 人<D≤50 人或 50 万元<D≤100 万元；

特大级：D>50 人或 D>100 万元。

根据野外调查，黑方台南缘黄河沿岸的 32 处滑坡危害性见表 7.26 和图 7.80。综合考虑滑坡危险性和危害性，确定滑坡风险分级标准，风险等级分为以下四级：风险很高（VH）、风险高（H）、风险中（M）和风险低（L）（表 7.27）。

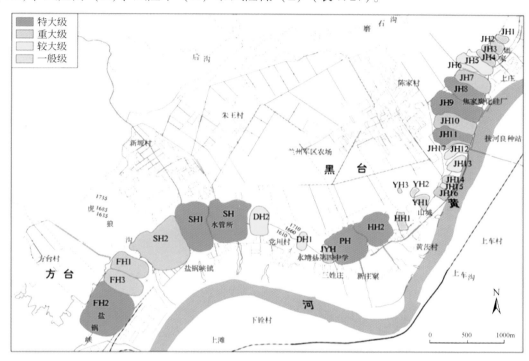

图 7.80　黑方台南缘滑坡危害性评估图

表 7.26　黑方台南缘滑坡风险计算结果表

滑坡编号	危害性	危险性	风险等级	滑坡编号	危害性	危险性	风险等级	滑坡编号	危害性	危险性	风险等级
JH1	一般级	中	L	JH12	较大级	很高	H	PH	特大级	中	H
JH2	一般级	中	L	JH13	较大级	很高	H	JYH	一般级	中	M
JH3	一般级	中	L	JH14	一般级	很高	M	DH1	较大级	高	H
JH4	一般级	中	L	JH15	较大级	高	H	DH2	较大级	高	H
JH5	较大级	高	H	JH16	重大级	很高	VH	SH	特大级	很高	VH
JH6	较大级	很高	VH	JH17	重大级	很高	VH	SH1	特大级	很高	VH
JH7	重大级	高	VH	YH1	一般级	低	L	SH2	重大级	中	H
JH8	特大级	很高	VH	YH2	一般级	高	L	FH1	重大级	中	H
JH9	特大级	高	VH	YH3	一般级	中	M	FH2	特大级	高	VH
JH10	重大级	高	H	HH1	一般级	低	L	FH3	重大级	高	VH
JH11	特大级	高	VH	HH2	特大级	中	H				

同时根据滑坡后移侵蚀率、滑坡强度分析滑坡扩展影响范围，本次主要从滑坡后缘及前缘分析滑坡破裂发展趋势及影响范围。由于黑方台地区滑坡多为灌溉引起的后缘侵蚀破坏，且属于高位滑坡，滑动后饱和、近饱和的黄土产生液化流动，滑坡前缘流速较快，因此，可认为滑坡影响范围风险等级与滑坡风险等级一致。根据风险等级可编制黑方台南缘滑坡风险评估图（图 7.81），滑坡风险等级为很高的 11 处，占南缘滑坡总数的 34.4%，风险高的 11 处，占滑坡总数的 34.4%，风险中的 3 处，占滑坡总数的 9.3%，风险低的 7 处，占总数的 21.9%。

表 7.27 滑坡风险分级表

风险 危害性 危险性	特大级	重大级	较大级	一般级
危险性很高	VH	VH	H	M
危险性高	VH	H	H	M
危险性中	H	H	M	L
危险性低	M	M	L	L

注：VH-风险很高，H-风险高，M-风险中，L-风险低。

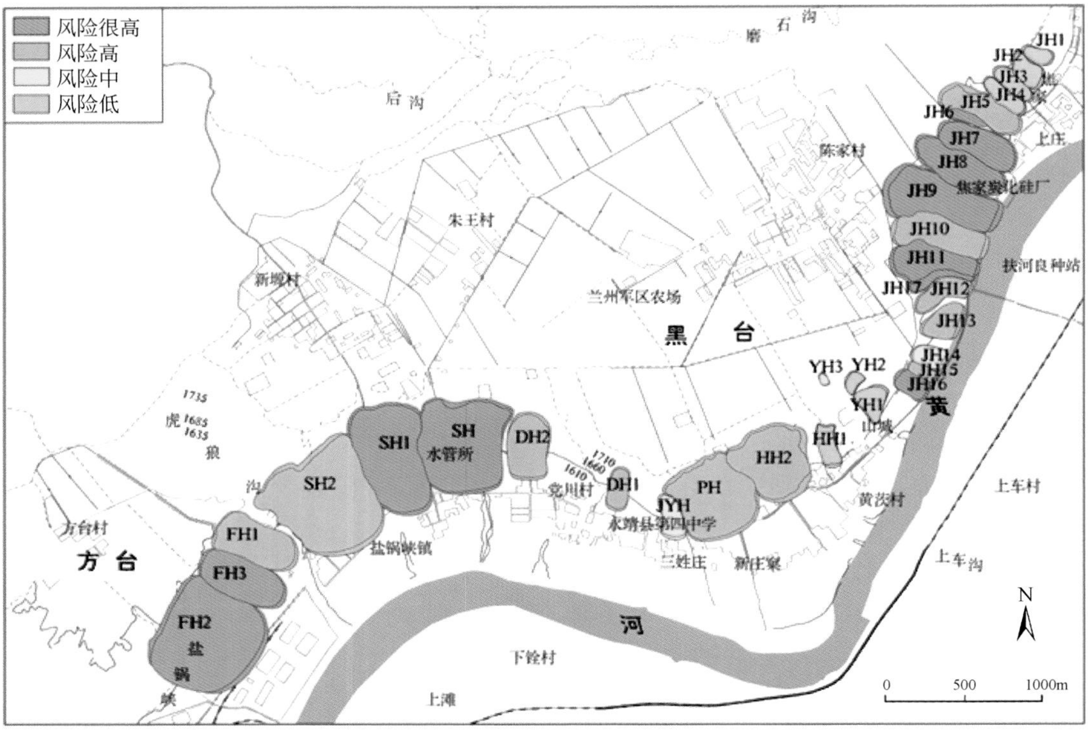

图 7.81 黑方台南缘滑坡风险评估图

第 8 章　灌区黄土滑坡风险控制关键技术

8.1　基于地下水位的滑坡风险控制

黑方台滑坡因灌溉而诱发，若要根治滑坡必须首先实现滑坡诱发因素的阻断，从改变灌溉模式、降低灌溉入渗量扭转地下水位长期上升趋势，并有效降低黄土含水系统地下水位是滑坡风险控制的关键。野外调查中发现，黄土垂直节理、卸荷裂缝密集发育，特别在台塬周边表现尤为明显，裂缝通常向下贯穿较深，灌溉水易沿裂缝等快速通道下渗快速补给地下水，造成地下水位陡升陡降。因此，若要对地下水位进行控制，首要的措施是避免灌溉水的快速入渗，可以采取裂缝填埋并逐层夯实的措施减少灌溉水的入渗。此外，台面上仍然沿用的部分未衬砌渠道及一些年久失修的渠道渗漏严重，成为地下水的重要补给渠道，有必要对渠系进行衬砌和修护，减少地下水的补给量。结合区内现有的作物种植结构和灌溉模式，考虑到黑方台地区特定的孕灾地质环境条件，提出了以控制灌溉量为主，辅以竖向混合孔和水平排水的黑方台灌区基于地下水位控制为主的滑坡风险控制综合措施。

8.1.1　节水灌溉的地下水位控制

长期引水灌溉改变地下水均衡场是引发黑方台地质灾害的主因，以往滑坡工程治理经验表明，工程治理虽在一定程度上可降低此类灾害的发生频率，但并不能有效根治，为避免类似灾害的再次发生，应从地质灾害的主要诱发因素入手，通过控制灌溉量实现扭转地下水长期正均衡，在满足农业生产需求的前提下，尽可能地降低灌溉水补给，从根源上减少地下水的补给量，遏制地下水位的上升，是实现地下水位控制并最终实现滑坡风险控制的根本措施。

基于前述渗流-应力耦合模型，预测了现有灌溉量和不同灌溉模式不同灌溉量下等工况条件下未来 10 年地下水动力场的发展趋势，以及地下水动力场演化条件下对应的台塬斜坡危险区体积的变化（表 8.1 和图 8.1），表明水位变化均值为正代表地下水位上升，负值代表地下水位下降。黑方台地区现今的灌溉量约为 $600 \times 10^4 \mathrm{m}^3/\mathrm{a}$，若保持现有灌溉量，未来 10 年仍处地下水正均衡，地下水位升幅均值为 0.09m/a，危险区体积占台塬总体积的 20.34%。当灌溉量调节至 $500 \times 10^4 \mathrm{m}^3/\mathrm{a}$ 和 $400 \times 10^4 \mathrm{m}^3/\mathrm{a}$ 时，地下水位仍呈现上升趋势，但上升幅度明显降低，均值分别为 0.19m/a 和 0.06m/a，危险区体积也相应地有所降低。当灌溉量调节至 $350 \times 10^4 \mathrm{m}^3/\mathrm{a}$ 及以下时，地下水位开始下降，台塬危险区体积显著降低。

表 8.1　未来 10 年内不同的年灌溉量下水位及台塬危险区变化情况

年灌溉量/($10^4 m^3/a$)	600	500	400	350	200	100
水位变化均值/(m/a)	0.27	0.19	0.06	−0.1	−0.23	−0.39
危险区体积与台塬体积比/%	20.34	17.31	16.25	1.16	0.57	0.15

　　由图 8.1 可以看出，随着灌溉量的减少，地下水位上升速率降低，甚至开始出现水位下降，台塬周边不稳定区域的体积明显降低。而年灌溉量 $350 \times 10^4 m^3$ 可作为灌溉量调控的一个临界值，维持此值及以下的年灌溉量，未来 10 年内能够实现地下水均衡场由正向负的逆转。说明通过灌溉量控制能够实现灌区地下水位的调节，从而提高台塬斜坡稳定性。

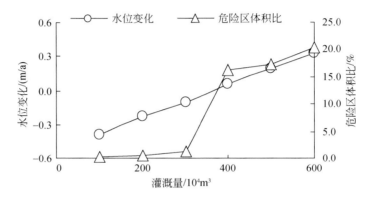

图 8.1　不同灌溉量条件下地下水位响应及台塬危险区体积变化图

　　近年来，黑方台地区已经成为兰州市重要的蔬菜水果种植基地。区内除继续种植传统的小麦、玉米等粮食作物外，还大幅增加了经济作物种植面积，如需水量更大的草莓、蔬菜、果树等，农业灌溉量需求较以前有了较大提高。据《黄土高原地区农业气候资源图集》，查得该地区农田最大蒸散量为 880mm（含地面和叶面蒸发），扣减农田最大蒸散量后，维持区内现有作物结构正常生长需要的补充灌溉为 657.6mm，折算成年灌溉量为 $498 \times 10^4 m^3$。换句话说，黑方台地区 $600 \times 10^4 m^3$ 的年现状灌溉量超灌正常需水量达 20% 左右。而理论上可实现地下水上升趋势扭转的年临界灌溉量 $350 \times 10^4 m^3$ 是不能满足当地现有果树、草莓、蔬菜等经济作物占比较大的现有农业种植结构的农业用水需求，若要满足当地的农业用水需求，就必须调整高耗水农业种植结构，还应因地制宜推行节水灌溉，以达到彻底根治黑方台地质灾害的目标。

　　农业节水灌溉技术主要分为高效节水和常规节水两种，其中，高效节水包括滴灌、喷灌、膜下滴灌和微喷灌，可节水 35% ~75%；常规节水包括畦灌、垄膜沟灌和管灌。根据不同作物耕作特点和生长习性，选择适宜的各不相同的灌溉方式，如灌区内的粮食作物主要为玉米，可采用喷灌和垄膜沟灌；灌区内经济作物主要有蔬菜和林果，蔬菜可在大棚、露地、温室内耕种，可采用滴灌、微喷灌、膜下滴灌和常规灌溉的垄膜沟灌、畦灌等；林果可采用滴灌和畦灌，参见表 8.2。

表 8.2　作物种植结构与节水灌溉方式表

种植类别		高效节水	常规灌溉
玉米		喷灌、膜下滴灌	畦灌、垄膜沟灌、管灌
蔬菜	大棚	滴灌、微喷灌、膜下滴灌	畦灌、垄膜沟灌、管灌
	露地	滴灌、喷灌、膜下滴灌	畦灌、垄膜沟灌、管灌
	温室	滴灌、微喷灌、膜下滴灌	畦灌、垄膜沟灌
林果		滴灌	畦灌

选取喷灌、滴灌、微喷灌、膜下滴灌等高效节水灌溉技术较传统漫灌节水 40% 进行分析（引自《喷灌工程技术管理规程》（SL569—2013），中国水利水电出版社，1999），高效节水灌溉条件下，灌溉量为 350×10^4 时，相当于漫灌 $600 \times 10^4 \mathrm{m}^3$ 的用水量，即可满足现有种植结构下作物的最低用水需求，对高效节水灌溉技术经济性的成本投资做以下概算。

参照《喷灌工程技术规范》（GB/T 50085—2007），喷灌、滴灌工程投资包括喷、滴灌材料设备费、运输费、工程勘测设计费、施工费等。灌溉水源可直接利用现有的提灌工程，可不增加水源工程投资，故不计入投资费用。经工程成本核算，固定式喷、滴灌、微喷灌工程设备一次性投资折合 1200 元/亩。

喷、滴灌技术年运行费指维持工程设施正常运行所需用的年费用，包括动力费、维修费、设备更新费及管理费等。设加压水泵四台，维修费包括加压水泵、枢纽部分、管道部分和滴头部分的年修、大修和日常养护等费用。按照《喷灌工程技术规范》（GB/T 50085—2007），加压泵及枢纽部分年维修率取 5%；地埋管道部分维修率取 1%，综合核算其年维修费。管理费指工程管理人员工资及灌水用工费等日常开支。以上各项综合合计年运行费为 200 元/(年·亩)。

黑方台地区总面积为 13.44km²，总计约为 2×10^4 亩耕地，则喷、滴灌设备一次性投入约 2400 万，年运行费用约 400 万元。

8.1.2　基于疏排水的地下水位控制

前节分析表明，通过控制灌溉量可从长期上控制黑方台的地下水位，实现滑坡灾害风险控制。但原位渗水试验、钻孔抽水试验、室内水理测试均表明黄土底部地下水位之下的饱和黄土渗透性能极为微弱，即使灌溉量得到有效控制的前提下，由于饱和黄土自然排水速率慢，已转化为静储量地下水难以依靠自身渗透性快速排泄出斜坡体，坡体内部较长时期内仍具有可能引发斜坡失稳的超高地下水位。因此，需采取有效的疏排水工程措施，将诱发滑坡的黄土含水系统地下水位人为降至可实现斜坡稳定的临界水位以下，从而实现斜坡稳定的目标。

1. 基于可靠度的地下水位控制目标分析

岩土材料具各向异性和不确定性，其物理力学参数是一个随机变量，相应地因岩土工程性质劣化造成的斜坡失稳也是个概率问题。因此，基于传统确定性分析得到的斜坡安全系数并不意味着"绝对安全"，反之亦然。需根据安全系数计算中各参数的变异性来确定安全系数的变异性，也就是引入失稳概率的概念来描述不同地下水位条件下的斜坡稳定性。将计算结果与实测水位、稳定状况对比，确定可实现斜坡稳定目标的临界地下水位阈值，作为疏排地下水位控制目标。

以黑方台地区滑坡发生频次最高的焦家崖头段斜坡为例，采用切坡后的最新纵断面建立斜坡稳定性分析模型（图 8.2），模型左边界为焦家崖头黄土钻孔位置。与之前的模型相比，切坡后斜坡平均坡度降至 30°。对于地下水位上下的土体分别统一赋参，即黄土层分为天然和饱和两种状态，分别统计重度、黏聚力、内摩擦角的概率分布及特征值（表 8.3）。经过 K-S 检验，上述土性参数均符合正态分布。需要说明的是，饱和状态情况下黄土土体结构的变异性已基本消除，含水量和重度分别为 33% 和 18.1kN/m³，均按定值对待，视为无变异性。本次分析采用定值法确定粉质黏土和砂卵石参数，其中粉质黏土重度 16kN/m³，黏聚力 45kPa，内摩擦角为 26°；砂卵石重度为 22kN/m³，黏聚力为 1.5kPa，内摩擦角为 36°；白垩系河口群砂泥岩为"基岩"，强度无限大。

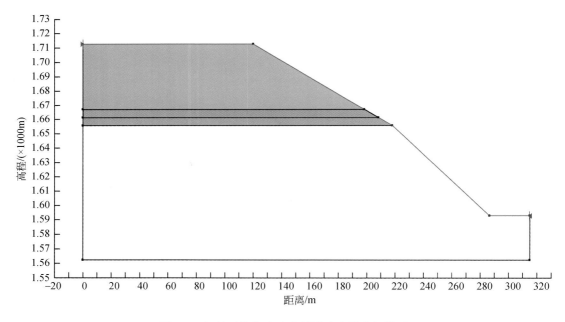

图 8.2　切坡后的焦家崖头斜坡稳定性分析模型

表 8.3　黄土参数取值表

编号	CU 测试结果（有效应力法）							
	天然状态				饱和状态			
	c' （kPa）	φ' （°）	重度 （kN/m³）	含水量 （%）	c' （kPa）	φ' （°）	重度 （kN/m³）	含水量 （%）
1	18.52	25.4	14.11	4.0	16.89	17.1	18.1	33.0
2	16.82	23.2	14.21	4.6	15.89	15.3	18.1	33.0

编号	CU 测试结果（有效应力法）							
	天然状态				饱和状态			
	c' (kPa)	φ' (°)	重度 (kN/m³)	含水量 (%)	c' (kPa)	φ' (°)	重度 (kN/m³)	含水量 (%)
3	13.51	25.2	14.11	4.5	15.26	14.3	18.1	33.0
4	13.74	24.9	14.70	4.6	11.02	15.0	18.1	33.0
5	18.31	26.7	14.01	4.0	12.86	13.2	18.1	33.0
6	15.07	25.6	14.21	4.7	12.86	14.5	18.1	33.0
7	15.63	25.4	14.01	4.5	13.99	14.4	18.1	33.0
8	16.51	26.7	14.11	7.1	9.80	12.5	18.1	33.0
9	10.67	24.2	14.11	4.5	10.12	15.5	18.1	33.0
10	17.74	26.1	13.92	3.1	11.12	13.9	18.1	33.0
11	17.68	26.9	14.31	5.5	10.23	16.3	18.1	33.0
12	14.12	26.7	14.01	5.4	12.02	17.5	18.1	33.0
13	13.74	23.9	13.52	5.0	11.23	17.5	18.1	33.0
14	17.78	25.4	13.52	5.2	10.10	12.0	18.1	33.0
15	18.53	22.8	13.33	6.4	13.26	13.0	18.1	33.0
16	16.52	23.6	13.33	7.2	16.23	14.8	18.1	33.0
17	15.42	23.7	13.52	7.1	14.23	10.0	18.1	33.0
18	17.63	23.5	13.72	4.9	12.25	11.8	18.1	33.0
平均值	16.00	25.0	13.93	5.1	12.74	14.4	18.1	33.0
标准差	2.18	1.33	0.37	1.1	2.26	2.07	0	0.0

结合前述地下水位现状及地下水动力场演化过程与发展趋势，分别设定 1667.2m、1672.2m、1677.2m、1678.2m、1679.2m、1680.2m、1681.2m、1682.2m、1687.2m 和 1692.2m 共 10 个地下水位高程进行分析，其中，1667.2m 对应灌溉前黄土层完全无地下水、1679.2m 对应反演 1980 年时地下水位、1687.2m 为现状地下水位。黄土层底部与粉质黏土层接触面处为泉水出露点。根据水文地质无入渗均质潜水含水层地下水向河渠二维稳定流公式计算获取地下水位面。对每个地下水位工况采用四种极限平衡分析法，进行抽样 10000 次的 Monte-Carlo 失稳概率分析。

由结算结果可知（表 8.4），四种算法所得安全系数和失稳概率略有差异。为此，选用滑裂面形状、静力平衡等方面均不做任何假定的 Morgenstern-Price 法作为对比依据，该法也是国际上最为通行的极限平衡条分法。以表 8.5 中边坡失稳概率分级方案为准，可见在 20 世纪 80 年代初之前的黄土层地下水位工况下，焦家崖头斜坡的失稳概率均处于可接受的稳定范围，尤其是当黄土层没有地下水，也就是理想情况下的未灌溉时期，斜坡失稳概率为零；当黄土层地下水上升至 1980 年的水位 1979.2m 时，斜坡失稳概率达到 12.225%，处于低危险时期；现在斜坡失稳概率已增至 87.23%，属于高危险；若地下水位再上升5m达到1692.2m，则斜坡失稳概率达到99.47%，属于必然破坏区段。根据黑方台地区地质灾害防治工程效果调查，采取切坡治理措施后JH13号滑坡变形迹象仍然显著，已发生两处局部滑坡，滑坡后缘拉张裂缝贯通（照片8.1、照片8.2、照片8.3），表明治理工程不能结合滑坡诱因有效疏排地下水就不能降低滑坡风险。建议以1980年水位1678.2m为临界值，采取疏排水措施将目前的地下水位降低至少9m，即由1687.2m降低至1678.2m，斜坡失稳概率才能降至可接受的稳定状态。

表8.4　焦家崖头斜坡失稳概率分析

地下水位	饱和层厚度	算法	安全系数	失稳概率/%
1667.2	0	Ordinary	1.2215	0.03
		Bishop	1.37	0
		Janbu	1.2178	0.03
		Morgenstern-Price	1.2692	0
1672.2	5	Ordinary	1.1439	0.28
		Bishop	1.2636	0
		Janbu	1.1334	0.52
		Morgenstern-Price	1.1836	0.05
1677.2	10	Ordinary	1.0267	26.64
		Bishop	1.1421	0.15
		Janbu	1.0273	26.9
		Morgenstern-Price	1.0858	2.55
1678.2	11	Ordinary	1.0129	38.65
		Bishop	1.1317	0.36
		Janbu	1.0166	35.85
		Morgenstern-Price	1.077	4.15
1679.2	12	Ordinary	0.994845	55.205
		Bishop	1.11005	1.485
		Janbu	0.99831	52.115
		Morgenstern-Price	1.0547	12.225
1680.2	13	Ordinary	0.98459	64.55
		Bishop	1.0951	2.44
		Janbu	0.98752	61.76
		Morgenstern-Price	1.0416	18.4
1681.2	14	Ordinary	0.9732	74.06
		Bishop	1.0802	4.09
		Janbu	0.97328	73.36
		Morgenstern-Price	1.0278	26.72

续表

地下水位	饱和层厚度	算法	安全系数	失稳概率/%
1682.2	15	Ordinary	0.96738	80.47
		Bishop	1.0696	4.51
		Janbu	0.96607	80.64
		Morgenstern-Price	1.0197	31.12
1687.2	20	Ordinary	0.89238	99.11
		Bishop	0.98761	59.9
		Janbu	0.89364	98.88
		Morgenstern-Price	0.9462	87.23
1692.2	25	Ordinary	0.82617	99.97
		Bishop	0.91075	95.41
		Janbu	0.82739	99.97
		Morgenstern-Price	0.87345	99.47

照片 8.1　JH13 号滑坡西侧前缘滑动及贯通拉张裂缝

照片 8.2　JH13 滑坡东侧前缘滑塌

照片 8.3　JH13 滑坡切坡平台地下水浸润

表 8.5　斜坡失稳概率等级

稳定性评价	必然破坏	高危险	中等危险	低危险	稳定
破坏概率	≥90	60 ~ 90	30 ~ 60	5 ~ 30	≤5
稳定等级	1	2	3	4	5

大水漫灌导致地下水位上升是黑方台地区滑坡的主要诱因，但不是唯一因素。例如，在研究区及其周边类似的黄土台塬区调查后发现，喷灌、滴灌、降雨、人工切坡均引发了滑坡，只是数量和频率远不及黑方台灌溉型黄土滑坡。因此，基于可靠度的临界地下水位分析也只是针对大水灌溉导致地下水位上升这一类主要诱因，不涉及研究区其他因素诱发的滑坡风险控制措施讨论。

2. 疏排地下水措施

1) 混合井疏排水

考虑到现有灌溉量大幅减少难以满足作物的生长需求，而作物结构、节水灌溉模式的调整尚需一定的时间；另外，灌溉量减少与地下水位趋势彻底扭转两者之间也存在一定的时间差与过渡期，难以满足现阶段滑坡灾害风险控制的需要。因此，在开展灌溉量调控的同时，有必要综合采取有效的疏排水措施实现现阶段的地下水位控制。

黑方台特定的地形地貌、地质结构使得灌溉水入渗至相对隔水的粉质黏土层之上受到阻隔，而在黄土层中形成一层潜水含水层，因潜水含水层的存在且其厚度的不断增大在很大程度上影响了台塬斜坡的稳定性，而在粉质黏土层之下的砂卵石层中则赋存着一层层间无压水。根据区内钻孔抽水实验可知，黄土层的渗透能力较差，渗透系数 K 为 2.32×10^{-2} m/d，而砂卵石层的渗透性较强，渗透系数 K 为 11.8 m/d，导水和排水性能较好。两者之间渗透性能数量级的差异为混合排水孔的实施提供了良好的条件。

通过在台塬周边靠近滑坡后缘一定范围内合理设计一系列揭穿相对隔水的粉质黏土层的混合孔（图 8.3），利用黄土及砂卵石两个含水层间的天然水头差，将上部黄土层中的地下水通过混合孔直接疏排至下伏砂卵石层，进而在台塬缘边排出斜坡体外，降低与滑坡发生密切相关的黄土层中的地下水位或滑坡体内部的地下水位，从而实现增加斜坡稳定性及滑坡风险控制的目的。

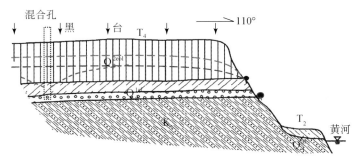

图 8.3　混合孔疏排水示意图

　　根据区内地层结构及水文地质条件进行混合排水孔设计（图 8.4），疏排水孔应深入白垩系砂泥岩顶面微风化带不少于 5m，为潜水完整井，混合排水孔群的平面布置宜交错排列，各孔之间互相影响半径重叠产生干扰影响而达到迅速排水目的。

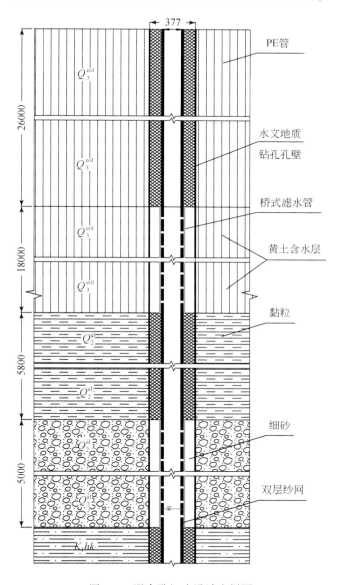

图 8.4　混合孔初步设计大样图

　　以 JH13 号滑坡为例，在距离滑坡后缘 100m 处的塬边垂直于地下水流向布置混合疏排水孔。应用建立的渗流–应力耦合模型，计算不同布井方式下地下水位的变化情况，及其对应的台塬斜坡稳定性（表 8.6），从而确定合理的井间距及布井数量。计算结果表明，通过混合孔的实施，能够实现有效疏排黄土含水层地下水并降低地下水位的目的。而地下水位降幅的多少则取决于布设的混合孔的间距和数量，井间距越小、井孔数量越多，排水效果越好，对应的斜坡稳定性越高（图8.5）。通过数值模拟和混合孔疏排水效果动态监测，本着"技术可行、经济合理"的原则，建议在JH13号滑坡后缘选择井距40m的布井方案，9眼混合孔即可实现地下水年降幅2.8m，对应的斜坡体安全系数为1.16，满足提高斜坡稳定性的目标。

表8.6　不同布井方式下单体斜坡水位降幅及安全系数

井距/m	30	35	40	45	50	65	80	110	165
布井数量/口	12	10	9	8	7	6	5	4	3
斜坡中段水位年降幅/m	3.8	3.3	2.8	2.4	1.9	1.4	1.1	0.9	0.4
安全系数	1.31	1.23	1.16	1.11	1.04	0.97	0.92	0.89	0.83

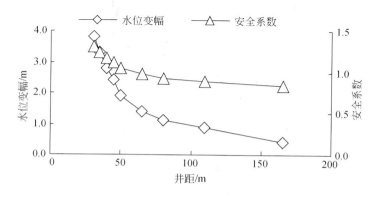

图8.5　不同布井方式下的地下水位变幅及斜坡稳定性

与混合疏排水相似，也可以相同井距在滑坡后缘距源边100m处布置排水砂井（图8.6）。对比分析混合排水孔与砂井两者的疏排水效果，选取排水效果更好、更为经济的排水措施，达到提高台缘周边黄土斜坡稳定性的目的。

2）斜坡微型虹吸排水系统

除斜坡体内较高的地下水位会导致斜坡失稳外，在斜坡前缘的地下水渗出点处，通常也会由于地下水排泄不畅导致坡脚处过水浸润面持续升高而产生较大的水力坡度，影响斜坡的整体稳定性。因此，除在斜坡后缘采取竖向混合井疏排水降低斜坡体内地下水位外，还应在坡体前缘采取必要的水平排水措施，疏通地下水溢出点处排泄通道，增大地下水排泄量。而斜坡前缘溢出点处的黄土通常因含水量较高而呈现淤泥状，一般的排水方案排水效果欠佳，且施工困难。借鉴浙江大学尚岳全教授在我国东部斜坡排水工程经验，结合黄土渗透系数随含水量的变化规律及其各向异性的特点，开展了黑方台灌区黄土斜坡虹吸排水技术方法研究和现场排水试验，实现地下水的疏排，降低地下水位。

a. 斜坡虹吸排水原理与技术方法

虹吸排水原理：将虹吸排水管通过倾斜孔插入斜坡的深部，从斜孔的孔底引出虹吸排水管到坡面一定位置，使虹吸排水管的出水口高程低于斜坡地下水位控制高程，形成具有虹吸势的水头差。当坡体内部水位上升时，通过虹吸管实时排水（图8.7）。

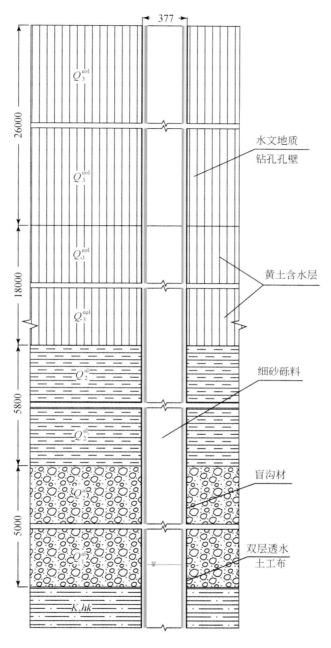

图 8.6　排水砂井结构示意图

技术方法与技术要求：利用向下倾斜的钻孔进入坡体深部，通过调节倾斜钻孔的倾角及深度，虹吸排水可实现的降深与孔口高差约 10m。考虑到干旱季节，虹吸管中会出现一定长度的气泡积累，重新启动虹吸时，孔内水位需要上升到一定的高度才能克服气泡的影响，需要的上升余量一般小于 3m。因此，从斜坡安全考虑，将与孔口高差 6m 作为斜坡的控制地下水位。为保证虹吸管中始终有水，要求当孔口与孔底相对高差大于 11m 时，保持

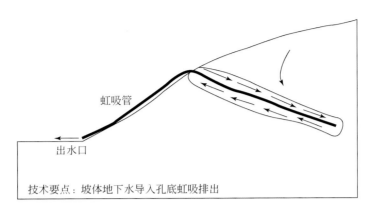

图 8.7　虹吸排水示意图

虹吸排水的出水口与孔口高差大于 11m；当孔口与孔底相对高差小于 11m 时，虹吸排水的出水口应设置平衡储水管，其出水口的高程高于钻孔底部高程、管底高程低于钻孔的底部高程。

　　b. 钻孔施工与透水管安装

　　钻孔施工控制要求为：①采用斜孔钻机成孔；②必须跟管钻进；③钻孔直径大于90mm；④钻孔深度不得小于 30m；⑤开孔倾角采用 20°，钻孔施工必须确保钻孔倾角的有效控制，开孔倾角误差不得超过 1°；⑥钻孔水平间距误差不得超过 0.3m；⑦确保孔底与孔口高差 12m±1m；⑧钻孔过程中应做好钻进情况记录；⑨钻孔完成后应进行终孔倾角测量并记录。

　　成孔后，拔出套管前，立即安装带孔底储水管的透水管（图 8.8）。孔底储水管采用长度为 800mm，内径为 50mm 底部密封、顶部开口的 HDPE 管。透水管采用外径 50mm 的高密度聚乙烯（HDPE）打孔波纹管。波纹管外织土工布，防止泥沙进入透水管内。透水管的一端深入孔底储水管内，透水管与孔底储水管连接处固定。孔口外保留透水管长度大于 1m。

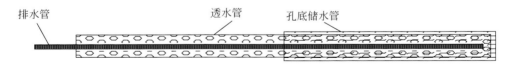

图 8.8　排水管、透水管和孔底储水管构造示意图

　　完成透水管安装后，拔出套管。在拔出套管过程中，注意防止把透水管带出。

　　c. 排水管制作及安装

　　虹吸排水管采用尼龙管（PA 所示管），每个钻孔安装 3 根单独 PA 管，每间隔 2m 绑扎固定，横截面示意图如图 8.9 所示。排水管长度根据实际情况取值，不得连接，确保虹吸管的密封性。为保障虹吸排水管的进水口不被堵塞，各虹吸管在距排水管管端头 5 ~ 8cm 处打两个直径 4 ~6mm 的正交贯穿孔。

　　在透水管中插入虹吸排水管。把 3 根单独 PA 管一起插入透水管，把虹吸排水管送入孔底储水管的底部。

钻孔以外坡面上的虹吸排水管布设。在坡面开挖沟槽，将排水管埋入地表 50cm 以下，将排水管引向集水槽。保持虹吸排水管出水口高程低于钻孔的孔底高程。

d. 引导初始虹吸

将虹吸排水管的出水口连接到高压喷雾器的喷头，利用高压喷雾器的压力把水反向注入钻孔内。当估计清水充满孔底储水管时停止注水。

反向孔内注水停止后，将坡面排水管的注水口（出水口）高度降低，此时通过虹吸作用，孔内的水会流出。

e. 排水流量监测

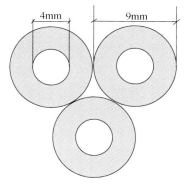

图 8.9　排水管横断面

修建集水槽用于收集虹吸管排出的水，进行排水流量监测，用于评价虹吸排水效果。集水槽修建点由现场施工人员确定。选点原则是集水槽顶面要低于任何一个虹吸排水孔的孔底高程，地表土质坚硬，要方便检视易于保护。流过三角堰的水再进入另一集水槽，通过接有水表的管道流到下游沟谷中，利用三角堰和水位计实时监测排水流量，利用水表读数可随时掌握累计排水流量。

f. 应用示范及排水效果评估

在甘肃省永靖县黑台东侧台缘的焦家崖头滑坡应用见图 8.10。共实施虹吸排水孔 33 个（图 8.11，图中蓝色、红色和空心圈为垂孔，蓝色红色粗线条为斜孔），其中，斜孔 14 个，编号由北向南为 K20～K33，主要用于放置透水管及虹吸管进行排水工作。

图 8.10　示范工程地理位置图

垂直孔 19 个，分为三类：第一类布设于不同削坡平台上，主要用于测量地下水位，50mm 孔径，共 6 个。第二类为地下水流速流向测孔，主要用于测量地下水流速流向，也可用于测量水位，孔径为 75mm，共 3 个。第三类为垂向虹吸孔，主要用于虹吸排水，前

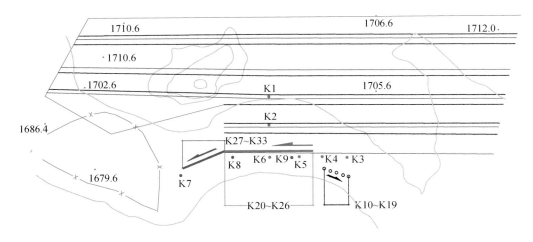

图 8.11　现场钻孔分布平面图

期用于测量水位和地下水流速流向，共 10 个，其中，7 个孔径 50mm，3 个孔径 75mm。工程施工完毕后现场如照片 8.4 和照片 8.5 所示。

照片 8.4　斜孔布置施工图

照片 8.5　垂直孔虹吸管布置方式

　　图 8.12 是垂直孔中的虹吸作用对于孔内水位的影响过程，可以看到，在虹吸作用下，仅用了 100min 左右，就已经将孔内水位降至控制水位线附近，降深约 4.5m。通过对比可以发现，同样是单根虹吸管的虹吸作用，垂直孔内的虹吸效率大于斜孔内的，表明垂直孔内的汇水能力劣于斜孔。斜孔能够接受垂直补给，因而孔内汇水条件较好，而垂直孔内只有水平方向的补给能力。

　　图 8.13 是 K12 中的水位变化情况。孔内有一根虹吸管工作，最后将虹吸管移除，水位逐渐恢复到初始状态。图中的几次水位反复是由于暴露在外的虹吸管受冻结冰所致。可

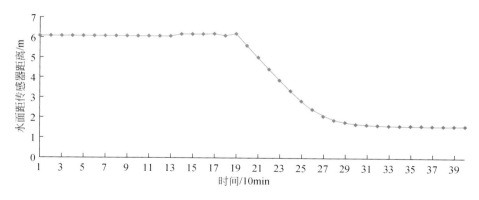

图 8.12　垂直孔 K12 中单根虹吸管虹吸后的水位变化

以看到每次结冰后虹吸终止，水位逐渐恢复，次日中午时分，解冻后虹吸自行恢复，很快将水位降至控制线。水位变化曲线证明了结冻条件下虹吸作用可以自行恢复，无需人工维护。从获得数据上来看，无虹吸作用下，孔内水位恢复时间大约为 38h，恢复水位约 4.52m。

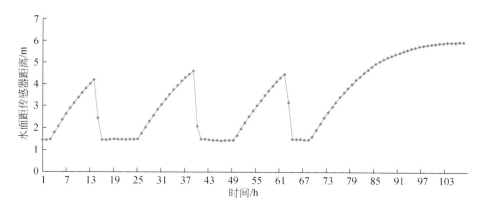

图 8.13　垂直孔 K12 内水位变化图

图 8.14 为 K1 内水位变化曲线，可以看到水位起伏相对比较大，最大差异达到 12cm，整体呈现缓慢下降趋势，表明虹吸作用导致了边坡区地下水位在下降。由于此处更接近后缘且高程较高，因而可能更易受台上灌溉影响，响应比较迅速和敏感。

总体来说，虹吸排水法具有如下优势：可因地制宜，合理而灵活地布置排水井实施虹吸排水；可单独使用，也可和其他工程措施联合使用；施工方法简单、造价低，破坏坡面范围小，维修养护方便。需要注意的是，保证进水口（装有储水管）和出水口（装有三角堰箱）常年都在水中，并选择合理的虹吸管径，合理施工，是保持虹吸作用长期平稳运营的有效措施，才能实现实时排出坡内深层地下水的目的。

3）其他疏排水措施

a. 大口集水井

为有效降低黄土含水层中的地下水位，也可在台塬面上挖掘一系列的大口集水井。因

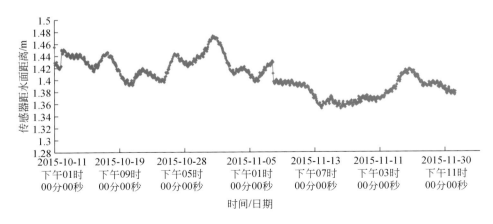

图 8.14　垂直孔 K1 内水位变化曲线图

地下水位之下的黄土因饱水而呈软塑状态，大口集水井直径一般为 4～5m，可采用沉井方式施工。大口井影响范围大，汇水面积大，不易淤堵，出水量大，灌溉季节采取井灌结合，可直接抽取地下水作为灌溉用水，将地下水重复利用，形成良性循环，既可节约提灌的高昂费用，又可减缓地下水位升幅及降低地下水位，防止更大灾害发生，经济效益明显。因饱水流塑状态的淤泥状黄土水平能力差，可在大口井内地下水位之下间隔 5～8m 设置 2～3 排辐射孔集水，每排之间钻孔交错，按间隔 45°～60° 布孔，每排 6～8 孔，孔长 40～50m，为便于辐射孔集水，各孔以 8°～12° 上仰，辐射管材可采用钢质或 PVC 管。

　　b. 集水廊道排水

　　在对黑方台地区的地下水渗流分析中，地下水在滑坡后壁的渗出点处，由于得不到充分排泄，导致渗出面随灌溉量的增大持续壅高，在塬边位置产生较大的水力坡度，直接增大了滑坡体内的水压力，因此，可在滑坡体内壅水点设置集水廊道进行排水。深入滑体内的集水廊道对于降低张裂隙底部或者潜在破坏面附近的水压是很有效的。

　　集水廊道应设置于白垩系基岩之内进行掘进，排水廊道（图 8.15）采用检查井以及廊道内辐射状排水孔的模式向廊道集水，其南北两侧纵向排水坡度均为 1%，排水孔的布置和数量取决于滑坡的工程地质、水文地质、斜坡几何形状及岩土体的透水性能，钻孔倾角应向图上仰 10°～30°，孔径 10～15cm，孔长 20～60m，孔距 10～20m。排水孔成孔后，一般应在孔内放置外壁包有滤网的钢制滤水管，或软质、硬质塑料滤水管，以延长排水孔的使用时间。此外，也可以采用从地面钻孔至廊道并下入渗水管的方式向廊道内集水。

　　为了让集水廊道中排出的水不再进入斜坡内部，应使其汇集于集水沟排走，以免继续影响边坡排水。排水措施不在于排出的水量多少，而在于降低压强的大小，在黄土中虽排出的水量有限，却能大幅度地降低水位。经验表明地下水位每降低 0.3m，边坡的安全系数可以提高 1%。

　　集水廊道虽排水效果好，但前期工程投入较大，后期维护成本较高。

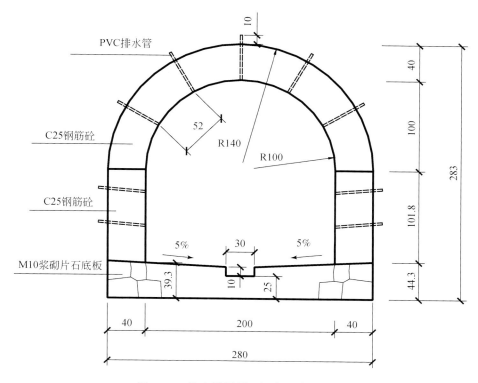

图 8.15　排水隧洞断面初步设计大样图

8.1.3　滑坡风险控制辅助措施

滑坡风险减缓综合整治措施包括预防和工程整治两个方面，防治工作应本着"安全第一、以防为主、防治结合、及时治理、分期实施"的原则，结合滑坡诱发因素、发育特征及风险程度，采取如下防治措施：首先，查清可能导致斜坡稳定性下降的孕灾条件及主要诱发因素，事先采取必要的措施消除或者改变这些因素；其次，针对已出现变形破坏滑坡的具体状况，及时采取必要的增强坡体稳定的措施；最后，结合承灾体易损性及危害性的风险评估制订遵循经济合理的原则制定切实可行的综合防治方案。具体到黑方台地区而言，由于黑方台众多滑坡左右互联成群，稳定程度多较差，且具频发性，加之滑坡威胁区内居民点较少，仅有少数村庄，从经济角度考虑，对全部滑坡进行根治尚不现实，故此，在当前社会发展阶段，应本着"防治结合、以防为主"的原则，从诱发滑坡的主要因素入手，以水为主线，通过灌溉量控制、改良灌溉模式、灌渠防渗等灌溉控制措施减少灌溉水入渗，达到减少地下水有效补给量；采取大口集水井、混合孔、平孔或集水廊道等多种形式疏排与滑坡形成攸关的黄土含水层地下水；同时，辅以搬迁避让和其他必要的生物及简易工程措施。通过上述综合整治，实现区域地下水均衡场由正向负的转换，进而消除地下水对滑坡的影响，达到滑坡稳定的风险减缓与控制目标。

在整个台塬进行灌溉模式调整、灌溉量控制的同时，根据区内地质灾害的孕灾条件、主要诱发因素、滑坡发育特征及成灾模式等，将地质灾害综合整治区划分为四段，分别为焦家村向西至扶河桥头段、焦家崖头段、焦家崖头以西至方台段及磨石沟段，针对各段特点分段开展滑坡风险控制。

焦家村向西至焦家崖头段以黄土滑坡为主，滑坡多沿黄土层与粉质黏土层接触的饱和黄土层剪出，滑坡一旦发生将危及下方公路及塬上的农田。针对这些特点，应综合采取斜坡后缘竖向混合井排水、斜坡前缘水平向渗滤板排水的综合措施。同时，为避免所排地下水对滑坡堆积物的冲刷而引发黄土泥流，还应在坡脚处设置截水盲沟收集和疏导所排地下水。该段滑坡均表现为高速远程滑坡，宜在 G309 国道内侧公路内侧布置 2km 钢筋混凝土扶壁式挡土墙（图 8.16），扶壁式挡墙墙趾位置处设置排水沟，每隔 15m 设置宽 2cm 的伸缩缝，并在墙后设置一道垂直于挡墙的排水盲沟（图 8.17）。

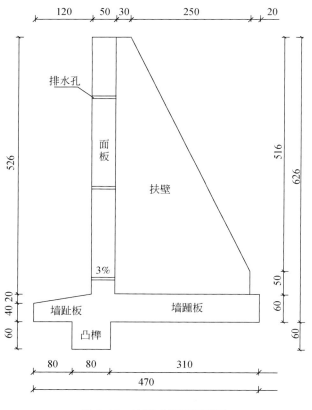

图 8.16　扶壁式挡墙断面图

对焦家崖头段的高位黄土滑坡集中段，滑坡每次临灾均危及坡脚公路和黄河八盘峡库区，造成重大人身伤亡。对此，除采取混合孔竖向排水、集水廊道排水措施外，还应对此区段内坡度较陡、危险性较高的斜坡采取削坡减载措施，提高斜坡稳定性。此外，焦家崖头段受地形条件限制，崖根部位通过的公路无从改线或绕避，为保护滑坡下通过的公路上的行车行人安全，建议采用棚洞对公路进行防护，棚洞长 0.67km，棚洞衬砌及仰拱采用 C25 钢筋混凝土，其上采用 C10 片石回填。

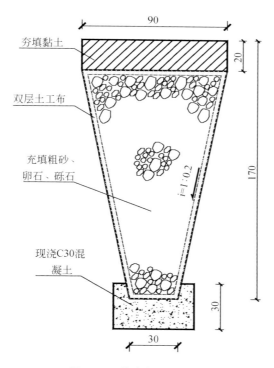

图 8.17　排水盲沟断面图

　　焦家崖头以西至方台段内以黄土–基岩滑坡为主，滑坡规模大，运动过程复杂，现今稳定性差，特别是区内的党川不稳定斜坡区，近年来的活动性呈现增加的趋势，在此区段内除应进行地下水位控制外，还有必要针对危险性较大的斜坡区段采取必要的工程支护，建议在黄茨、加油站和水管所等滑坡前缘采用抗滑桩进行支挡。

　　对于磨石沟段，以黄土滑坡为主，滑坡威胁对象较小，仅为部分农田，可适当采取竖向及水平向疏排地下水的措施。

　　在综合采取以上风险控制措施的基础上，还适当调整需水量较大的经济作物的种植，严格在距离台缘 100m 范围内限制耕种及灌溉活动，并种植苜蓿、紫穗槐等耐寒固坡植被，以减少对边坡的扰动。对于采取相关风险控制措施后，台塬下方仍受到滑坡威胁的群众，还应适当采取搬迁避让等措施。

8.2　灌溉诱发型滑坡灾害监测预警

　　黑方台地区黄土滑坡灾害灌溉及冻融双重诱发因素典型，滑坡形成时代新，发生频次高，发育密度高，且每年都有新的灾害发生，平均每年达 3～5 次，被形象地称为"现代黄土滑坡灾害天然博物馆"。同时，因台缘周边斜坡体变形迹象明显，为开展监测预警提供了良好的条件，2011 年首批获批国土资源部野外科学观测基地。本着"主动防灾减灾，造福库区移民"的宗旨,初步构建并逐步完善黑方台滑坡灾害监测预警体系,为黑方台地区滑坡灾害综合整治提供地学依据和技术支撑,同时提升黄土滑坡机理研究的科学认知水平。

8.2.1　监测预警总体目标

通过滑坡的主要诱发因素与典型滑坡变形动态监测,深化灌溉和冻融诱发型黄土滑坡形成机理研究,开展疏排水效果动态监测和滑坡综合整治效果监测,集成基于地下水位控制为主的滑坡风险管理对策,为灌溉和冻融诱发型黄土滑坡灾害防治提供技术支撑。

具体的监测预警体系框架如图 8.18 所示。

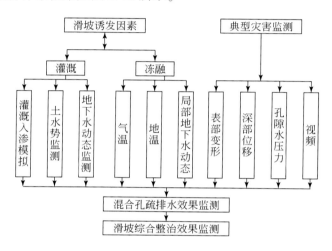

图 8.18　黑方台地区监测预警体系总体框架图

8.2.2　监测预警体系建设

1. 监测预警体系现状

截至目前,基本建成国土资源部黄土崩滑灾害野外科学观测基地 1 处,占地面积约 1.2 亩,基地办公及生活建筑面积为 440m²。初步建立了专业监测预警体系,监测内容涵盖了地下水灌溉响应、季节性冻融作用等黑方台地区滑坡的主要诱发因素,典型滑坡变形及运动过程监测,疏排水效果动态监测等监测项目,所有监测项目均采用数据自动采集并远程无线传输,主要如下。

(1) 黑台共有地下水动态监测 14 孔 (图 8.19),包括黄土含水系统 6 孔、砂砾石含水系统 5 孔,混合孔 3 孔,其中,包括焦家 JH9#、JH13#、黄茨 HC2#等典型滑坡区地下水动态监测 5 孔。

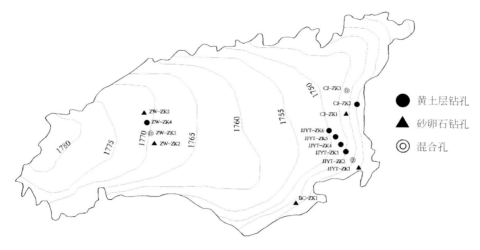

图 8.19　黑方台地区地下水动态监测网分布图

（2）冻结滞水效应监测剖面 1 条，包括不同深度处地温-土体含水量监测断面 1 处，孔隙水压力监测 1 处，黄土层地下水动态监测 3 孔。

（3）焦家 JH6#、JH8#、JH9#、JH13# 四处变形迹象明显的滑坡安装表部变形监测装置 5 套，JH6#、JH9#、JH13# 滑坡变形视频监测 3 处，所有监测装置基本实现数据实时采集及远程自动传输。

（4）焦家崖头 JH13# 滑坡后缘建立混合孔疏排水效果动态监测剖面 1 条（图 8.20 和照片 8.6），包括混合疏排水孔 1 孔、黄土含水系统孔 4 孔，距离混合疏排水孔分别为 5m、15m、30m、50m，以确定疏排水影响范围，优化疏排水部署方案，同时在砂砾石含水系统设置 1 眼监测孔，监测上部黄土层地下水疏排至砂砾石含水系统后引起的地下水位上升情况，分析砂砾石层排水效果。

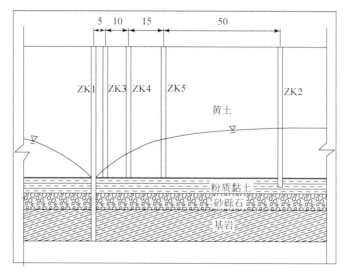

图 8.20　混合孔疏排水效果监测示意图

（5）包气带水分运移（监测参数：含水量、温度及电导率）及土水势监测断面各1处。

（6）自动气象监测站1套。

（7）整个台缘周边滑坡高发区三维激光扫描动态监测两次。

2. 监测预警实例

为发挥国土资源部野外科学观测基地的地质灾害监测预警专业优势，服务国土资源管理，西安地质调查中心专程上门为永靖县国土资源局安装地质灾害监测数据接收终端，实现监测数据同步实时接收，并结合滑坡机理研究为防灾减灾提供技术支撑。2015年1月29日晚19：40，黑方台陈家村东南JH9滑坡再次发生滑动（照片8.7、图8.21、图8.22），滑坡体平均长55m，宽171m，厚35m，体积约$10.5 \times 10^4 m^3$，滑动距离约320m。西安地质调查中心结合滑坡机理研究，根据滑坡变形实时监测数据，于滑坡发生前10d发出了短期预报（图8.23），并提前5h向永靖县国土资源局发布了临滑预警（图8.24）。由于预警及时有效，成功地避免了人身伤亡。

照片8.6　混合孔疏排水效果监测孔

照片8.7　2015年1月29日JH9滑坡全貌

图8.21　2015年1月29日JH9滑坡无人机三维激光扫描全景图（据许强）

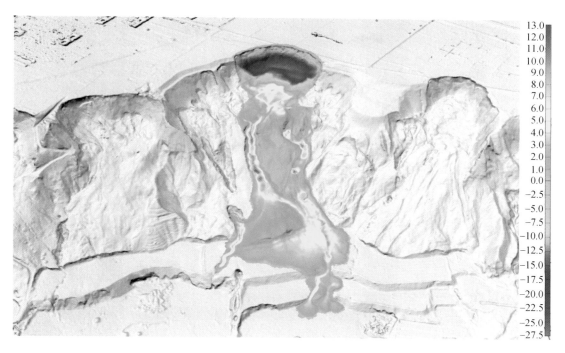

图 8.22　2015 年 1 月 29 日 JH9 滑坡与滑前不同部位堆积厚度对比图（据许强）

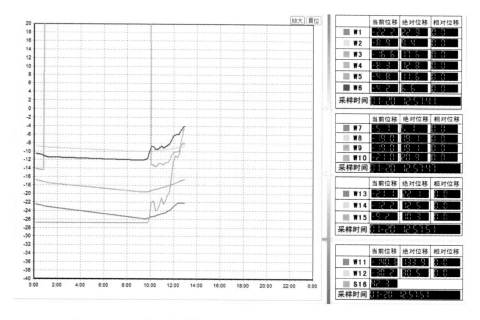

图 8.23　JH9 滑坡滑动前 10d 短期预警数据（2015 年 1 月 20 日）

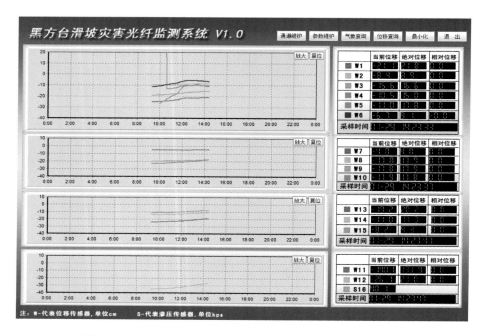

图 8.24　JH9 滑坡 2015 年 1 月 29 日滑动前 5h 临滑预警数据

8.2.3　监测预警体系规划

1. 专业监测预警体系建设规划

地质灾害专业监测预警系统的主要目的是：全面了解和掌握滑坡的演变过程，及时捕捉滑坡灾变从量变到质变的特征信息，为滑坡灾害的正确评价分析、机理认知、预测预报及治理整治等提供科学依据。

黑方台地区滑坡专业监测预警体系建设规划的总体指导思想如下。

（1）针对黑方台地区特定的滑坡孕灾地质环境条件和主要诱发因素，建立健全涵盖灌溉和冻融等滑坡主要诱发因素→坡体应力→典型滑坡变形→运动过程→疏排水效果动态监测→基于地下水位控制为主的滑坡综合整治效果动态监测的监测预警体系。

（2）鉴于滑坡变形破坏过程的不确定性，宜采用多手段监测，形成点、线、面、表部与内部相结合的立体监测体系，使其互为补充，互相验证。

（3）在常规监测的基础上，优化无线自动遥测的技术，建立静态和动态监测相结合的监测预警网络，分别服务于滑坡灾害的长期、中期预测和短期预警。

2014～2015 年，结合国土资源部已经批准的永靖黑方台黄土滑坡野外科学观测基地，以滑坡诱发因素监测与典型地质灾害监测为两条主线，维持现有区域–滑坡区地下水动态、冻结滞水效应监测、滑坡变形监测手段基础上，逐步增加监测设备和手段，完善灌溉、冻融等滑坡诱发因素观测体系，建立滑坡表部变形、视频、三维激光扫描、孔隙水压力、气温、地温、降水等综合监测体系，尽快确定滑坡灾害预警判据，尽早实现监测预警。针对即将开展的甘肃永靖黄河三峡库区地质灾害综合整治工程，完善疏排水效果动态监测，开展基于地下水位控制的滑坡防治效果动态监测，总结滑坡综合整治工程经验得失、费效比，为黄土高原灌溉渗透诱发型黄土滑坡灾害防治提供示范和借鉴。

2016～2020 年，健全地质灾害监测预警技术方法，逐步引进布里渊散射时域光纤监测技术（BOTDR）、土压力、倾斜、非饱和带吸应力、冻融交替条件下地温场和水分迁移、高精度 GPS、InSAR 等国际先进滑坡变形监测技术方法，优化集成涵盖降水和冻融等诱发因素–斜坡体应力–滑坡变形的地质灾害综合监测预警关键技术，建成基于物联网技术的远程自动实时监测与会商系统，尽快实现灌溉诱发型黄土滑坡的预测预报。

2. 群测群防体系建设

首先，建议当地政府及有关部门尽快建立群测群防体系，因黑方台缘滑坡密集发育区长达 10 余千米，仅靠典型滑坡的专业监测难以起到监测预警的目的，故应由当地政府和有关部门尽快健全地质灾害群测群防体系。群测群防重点应放在变形严重且滑坡发生频率较高的黄茨—焦家之间的黑台南缘和方台南缘，一旦发现滑坡后缘裂缝突然张开、滑坡内部异常声响、变形加剧、泉水流量突然增大变浑等现象时，应及时预警并疏散受威胁群众撤离危险区，道路设置明显标志警示牌。

其次，在群专结合的监测预警体系尚未完善之前，配合当地政府开展群测员相关知识和监测方法的培训，开展防灾减灾知识科普宣传，包括滑坡前兆、临灾自救的基本知识，增强广大群众的防灾意识，尽量避免人员伤亡和重大财产损失。

最后，建议当地政府结合小城镇及新农村建设规划，分期分批对地质灾害威胁区内的群众进行搬迁。

参 考 文 献

毕贵权，张侠，李国玉，等．2010．冻融循环对黄土物理力学性质影响的试验．兰州理工大学学报，36（2）：114-117.

毕俊擘，张茂省，朱立峰，等．2013．基于多元统计的甘肃永靖黑方台滑坡强度预测模型．地质通报，32（6）：943-948.

毕俊擘．2011．灌溉渗透诱发型黄土滑坡风险分析与控制．西安：长安大学硕士学位论文．

曹小平，严松宏，李保雄．2010．兰州地区 Q_3 黄土的力学特性．兰州交通大学学报，29（03）：22-24.

陈春利，邢鲜丽，李萍，等．2011．甘肃黑方台黄土边坡稳定性的可靠度分析．工程地质学报，19（04）：550-554.

陈瑾，韩庆宪．1999．永靖黑方台灌区台面沉陷灾害，水土流失及防治．中国水土保持，4：15-17.

陈正汉，刘祖典．1986．黄土的湿陷变形机理．岩土工程学报，8（2）：1-12.

程秀娟，张茂省，朱立峰，等．2013．季节性冻融作用及其对斜坡土体强度的影响．地质通报，32（6）：904-909.

地矿部兰州水文地质工程地质中心．1999．永靖县盐锅峡镇焦家村后山（黑方台）山体滑坡灾情紧急报告．

董书宁，李保雄．2000．黄土滑坡的空间预报．煤田地质与勘探，28（06）：46-47.

董晓宏，张爱军，连江波，等．2010．反复冻融下黄土抗剪强度劣化的试验研究．冰川冻土，32（4）：767-772.

董英，贾俊，张茂省，等．2013．甘肃永靖黑方台地区灌溉诱发作用与黄土滑坡响应．地质通报，32（6）：893-898.

董英，孙萍萍，张茂省，等．2013．诱发滑坡的地下水流系统响应历史与趋势．地质通报，32（6）：868-874.

E. II. 叶米里扬诺娃．1986．滑坡作用的基本规律．西安：铁道部科学研究院西北所滑坡室译．重庆：重庆出版社．

甘肃省地质环境监测院．2001．甘肃省永靖县盐锅峡黑方台滑坡灾害勘查．

甘肃省地质环境监测院．2008．甘肃省兰州市区地质灾害详细调查报告．

甘肃省地质矿产局．1992．1：5万盐锅峡幅地质图说明书（J-48-135-D）．

甘肃省科学院地质自然灾害防治研究所．1997．永靖县盐锅峡焦家崖头滑坡险段应急救灾工程勘测设计报告．

高国瑞．1980．黄土显微结构分类与湿陷性．中国科学，12：1203-1208.

郭希哲，楚占昌，柳源．1990．我国地质灾害评估和防治对策建议．地质灾害与防治，1（1）：3-7.

胡瑞林，官国琳，李向全，等．1999．黄土湿陷性的微结构效应．工程地质学报，7（2）：161-167.

胡炜，张茂省，朱立峰，等．2012．黑方台灌溉渗透型黄土滑坡的运动学模拟研究．工程地质学报，20（2）：183-188.

胡炜，张茂省，朱立峰，等．2013．黄河三峡库区滑坡诱发的涌浪预测方法．地质通报，32（6）：

861-867.

胡炜，朱立峰，孙萍萍，等．2013．甘肃永靖黑方台地区滑坡形成的黄土时效特性．地质通报，32（6）：910-918．

胡炜，朱立峰，张茂省，等．2013．灌溉引起的黄土工程性质变化．地质通报，32（6）：875-880．

黄润秋，许强．2008．中国典型灾难性滑坡．北京：科学出版社．

黄志全，吴林峰，王安明，等．2008．基于原位剪切试验的膨胀土边坡稳定性研究．岩土力学，29（7）：1764-1768．

贾俊，朱立峰，胡炜．2013．甘肃黑方台地区灌溉型黄土滑坡形成机理与运动学特征．地质通报，32（12）：1968-1975．

金艳丽，戴福初．2007．灌溉水诱发黄土滑坡机理研究．岩土工程学报，29（10）：1493-1499．

孔令辉．2008．永靖县黑方台滑坡灾害治理措施选择．甘肃科技，24（1）：110-113．

雷祥义．1987．中国黄土的孔隙类型与湿陷性．中国科学（B辑），12：1309-1316．

雷祥义．1987．中国黄土的孔隙类型与湿陷性．中国科学，12：1309-1316．

雷祥义．1995．陕西泾阳南塬黄土滑坡灾害与引水灌溉的关系．工程地质学报，3（1）：56-64．

雷祥义．2001．黄土高原地质灾害与人类活动．北京：地质出版社．

李保雄，牛永红，苗天德．2006．兰州马兰黄土的水敏性特征．岩土工程学报，29（02）：294-298．

李保雄，王得楷．1998．黄土滑坡空间预报的一种新理论．甘肃科学学报，10（03）：57-58．

李海军，张川，张卫雄，等．2003．甘肃永靖县黑方台滑坡特征和焦家崖头应急削坡治理方案．甘肃科学学报，F08：110-113．

李克纲，许江，李树春．2005．三峡库区岩体天然结构面抗剪性能试验研究．岩土力学，26（07）：1063-1067．

李佩成，刘俊民，魏晓妹，等．1999．黄土原灌区三水转化机理及调控研究．西安：陕西科学技术出版社．

李瑞平，史海滨，赤江刚夫，等．2007．冻融期气温与土壤水盐运移特征研究．农业工程学报，23（04）：70-74．

李同录，龙建辉，李新生．2007．黄土滑坡发育类型及其空间预测方法．工程地质学报，15（04）：500-505．

李喜荣．1991．关于黄土包气带水分运移参数计算问题．西安地质学院学报，13（1）：61-68．

李晓，廖秋林，赫建明，等．2007．土石混合体力学特性的原位试验研究．岩石力学与工程学报，26（12）：2377-2384．

李云峰．1991．洛川黄土地层渗透性与孔隙性的关系．西安地质学院学报，13（2）：60-64．

李兆平，张弥．2001．考虑降雨入渗影响的非饱和土边坡瞬态安全系数研究．土木工程学报，34（5）：57-61

刘祖典，邢义川．1997．非饱和粉质击实土的强度特性．西北水资源与水工程，8（04）：8-16．

刘祖典．1997．黄土力学与工程．西安：陕西科技出版社．

罗宇生．1998．湿陷性黄土地基评价．岩土工程学报，20（4）：87-91．

马建全．2012．黑方台灌区台缘黄土滑坡稳定性研究．长春：吉林大学博士学位论文．

彭满华，刘东燕．2000．受污染土体滑坡破坏的微观机理初探．地下空间，20（3）：259-263．

秦耀东，任理，王济．2000．土壤中大孔隙流研究进展与现状．水科学进展，11（2）：203-207．

森胁·宽．1989．滑坡滑距的地貌预测．铁路地质与路基，（3）：42-47．

沈忠言，王家澄，彭万巍，等．1996．单轴受拉时冻土结构变化及其机理初析．冰川冻土，35（03）：72-77．

宋春霞，齐吉琳，刘本银．2008．冻融作用对兰州黄土力学性质的影响．岩土力学，29（4）：1077-1080．

宋登艳 . 2011. 灌溉诱发型黄土滑坡离心模型实验和数值分析 . 西安：长安大学硕士学位论文 .

孙萍萍，张茂省，董英，等 . 2013. 甘肃永靖黑方台灌区潜水渗流场与斜坡稳定性耦合分析 . 地质通报，32（6）：887-892.

孙萍萍，张茂省，董英，等 . 2013. 灌溉诱发型滑坡风险控制关键技术 . 地质通报，32（6）：899-903.

孙萍萍，张茂省，朱立峰，等 . 2013. 黄土湿陷典型案例及相关问题 . 地质通报，32（6）：847-851.

汤连生 . 2003. 黄土湿陷性的微结构不平衡吸力成因论 . 工程地质学报，11（1）：30-35.

铁道部科学研究院西北分院 . 1995. 黄茨大型滑坡的监测预报 .

铁道部科学研究院西北分院 . 1997. 甘肃省盐锅峡扶河桥头滑坡整治工程方案设计 .

王大雁，马巍，常小晓，等 . 2005. 冻融循环作用对青藏黏土物理力学性质的影响 . 岩石力学与工程学报，24（23）：4313-4319.

王恭先，李天池 . 1989. 中国滑坡研究的回顾与展望 // 《滑坡论文选集》编辑委员会 . 1987 年全国滑坡学术讨论会滑坡论文选集 . 成都：四川科学技术出版社 .

王家鼎，刘悦 . 1999. 高速黄土滑坡蠕、滑动液化机理的进一步研究 . 西北大学学报，29（1）：79-82.

王家鼎，张倬元 . 1999. 地震诱发高速黄土滑坡的机理研究 . 岩土工程学报，21（06）：670-674.

王家鼎 . 1992. 高速黄土滑坡的一种机理——饱和黄土蠕动液化 . 地质论评，38（6）：532-539.

王家鼎 . 2001. 灌溉诱发高速黄土滑坡的运动机理 . 工程地质学报，9（3）：241-246.

王兰民，刘红玫 . 2000. 饱和黄土液化机理与特性的试验研究 . 岩土工程学报，22（1）：89-94.

王念秦，罗东海 . 2010. 黄土斜（边）坡表层冻结效应及其稳定响应 . 工程地质学报，18（05）：760-765.

王念秦，罗东海 . 2010. 黄土斜（边）坡表层冻结效应及其稳定响应 . 工程地质学报，18（5）：760-765.

王念秦，姚勇 . 2008. 季节冻土区冻融期黄土滑坡基本特征与机理 . 防灾减灾工程学报，28（2）：163-166.

王念秦，张倬元，工家鼎 . 2003. 一种典型黄土滑坡的滑距预测方法 . 西北大学学报（自然科学版），33（1）：111-114.

王念秦 . 2004. 黄土滑坡发育规律及其防治措施研究 . 成都：成都理工大学博士学位论文 .

王念秦 . 2008. 季节冻土区冻融期黄土滑坡基本特征与机理 . 防灾减灾工程学报，28（02）：163-166.

王思铎 . 2014. 灌溉诱发黄土滑坡机理离心模型试验研究 . 成都：成都理工大学硕士学位论文 .

王永炎，腾志宏 . 1982. 中国黄土的微结构及其在时代和区域上的变化 . 科学通报，27（2）：102-105.

王志荣，吴玮江，周自强 . 2004. 甘肃黄土台塬区农业过量灌溉引起的滑坡灾害 . 中国地质灾害与防治学报，03：110-113.

吴玮江，王武衡，冯学才，等 . 1999. 干旱区农业灌溉引起的地质灾害及防治对策 . 中国地质灾害与防治学报，10（4）：61-66.

吴玮江 . 1996. 季节性冻融作用与斜坡整体变形破坏 . 中国地质灾害与防治学报，7（4）：59-64.

吴玮江 . 1996. 季节性冻融作用与斜坡整体变形破坏 . 中国地质灾害与防治学报，7（04）：59-64+93.

吴玮江 . 1997. 季节性冻结滞水促滑效应——滑坡发育的一种新因素 . 冰川冻土，19（04）：71-77.

武彩霞，许领，戴福初，等 . 2011. 黑方台黄土泥流滑坡及发生机制研究 . 岩土力学，32（6）：1767-1773.

谢定义 . 1999. 黄土力学特性与应用研究的过去、现在与未来 . 地下空间，19（4）：273-285.

谢定义 . 2001. 试论我国黄土力学研究中的若干新趋向 . 岩土工程学报，23（1）：3-13.

谢义兵，王坤昂，赵志忠 . 2009. 南水北调中线穿黄工程地基原位剪切试验 . 人民黄河，31（05）：98-99.

徐峻岭，王恭先 . 2004. 滑坡学与滑坡防治技术 . 北京：中国铁道出版社 .

徐学选，陈天林．2010．黄土土柱入渗的优先流试验研究．水土保持学报，24（4）：82-85．

许领，戴福初，金艳丽．2009．从非饱和土力学角度探讨黄土湿陷机制．水文地质工程地质，4：62-65．

许领，戴福初，邝国麟，等．2009a．黄土滑坡典型工程地质问题分析．岩土工程学报，31（2）：287-293．

许领，戴福初，邝国麟，等．2009b．台塬裂缝发育特征、成因机制及其对黄土滑坡的意义［J］．地质论评，55（1）：85-90．

许领，戴福初．2009．黄土湿陷机理研究现状及有关问题探讨．地质力学学报，15（1）：88-94．

许领，李宏杰，吴多贤．2008．黄土台缘滑坡地表水入渗问题分析．中国地质灾害与防治学报，19（2）：32-35．

许领．2010．灌溉促发黄土滑坡机理．北京：中国科学院研究生院．

薛根良．1995．黄土地下水的补给与赋存形式探讨．水文地质工程地质，22（1）：38-39．

薛强，张茂省，孙萍萍，等．2013．基于多期 DEM 和滑坡强度的滑坡风险评估．地质通报，32（6）：925-934．

薛强，张茂省，朱立峰，等．2013．基于多期 DEM 数据的滑坡变形定量分析．地质通报，32（6）：935-942．

尹宪志等．2011．临夏气象．北京：气象出版社．

袁中夏，王兰民，王峻．2007．考虑非饱和土与结构特性的黄土湿陷性讨论．西北地震学报，29（1）：12-17．

詹良通，吴宏伟，包承纲，等．2003．降雨入渗条件下的非饱和膨胀土边坡的原位综合监测．岩土力学，2：151-158．

张克亮，张亚国，李同录．2012．二维滑坡滑距预测．工程地质学报，20（03）：311-317．

张克亮．2011．滑坡运动学模型及其应用研究．西安：长安大学硕士学位论文．

张茂花，谢水利，刘保健．2006．增湿时黄土的抗剪强度特性分析．岩土力学，27（07）：1195-1200．

张茂省，程秀娟，董英，等．2013．冻结滞水效应及其促滑机理．地质通报，32（6）：852-860．

张茂省，胡炜，朱立峰，等．2013．饱和土体原位大型剪切试验方法与实践．地质通报，32（6）：919-924．

张茂省，孙萍萍，朱立峰．等．2013．原位"Darcy 实验"方法研究与实践．地质通报，32（6）：949-956．

张茂省．2013．引水灌区黄土地质灾害成因机制与防控技术．地质通报，32（6）：833-839．

张茂省等．2008．延安宝塔区滑坡崩塌地质灾害．北京：地质出版社．

张照亮，赵德安，陈志敏，等．2006．注浆黄土原位剪切试验分析．交通标准化，（05）：59-62．

张倬元，王士天，王兰生．1997．工程地质分析原理（第二版）．北京：地质出版社．

张宗祜．1964．我国黄土显微结构的研究．地质学报，44（3）：357-364．

张宗祜．1985．黄土湿陷变形过程中微结构变化特征及湿陷性评价．国际交流地质学术会论文集（6）．北京：地质出版社，67-78．

张宗祜．1996．我国水资源问题的分析及对策．中国科学院院刊，11（01）：54-56．

赵景波，徐芹选，等．2001．西安地区黄土地层含水空间研究．陕西师范大学学报，29（4）：101-105．

郑剑锋，马巍，赵淑萍，等．2011．三轴压缩条件下基于 CT 实时监测的冻结兰州黄土细观损伤变化研究．冰川冻土，33（04）：839-845．

中国科学院黄土高原综合考察队．1990．黄土高原地区农业气候资源图集．北京：气象出版社．

中华人民共和国建设部，国家质量监督检验检疫总局．2004．湿陷性黄土地区建筑规范（GB50025-2004）．北京：中国建筑工业出版社．

周永习，张得煊，周喜德. 2010. 黄土滑坡流滑机理的试验研究. 工程地质学报，18（1）：72-77.

朱立峰，胡炜，贾俊，等. 2013. 甘肃永靖黑方台地区灌溉诱发型滑坡发育特征及力学机制. 地质通报，32（6）：840-846.

朱立峰，胡炜，张茂省，等. 2013. 甘肃永靖黑方台地区黄土滑坡土的力学性质. 地质通报，32（6）：881-886.

朱立峰，张新社，王根龙. 2011. 基于地下水位响应的黑方台焦家滑坡稳定性分析. 工程地质学报，19（增刊）：97-103.

Alekseev V R，Ma W，Zhao S P. 2007. Foundamental research into groundwater in permafrost zone：introduction of "Suprapermafrost Water in the Cryolithozone" written by Shepelev V V. Journal of Glaciology and Geocryology，34（04）：906-911.

ASTM D5126-90. 2001. Standard guide for comparison of field methods for determining hydraulic conductivity in the vasose zone // Annual books of ASTM Standard，section 4：Construction，V. 04-08，Soil and Rock（I）：D420-D5779.

Bagarello V，Sferlazza S，Sgroi A. 2009. Comparing two methods of analysis of single-ring infdtrometer data for a sandy-loam soi1. Geoderma，149：415-420.

Beven K，German P. 1982. Macro-pores and water flow in soils. Water Resources Research，18（5）：1311-1325.

Bishop A W. 1959. The principle of effective stress. Teknisk Ukeblad，106（39）：859-863.

Bishop A W，Donald I B. 1961. The experimental study of party saturated soil in the triaxial apparatus. Proc. 5th Conf. On Soil Mechanics and Found Eng，11961：13-21.

Chen X H. 2000. Measuring of streambed hydraulic conductivity and its anisotropy. Environmental Geology，12：1317-1324.

Childs E C. 1969. An Introduction to the Physical Basis of Soil Water Phenomena. London：Wiley.

Chong S K，Green R E，Ahuja L R. 1981. Simple in-situ determination of hydraulic conductivity by power function descriptions of drainage. Water Resource Research，17：1109-1114.

Croney D. 1952. The movement and distribution of water in soil. Géotechnique，3（1）：1-16.

Czurda K A，Hohmann M. 1997. Freezing effect on shear strength of clayey soils. Applied Clay Science，12：165-187.

Derbyshire E，Dijkstra T A，Smalley I J，et al. 1994. Failure mechanisms in loess and the effects of moisture content changes on remoulded strength. Quaternary International，24：5-15.

Dijkstra T A，Rogers C D F，Smalley I J，et al. 1994. The loess of north-central China：Geotechnical properties and their relation to slope stability. Engineering Geology，36：153-171.

Dong Y，Zhang M S，Liu J，et al. 2014. Loess landslide respond to groundwater level change in Heifangtai，Gansu Province. Landslide Science for a Safer Geoenvironment，2：227-234.

Dudley J H. 1970. Review of collapsing soil. J. Soil Mech. and Found. Div.，ASCE. 96（SM3）：935-939.

Feda J. 1988. Collapse of loess upon wetting. Engineering Geology，25：263-269.

Frankowski Z. 1994. Physico-mechanical properties of loess in Poland（Studied in situ）. Quaternary International，24：17-23.

Fredlund D G，Rahardjo H. 1997. Soil mechanics for unsaturated soils. New York：John Wiley & Sons.

Fredlund D G，XING A. 1994. Equations for the soil-water characteristic curve. Canadian Geotechnical Journal，31（3）：521-532.

Fredlund D G，et al. 1995. The collapse mechanism of a soil subject to one-dimensional loading and wetting. E. Derbyshire et al (ed.), Genesis and Properties of Collapsible Soils, 486: 173-206.

Fredlund D G, Morgenstern N R, Widger R A. 1978. The shear strength of unsaturated soils. Canadian Geotechnique Journal, 15 (3): 313-321.

Gardner W R. 1964. Water movement below the root zone // Proc. 8ᵗʰ Int. Congr. Soil Sci, Bucharest, 31 Aug-9 Sept, Rompresfilatelia, Bucharest, 317-320.

GeS M, Jeffrey M, Voss C, et al. 2011. Exchange of groundwater and surface- water mediated by permafrost response to seasonal and long term air temperature variation. Geophysical Research Letters. 38. L14402. doi: 10. 1029/2011GL047911.

Godt J W, Baum R L, Lu N. 2009. Landsliding in partially saturated materials. Geophysical Research Letters, 36, L02403, doi: 10. 1029/2008GL035996.

Gregory J H, Dukes M D, Miller G L, et al. 2005. Analysis of double- ring infiltration techniques and development of a simple automatic water deliver system. Online, Applied Turfgrass Science, doi: 10. 1094/ATS-2005-0531-01-MG.

Harris C, Murton J, Davies M C R. 2000. Soft- sediment deformation during thawing of ice- rich frozen soils: results of scaled centrifuge modelling experiments. Sedimentology, 47 (3): 687 – 700.

Healy R W, Mills P C. 1991. Variability of an unsaturated sand unit undenying a radioactive- waste trench. Soil Science Society of American Journal, 55: 899-907.

Heim. 1932. Bergsturz and Menschenleben. Zurich: Fretz & Wasmuth Verlag. 218.

Ho D Y F, Fredlund D G. 1982. A multistage triaxial test for unsaturated soils. Geotechnical Testing Journal, 15: 18-25.

Hsu K J. 1975. Catastrophic debris streams (sturzstrom) generated by rockfalls. Geological Society of America Bulletin, 86: 129-140.

Hu W, Zhang M S, Zhu L F, et al. 2014. Research on prediction methods of surges induced by landslides in the Three Gorges Reservoir Area of the Yellow River. Landslide Science for a Safer Geoenvironment, 2: 209-214.

Hu W, Zhu L F, Zhang M S, et al. 2014. Analyses of the changes of loess engineering properties induced by irrigation. Landslide Science for a Safer Geoenvironment, 2: 215-220.

Hungr O, Corominas J, Eberhardt E. 2005. Estimating landslide motion mechanisms, travel distance and velocity. //Hungr O, Fell R, Couture R, et al. Proceedings of the International Conference on Landslide Risk Management. Vancouver, Canada: Taylor and Francis.

Hutchinson J N. 1988. General report: Morphological and geotechnical parameters of landslides in relation to geology and hydrogeology. Switzerland Lausanne: 5th International Symposium on Landslides.

Jeffrey M, McKenzie C I, Voss D I, et al. 2007. Groundwater flow with energy transport and water- ice phase change: Numerical simulations, benchmarks, and application to freezing in peat bogs. Advances in Water Resources, 30: 966-983.

Kasenow M. 2002. Determination of hydraulic conductivity from grain size analysis. Water Resources Publications, Littleton, Colorado.

Kudryavtsev S A. 2004. Numerical modeling of the freezing forst heaving and thawing of soil. Soil Mech Foundation Eng, 41 (05): 21-26.

Lai J, Ren L. 2007. Assessing the size dependency of measured hydraulic conductivity using double- ring infiltrometers and numerical simulation. Soil Science Society of America Journal, 71 (6): 1667-1675.

Lam L, Fredlund D G, Barbour S L. 1987. Transient seepage model for saturated- unsaturated soil systems: a geotechnical engineering approach. Canadian Geotechnique Journal, 24: 565-580.

Lin Z G, Wang S J. 1988. Collapsibility and deformation characteristics of deep-seated loess in China. Engineering Geology, 25: 271-282.

Locat J. 1995. On the development of microstructure in collapsible soil. Genesis and Properties of Collapsible Soils: 93-128.

Lu N, Godt J W, Wu D T. 2010. A closed-form equation for effective stress in unsaturated soil. Water Resources Research, 46, W05515, doi: 10.1029/2009WR008646.

Lu N, Kaya M. 2012. A drying cake mehod for measuring suction-stress characteristic curve, soil-water-retention curve, and hydraulic conductivity function. Geotechincal Testing Journal, 36 (1), doi: 10.1520/GT J0097.

Lu N, Likos W J. 2006. Suction stress characteristic curve for unsaturated soil. ASCE Journal of Geotechnical and Geoenvironmental Engineering, 132 (2): 131-142.

Lu N, Sener-Kaya B, Wallace A, et al. 2012. Analysis of rainfall-induced slope instability using a field of local factor of safety [J]. Water Resources Research, 46, W09524, doi: 10.1029/2012WR011830.

Lutenegger A J, Hallberg G R. 1988. Stability of loess. Engineering Geology, 25: 247-261.

Milovic D. 1988. Stress deformation properties of macroporous loess soils. Engineering Geology, 25: 283-302.

Muxart T, et al. 1995. Changes in water chemistry and loess porosity with leaching: implications for collapsibility in the loess of North China. Genesis and Properties of Collapsible Soils, 468: 313-332.

Nimmo J R, Stonestrom D A, Akstin K C. 1994. The feasibility of recharge rate determinations using the steady-state centrifuge Method. Soil Science Society of American Journ- al, 58: 49-56.

Okura Y, Kitahara H, Ochiai H, et al. 2002. Landslide fluidization process by flume experiments. Engineering Geology, 66: 65-781

Rogers C D F, Dijkstra T A, Smalley I J. 1994. Hydroconsolidation and subsidence of loess: Studies from China, Russia, North America and Europe. Engineering Geology, 37: 83-113.

Sajgalik J, Klukanova A. 1994. Formation of loess fabric. Quaternary International, 24: 41-46.

Sajgalik J. 1990. Sagging of loesses and its problems. Quaternary International, 7/8: 63-70.

Sammis T W, Evans D D, Warrick A W. 1982. Comparison of methods to estimate deep percolation rates. Journal of the American Water Resources Association, 18: 465-470.

Sassa K. 1984. The mechanism starting liquefied landslides and debris flows. Toronto: 4th International Symposium Landslide.

Sassa K. 1985. The mechanism of debris flows. Rotterdam, Netherlands: 11th International Conference on Soil Mechanics and Foundation Engineering.

Sassa K. 1988. Geotechnical model for the motion of landslides. Speciallecture of the 5th lnternational Symposium on Landslides. Landslides, (1): 37-55.

Satija B S. 1978. Shear Behavior of Partly Saturated Soils. Delhi: Ph. D. Dissertation, India Inst. of Technol. 327.

Scheidegger A E. 1973. On the prediction of the reach and velocity of catastrophic landslides. Rock Mechanics, 5 (4): 231-236.

Sisson J B. 1987. Drainage from layered field soils: fixed gradient models. Water Resource Research, 23: 2071-2075.

Song J X, Chen X H, Cheng C, et al. 2009. Feasibility of Brian- size analysis methods for determination of vertical hydraulic conductivity of streambeds. Journal of Hydrogy, 375: 428-437.

Stephens D B, Knowlton R. 1986. Soil water movement and recharge through sand at a semiarid site in New Mexico. Water Resource Research, 22: 881-889.

Sun P P, Zhang M S, Zhu L F, et al. Discussion on assessment in the collapse of loess: a case study of the

Heifangtai terrace, Gansu, China. Landslide Science for a Safer Geoenvironment, 2: 195-200.

Sun P P, Zhang M S, Zhu L F, et al. 2014. An in-situ Darcy method for measuring soil permeability of shallow vadose zone. Landslide Science for a Safer Geoenvironment, 2: 189-194.

Vallejo L E , Roger M. 2000. Porosity influence on the shear of granular material- clay mixtures. 58 (2): 125-136.

Vukovic M, Soro A. 1992. Determination of hydraulic conductivity of porous media from grain- size composition. Water Resources Publications, Littleton, Colorado.

Wang G H, Sassa K. 2003. Porepressure generation andmovement of rainfall induced landslides: effects of grain size and fine particle content. Engineering Geology, 69 : 109-1251.

Xue Q, Zhang M S, Zhu L F, et al. 2014: Quantitative Deformation Analysis of Landslides Based on Multi-period DEM Data. Landslide Science for a Safer Geoenvironment, 2: 201-208.

Yanagisawa E, Yao Y J. 1985. Moisture movement in freezing soils under constant temperature condition. Sapporo: 4th International Symposium on Ground Freezing. 85-91.

Zhang F Y, Wang G H, Kamai T, et. al. 2013. Undrained shear behavior of loess saturated with different concentrations of sodium chloride solution. Engineering Geology, 155: 69-79.

Zhang J, Jiao J J, Yang J. 2000. In situ rainfall infiltration studies at a hillside in Hubei Province, China. Engineering Geology, 2000, 57: 371-381.

Zhang M S, Hu W, Zhu L F, et al. 2014. The method for in-situ large scale shear test method of saturated soils. Landslide Science for a Safer Geoenvironment, 2: 175-180.

后　　记

　　黑方台地区频发的地质灾害引起各级政府的高度重视，历年来投入巨资进行工程整治，但工程整治效果不佳，究其原因，治理工程多以削方减载、裂缝夯填为主，未能有效疏排诱发滑坡的黄土含水系统地下水储存量以降低该含水系统的地下水位。若要治本则必须彻底治水，治水可从行政措施强制性水管理以扭转地下水长期正均衡和工程措施快速疏排地下水静储量以有效降低地下水位两个方面入手，鉴于黄土下部饱和呈软塑–流塑状态，渗透性能极低，单一疏排水工程措施的排水效果可能不佳，难以实现地下水的快速疏排，故当务之急，应首先调整高耗水的农业种植结构，尽快实施节水灌溉，并对地质灾害影响范围之内的居民实施搬迁避让。同时，尽快开展疏排水工程对比试验研究，例如，混合孔疏排水、砂井、斜坡饱水带排水廊道、水平孔、水平渗滤板、塑料软管、虹吸排水等排水试验，以探索适用于研究区内滑坡灾害治理技术可行，且更加经济有效的疏排水方案，为基于地下水位控制的滑坡防治工程设计提供依据。

　　黑方台地区存在地质灾害密集发育的孕灾地质环境条件，且灌溉及冻融等地质灾害诱发因素短期内也不可能改变，随着灌溉时间的持续地下水位仍维持升势，故在可预见的未来一段时期内地质灾害仍将维持高发频发态势，整个台缘周边都可能随时发生滑坡灾害，加之地质灾害的发生本就是预测难度极大的偶发"黑天鹅"事件，故建议开展黑方台地区地质灾害动态调查，针对该地区每年开展一次详细调查，尽快建立健全群测群防监测预警网络体系，针对变形严重的地质灾害及时开展专业监测。

　　本书初稿完稿之际，2015 年 1 月 29 日 19 时 40 分与 4 月 29 日 7 时 55 分和 10 时 40 分黑方台南缘焦家、党川段斜坡先后多次发生滑坡，因监测到位提前预警幸未造成重大人身伤亡，但项目开展四年来投入大量资金所建冻结治水效应监测剖面及部分滑坡表部变形监测装置毁于滑坡，惋惜之余，呼吁加速推进黄河刘盐八库区地质灾害综合整治。